Alexander Miller

Contemporary
Metaethics
An Introduction

〔英〕亚历山大·米勒———著

张鑫毅———译

当代元伦理学导论

第2版
2nd Edition

修订版

上海人民出版社

中文修订版序言

《当代元伦理学导论》一书 2019 年中文版出版，对我来说是非常值得高兴的事。得知这个译本将在今年推出修订版，欣喜之余，我要借此机会再次向张鑫毅博士表达谢意，感谢他为翻译这本书付出的辛劳工作。

在原书第 2 版的序言中，我曾说计划续写一部《高阶元伦理学导论》(*An Introduction to Advanced Metaethics*)，对于因篇幅限制而未能在《当代元伦理学导论》中论及的一些新近观点，希望可以在续作中得到审视。虽然我着手付诸行动（而且还跟政治出版社签订了出版合同），这一计划最终没有完成，因为我把研究重心转移到语言哲学，投入了一个关于维特根斯坦和规则遵循问题的新计划。尽管如此，基于原本为《高阶元伦理学导论》准备的材料，我撰写了若干文章，独立成篇或者收录于编纂的论著，这些文章可以充当《当代元伦理学导论》的补充内容。

本书第 3、4 和 5 章分别讨论了艾耶尔的情绪主义、布莱克本的准实在论和吉伯德的规范表达主义。根据这些理论，赋予道德语句意义的乃是不能为真和为假的心理状态，比如欲望。它们由此遭遇了弗雷格—吉奇问题（the Frege-Geach problem），即当道德语句在诸如条件句前件中出现时，该如何解释它们的意义，才能确保道德假言推理（Moral Modus Ponens）这样的简单推理的有效性。

为了摆脱一般意义上的"非认知主义"理论面临的这一难题，近年颇为流行的做法是诉诸"混合"（hybrid）观点，即认为道德判断既表达类似信念的心理状态，又表达类似欲望的心理状态，从而持守休谟式理论，否认存在具有内在激发性的信念（或"信愿"[besires]）。迈克尔·里奇（Michael Ridge）对道德判断的"合一表达主义"解释便是一例。在"合一表达主义与弗雷格—吉奇问题"一文[1]中，柯克·瑟奇纳（Kirk Surgener）和我论证，里奇的立场是成问题的：特别是，在不背离里奇所坚持的休谟式心灵哲学的情况下，他的解释处理不了弗雷格—吉奇问题背后的主要担心。

如前面所提到的，布莱克本的准实在论是本书着重探讨的立场之一。粗略地说，当致力于解释道德判断的本质时，准实在论者的起点是从投射主义（projectivism）出发，不预设道德事实的存在。本书第4章讨论的其中一个论证是依据"随附性和禁止混合世界"的论证，布莱克本藉此为投射主义起点辩护。布莱克本的论证在二手文献中几乎遭到普遍拒斥。尤其饱受非难的一点是，布莱克本依凭的弱随附性概念太弱了，不足以抓住直觉意义上道德对自然的随附，而当我们转向强随附性的概念，布莱克本支持投射主义的论证就会失去效力。在"道德随附性：为布莱克本的论证一辩"一文[2]中，我试图对主流观点提出异议，维护布莱克本的论证。我尤其表明，将强随附性作为优于弱随附性的概念来接受是缺乏动机的，依据后一种概念事实上可以提出某个版本的布莱克本的论证。

在第6.7节，我指出本书确立的一个假设是，对道德语句语义学的事实主义解释与对道德判断所表达的心理状态的认知主义解释紧密相连：道德语句的意义通过真值条件来给予，而真诚使用道德语句所做出的道德判断表达了信念，即相信那种真值条件得到了实现。我还说明，哲学家们已经开始质疑这样的假设，一方面探究非事实主义式认知主义的可能性，另一方面探究事实主

[1] Alexander Miller and Kirk Surgener, "Ecumenical Expressivism and the Frege-Geach Problem", *Belgrade Philosophical Annual* 32（2019），7—25.

[2] Alexander Miller, "Moral Supervenience: A Defence of Blackburn's Argument", *Dialectica* Vol.71 No.4（2017），581—601.

义式非认知主义的可能性。在元伦理学文献中，霍根和蒂蒙斯（Horgan and Timmons）发展出的"认知主义式表达主义"理论堪称前一类观点最著名的例子。我在"无规范事实的规范性：认知主义式表达主义批判"一文[1]中论证，认知主义式表达主义要么可以解读为某种形式的布莱克本的准实在论，要么可以解读为某个版本的克里斯平·赖特（Crispin Wright）的道德话语"最小主义"（minimalism），而且，无论霍根和蒂蒙斯在两条进路中作何选择，他们的认知主义式表达主义立场都是有待进一步发展或者成问题的。

在第 8.5 和 8.9 节，我论证，面对吉尔伯特·哈曼（Gilbert Harman）的挑战，尼古拉斯·斯特金（Nicholas Sturgeon）那种道德实在论无法利用弗兰克·杰克逊（Frank Jackson）和菲利普·佩蒂特（Philip Pettit）提出的"编程解释"概念，来获取对推定的道德属性的本体论权利。以这项工作为基础，我在"道德反实在论的道德解释"一文[2]中反驳了"解释主义"（explanationism），这种观点认为，依据道德事实得到的对道德判断的经验解释可以为真，这提供了支持道德实在论的证据：鉴于主张道德属性具有判断依赖性的道德反实在论者可以利用编程解释，来提供对道德判断的经验解释，那么若要解决道德实在论与道德反实在论之间的争论，就绝不能牵涉到是否可以得到对道德判断的经验解释的相关问题。

在第 10.1 节，我论证，麦克道尔利用维特根斯坦的规则遵循考量推翻伦理非认知主义的尝试是失败的。在"再论规则遵循、道

---

[1] Alexander Miller, "Normativity without Normative Facts: A Critique of Cognitivist Expressivism", in G. Marchetti and S. Marchetti（eds.）*Facts and Values: The Ethics and Metaphysics of Normativity*, Routledge 2017.

[2] Alexander Miller, "Moral Explanation for Moral Anti-Realism", in Y. Leibowitz and N.Sinclair（eds.）*Explanation in Ethics and Mathematics: Debunking and Dispensability*, Oxford University Press 2016.

德实在论与非认知主义"一文[1]中，我进一步发展了这一论证，使之更为精致。特别是，最近黛比·罗伯茨（Debbie Roberts）和西蒙·基尔钦（Simon Kirchin）围绕麦克道尔的观点各自展开了讨论，我对这些讨论作了考察。跟先前一样，我的总体结论是，就麦克道尔的阐述所展示的全部东西而言，对于伦理非认知主义和道德实在论之间的当代争论，关于规则遵循的维特根斯坦式考量不会造成任何影响。

最后，欢迎读者们到"牛津参考书目在线"（*Oxford Bibliographies Online*）查阅我给出的附有按语的最新版元伦理学参考书目[2]，这样便可跟进本书每一章末尾的"进阶阅读"建议未及列入的新文献。

亚历山大·米勒

2023 年 3 月 3 日于达尼丁

---

[1] Alexander Miller, "Rule-Following, Moral Realism and Non-Cognitivism Revisited", in B. De Mesel and O. Kuusela（eds.）*Ethics in the Wake of Wittgenstein*, Routledge 2019.

[2] https://www.oxfordbibliographies.com/display/document/obo-9780195396577/obo-9780195396577-0073.xml.

致 谢

《当代元伦理学导论》（第 2 版）中文版能由上海人民出版社出版，我备感荣幸并谨致谢忱。我还要衷心感谢剑桥政治出版社的雷切尔·沃尔特（Rachel Walter）和萨拉·多布森（Sarah Dobson），谢谢她们帮助促成这个译本的出版。我尤其要感谢张鑫毅博士，他的翻译工作是如此谨严和细致，我要向他致以最深切的谢意。

亚历山大·米勒
2018 年 12 月 19 日
新西兰达尼丁

献给我的父母，约翰和伊莎贝拉

目 录

第 10 章　当代非自然主义：麦克道尔的道德实在论

~~~~~~~~~~~~~~

序言（2003）

本书旨在对当代元伦理学中一些重要主题和问题提供一个批判性的概述。我从讨论摩尔和艾耶尔开始，接着考察了一系列更为晚近的人物：布莱克本、吉伯德、麦凯、赖特、哈曼、斯特金、雷尔顿、威金斯、杰克逊、佩蒂特、史密斯以及麦克道尔。任何对当代元伦理学呈现的多彩风景有所了解的人都不难发现，许多重要人物和问题没有在本书中论及。对一本这般篇幅和范围的著作来说，这是不可避免的。而且在我看来，相比浮光掠影地泛览一个广阔的领域，对该领域的一些重要方面进行实质性探讨更有意思，最终也更有裨益。此外，我尽可能地尝试对那些正在进行的争论做出一点贡献，希望可以引起学生以及专家的兴趣。

1995 年，我在密歇根大学安娜堡分校完成了博士论文，不久便产生了写这本书的想法。在博士论文里，我试图维护我当时所认为的麦克道尔关于维特根斯坦"规则遵循考量"的见解。我最初计划从摩尔入手，接着澄清他那种非自然主义立场的缺陷，然后表明自然主义式认知主义与非认知主义都不可信。经由规则遵循论证，麦克道尔将在全书的最后登场，他所捍卫的那种非自然主义不会遭受摩尔的立场的困难，也不会遭受后者的自然主义对手们的困难。但在这点上，本书其实最终走向了反面。我的起点仍然是论证摩尔的非自然主义存在缺陷，然而我接着试图表明的是，许多反对自然主义式认知主义（特别是各种还原论）和非认知主义（特别是布莱

克本的准实在论）的论证，至少不像它们最初看起来那样令人信
服。我尤其论证表明，"规则遵循"论证以及类似的论证完全没有
动摇雷尔顿的自然主义式认知主义，抑或布莱克本的准实在论，它
们也无法让麦克道尔免于这种非难：他的非自然主义归根结底并不
比摩尔的更可信。

本书各个部分的不同版本曾在剑桥大学、卡迪夫大学、杜
伦大学、斯特灵大学和悉尼麦格理大学的研讨班上宣读，也曾
在 2001 年利兹大学研究生元伦理学会议，以及 2002 年马丁·库
施（Martin Kusch）在柏林高等研究所主持的"意义与规范性"工
作坊上宣读。这些活动中的听众给出了很多有益的回应。我曾以
本书早期诸版本的书稿为基础，于 1996 年和 1997 年在伯明翰大
学、2001 年在卡迪夫大学开设授课课程。我要感谢这些课程的学
生们的有益反馈。感谢约翰·戴弗斯（John Divers）、马克·纳尔
逊（Mark Nelson）、佩内洛普·麦凯（Penelope Mackie）、克里
斯·诺里斯（Chris Norris）、罗宾·阿特菲尔德（Robin Attfield）、
邓肯·麦克法兰（Duncan McFarland）和鲍勃·黑尔（Bob Hale）
对书稿各部分的评论。非常感谢菲利普·斯特拉顿-莱克（Phillip
Stratton-Lake）和政治出版社（Polity Press）的另两位（匿名）审
稿人，以及安德鲁·费希尔（Andrew Fisher）和西蒙·基尔钦
（Simon Kirchin）对整部书稿的详细评论。在最终版本里，我自
然未能尽数处理这些评论，对于遗留的任何错误，责任全在我一
人。我发现迈克尔·史密斯（Michael Smith）的《道德问题》（*The
Moral Problem*）非常有帮助；我尝试批评了迈克尔的某些论证，我
要感谢他的耐心相待。本书的主体部分是我在卡迪夫大学担任高级
研究员期间撰写的。感谢卡迪夫大学的支持，并特别感谢英语、信
息与哲学学院院长大卫·斯基尔顿（David Skilton）对学院的杰出
领导。我还要感谢卡迪夫大学哲学系的同事们给我提供了一个充
满活力的、友好的工作环境：安德鲁·贝尔西（Andrew Belsey）、

罗宾·阿特菲尔德、克里斯·诺里斯、亚历山德拉·塔内西尼（Alessandra Tanesini）、艾利森·维纳布尔斯（Alison Venables）、克里斯蒂娜·索思韦尔（Christine Southwell）、巴里·威尔金斯（Barry Wilkins）、彼得·塞奇威克（Peter Sedgwick）和安德鲁·埃德加（Andrew Edgar）。如此出色的哲学系竟然被大大低估，这绝不只是英国在哲学建设方面走向衰落的一个信号。就超出本书之外的帮助和鼓励而言，我受惠于克里斯平·赖特（Crispin Wright）、菲利普·佩蒂特（Philip Pettit）、鲍勃·柯克（Bob Kirk）、约翰·戴弗斯、艾伦·韦尔（Alan Weir）和布赖恩·莱特（Brian Leiter）。最后，也是最重要的，感谢我的妻子琼和女儿罗莎，当代元伦理学的研究之路布满荆棘，她们不啻为我打开了一条美妙的"逃离通道"。

第2版

序言（2013）

我在这个第 2 版中新增了两节内容，分别讨论理查德·乔伊斯（Richard Joyce）的"变革型道德虚构主义"和马克·卡尔德隆（Mark Kalderon）的"诠释型道德虚构主义"。我还对每一章做了修订，希望藉此可以较第 1 版（2003）有所改进。每一章最后的进阶阅读指南都得到了更新，并可以和我在《牛津参考书目在线》（*Oxford Bibliographies Online*）上的条目结合起来阅读。当前的元伦理学研究是如此活跃，许多有趣的近期发展成果都没有纳入本书的讨论范围，比如，关于道德判断的"混合"（hybrid）或"合一"（ecumenical）理论，马克·施罗德（Mark Schroeder）对弗雷格-吉奇问题的研究，霍根和蒂蒙斯（Horgan and Timmons）的"认知主义式表达主义"，拉斯·谢弗—兰多（Russ Shafer-Landau）的道德实在论。我希望能撰写一部《高阶元伦理学导论》作为本书的续篇，来继续展开这些讨论。

本书第 1 版问世以来，我在不少大学的院系和会议上谈论了元伦理学话题，包括澳大利亚国立大学、惠灵顿维多利亚大学、奥克兰大学、基督城坎特伯雷大学、牛津大学道德哲学研讨会、2006年杜伦大学伦理自然主义会议、图尔库大学、什切青大学、诺丁汉大学、首尔国立大学、2011 年诺丁汉大学伦理学与解释会议以及奥塔哥大学。我要感谢这些活动的听众的有益反馈，也要感谢我在麦格理大学和伯明翰大学课堂上的学生们。此外，我衷心感谢为政治出版社评审整部书稿的几位审稿人，特别是给出极其有益的评论与建议的西蒙·基尔钦。还要感谢我指导的几名研究元伦理学主题的研究生：安德鲁·菲尔德（Andrew Field）、卡勒姆·胡德（Callum Hood）以及无与伦比的柯克·瑟奇纳（Kirk Surgener）。非常感谢海伦·格雷（Helen Gray）极有价值的编辑工作。

感谢约翰·霍尔丹（John Haldane）在我计划撰写最初的版本时给予的有益指导，并特别感谢艾伦·安德森（Allan Anderson）、珍妮特·埃尔韦尔（Janet Elwell）、马丁·库施、布赖恩·莱特、菲利普·佩蒂特、马克·沃克（Mark Walker）和克里斯平·赖特。和第 1 版一样，最重要的是感谢琼·科克拉姆（Jean Cockram）和罗莎·赫洛伊丝·米勒（Rosa Heloise Miller）。

xiv

后来我问马洛，他为什么要结交这个偶然相识的人。他不好意思地承认，这是出于最不起眼的好奇心罢了。我自认为了解各式各样的好奇心——纵然对于寻常之事、寻常之物和寻常之人，也不失好奇心。这是人类心灵最高贵的能力——事实上，我无法想象一颗淡漠的心灵有何用处。那就像一个永远紧锁的房间。

——约瑟夫·康拉德:《机缘》(Joseph Conrad, *Chance*)

第1章

绪　论

　　本章我将简要地介绍元伦理学的研究领域和元伦理学中那些主要的哲学立场，本书的后面各章将对这些立场进行详细的讨论。

1.1　什么是元伦理学？

　　设想我正和一位朋友争论我们是否应该为解救饥荒伸出援手，我们在道德上是否有义务这么做。关于这样的争论，哲学家大致可以提出两类问题。首先是一阶（*first-order*）问题，它关心争论中哪一方是正确的，以及为什么正确。其次是二阶（*second-order*）问题，它关心争论各方展开争论时在做什么。粗略地说，规范伦理学（*normative ethics*）研究一阶问题，元伦理学（*metaethics*）则探讨二阶问题。诚如一位当代学者所说：

　　　　诸如"我应该为解救饥荒伸出援手吗"或者"我应该归还街上捡到的钱包吗"之类的问题，属于规范伦理学的研究范围，元伦理学关注的不是这类问题，而是关于这类问题的问题。（Smith，1994a，2）

　　我们必须明白，规范伦理学不只寻求"我们应该为解救饥荒伸出援手吗"这一问题的答案，还寻求理解正确的答案为什么（*why*）是正确的。规范伦理学中各种经典理论的分歧，就在于它们对这种追问"为什么"的问题有着不同的回答。这些理论的若干实例包括：行为功利主义（*act-utilitarianism*，根据这种理论，人们应该为解救饥荒伸出援手，因为在人们可能采取的那些行为中，这种行为最有助于促进最大多数人的更大幸福）、规则功利主义（*rule-utilitarianism*，根据这种理论，人们应该为解救饥荒伸出援手，因为某条规则规定要为解救饥荒伸出援手，而普遍遵守这条规则最有助于促进最大多数人的更大幸福）、康德主义（*Kantianism*，根据这种理论，人们应该为解救饥荒伸出援手，因为普遍地拒绝为解救饥荒伸出援手会导致某种不一致）。由此，规范伦理学致力于发现道德实践背后的一般原则，并以这种方式潜在地影响人们对实际道德问题的处理：在具体事例中，根据不同的一般原则，可以得出不同的判断。本书不讨论规范伦理学中的问题和理论，而要讨论下面这样的问题：[1]

(a) 意义问题：道德话语的语义功能（*semantic function*）是什么？道德话语具有陈述事实（*facts*）的功能，还是另有某种非事实陈述（non-fact-stating）的角色？

(b) 形而上学问题：存在道德事实（或属性）吗？如果存在，它们是什么样的？它们是同一于自然事实（或属性）、可以还原为自然事实（或属性），还是不可还原、自成一类（*sui generis*）？

(c) 认识论和证成问题：存在道德知识吗？我们如何知道道德判断的真假？我们究竟如何证成（justify）我们所声称的道德知识？

(d) 现象学问题：道德性质如何在从事道德判断的能动者的经验中得到表征？它们像是在世界中"存于某处"（out there）吗？

[1] 我并不是说元伦理学问题完全独立于规范伦理学问题。很多当代理论家相信，尽管两类问题截然不同，它们之间仍然存在各种关联。例如，参见 Smith（1994a）和 Brink（1989，4—5）。

（e）道德心理学问题：我们如何说明做道德判断者的动机状态？做道德判断和产生按照道德判断的规定而行动的动机之间存在何种联系？

（f）客观性问题：道德判断真的有正确和错误之分吗？我们能设法找到道德真理吗？

以上当然仅仅列出了部分问题，而且不同问题之间也并非毫无关联［例如，对（f）的肯定回答似乎就预设了道德话语的功能在于陈述事实］。不过值得注意的是，比起四五十年前许多哲学家所思考的问题，这些问题所涉及的范围要宽广多了。例如，当时有位哲学家写道：

> ［元伦理学］不关心人们应该做什么，而关心他们在谈论应该做什么时是在做什么。（Hudson，1970，1）

认为元伦理学只研究语言，无疑是因为当时盛行这样的看法：全部哲学的唯一功能就在于研究日常语言，"哲学问题"的唯一来源就在于语词的使用超出它们的日常使用语境。幸好这种"日常语言"哲学观早已失去支配地位，前面列举的元伦理学问题广涉形而上学、认识论、现象学以及语义学和意义理论，正表明了这一点。

各种元伦理学立场可以根据它们对这些问题的回答来定义。道德实在论（*moral realism*）、非认知主义（*non-cognitivism*）、错误论（*error-theory*）和道德反实在论（*moral anti-realism*）便是其中一些元伦理学理论。本书的任务是对这些理论做出解释和评判。本章我先概述各种理论，并试着说明它们处理哪些问题。这些初步概述的内容在后面各章将得到更为充分的讨论。

1.2　认知主义与非认知主义

考虑一个特定的道德判断，比如"杀人是错误的"。这个判断表达了何种心理状态？有些哲学家认为道德判断表达的是信念（*belief*），称他们为认知主义者（*cognitivists*）。信念具有真假：它们是适真的（*truth-apt*），或者说适合依据真假进行评价。所以在认知主义者看来，道德判断可以为真或者为假。与此相对，非认知主义者认为，道德判断表达的是诸如情感或欲望这样的非认知状态。[1]欲望和情感不是适真的，因此道德判断不能为真或者为假。（注意，尽管"我有喝一杯啤酒的欲望"可以为真，"我有看到英国夺得世界杯的欲望"可以为假，这并不蕴涵着这些欲望本身可以为真或者为假。）认知主义和非认知主义之间的争论，很大程度上是本书的核心内容：第3—5章关注非认知主义及其问题，第2章以及第6—10章则讨论认知主义及其问题。

1.3 强认知主义：自然主义

强认知主义理论认为，道德判断（a）适合依据真假来评价，并且（b）可以是认知地通达（accessing）某些事实所得到的结果，这些事实使它们为真。强认知主义理论既可以是自然主义，也可以是非自然主义。根据自然主义，使道德判断为真或为假的是自然事态，为真的道德判断可以让我们通达这种自然事态。但什么是自然事态？我在本书中采纳 G. E. 摩尔（G. E. Moore）的说法：

> "自然"在我这里一贯是指自然科学和心理学的研究主题。（Moore，1903，92）

由此，自然属性便是自然科学或者心理学所探讨的属性，举例来说，或许也包括这样的属性："有助于促进最大多数人的最大幸

---

[1] 后面特别是第4和6章，我们会看到，对认知主义／非认知主义争论的这种描述在某种程度上是过分简化的。

福"以及"有助于保全人类"。自然事态则无非是由自然属性的实例化（instantiation）所构成的事态。

自然主义式认知主义者主张，道德属性同一于（或者可还原为）自然属性。康奈尔派实在论者［*Cornell Realists*，例如，尼古拉斯·斯特金（Nicholas Sturgeon）、理查德·博伊德（Richard Boyd）和大卫·布林克（David Brink），参见 Sturgeon，1988；Boyd，1988 以及 Brink，1989］认为，道德属性本身是不可还原的自然属性。自然主义还原论者［*Naturalist reductionists*，例如，理查德·勃兰特（Richard Brandt）、彼得·雷尔顿（Peter Railton），参见 Brandt，1979；Railton，1986a，b］认为，道德属性可以还原为某些自然属性，而这些自然属性可以由自然科学和心理学来研究。康奈尔派实在论者和自然主义还原论者都是道德实在论者，他们认为确实存在道德事实和道德属性，并且道德事实的存在和道德属性的实例化本质上独立于人类的观念。本书第 8 章讨论康奈尔派实在论者的非还原自然主义，第 9 章讨论自然主义还原论。

1.4　强认知主义：非自然主义

非自然主义者认为，道德属性不能等同于或者还原为自然属性。它们不可还原，自成一类。我们将考察两种强认知主义式非自然主义：其一是摩尔在《伦理学原理》(*Principia Ethica*，初版于1903 年）中提出的伦理非自然主义，根据这种观点，道德良善性（moral goodness）这一属性是非自然的、简单的和不可分析的；其二是约翰·麦克道尔（John McDowell）和大卫·威金斯（David Wiggins）提出的当代非自然主义（时间跨度大约从 20 世纪 70 年代到现在，参见 McDowell，1998；Wiggins，1987）。这两种非自然主义者同样是道德实在论者：他们认为确实存在道德事实和道德属性,并且道德事实的存在和道德属性的实例化本质上独立于人类的观念。[1]本书第2、3章讨论摩尔的非自然主义和他对自然主义的批评,第10章讨论麦克道尔的非自然主义。

1.5 反道德实在论的强认知主义:麦凯的错误论

约翰·麦凯(John Mackie)论证,虽然道德判断适于为真或为假,并且道德判断为真时可以让我们认知地通达道德事实,但实际上道德判断总是为假(Mackie,1973)。这是因为,世界上根本不存在那种可以使我们的道德判断为真的道德事实或属性:对于如何通达这类事实和属性,我们完全缺乏可信的认识论解释,而且这类事实和属性在形而上学上是古怪的(queer),不同于我们所知的宇宙中的任何其他事物。道德属性必定是这样的属性:一旦被道德能动者所认识,就足以促使那个能动者去行动。麦凯认为这种观点绝对有问题。他的结论是,不存在道德属性或道德事实,因此(肯定的、原子的)道德判断一律为假:我们的道德思考使我们陷入了一种彻底的错误(error)。由于麦凯否认道德事实或属性的存在,他不是道德实在论者,而是道德反实在论者。本书第6章讨论麦凯的错误论。在那一章,我们也将考察与错误论相关的对道德判断的虚构主义解释(Joyce,2001;Kalderon,2005a)。

1.6 反道德实在论的弱认知主义:反应依赖理论

弱认知主义理论主张道德判断(a)适合依据真假来进行评

---

[1]同样,我们在后面特别是讨论布莱克本的准实在论时会看到,对道德实在论的这种界定没太大用处。这里使用这种界定就像前面引入的那种认知主义/非认知主义区分,仅仅是作为讨论的起点。

价，然而（b）不可能是认知地通达道德属性和事态所得到的结
果。可见，弱认知主义在（a）上和强认知主义意见一致，在（b）
上则与后者存在分歧。弱认知主义理论的一个例子是"反应依赖"
（response-dependence）理论，这种观点认为，我们关于道德的最佳
判断决定（*determine*）道德谓词的外延，而非基于某种能力，这种
能力可以追踪（*tracks*）、发现（*detects*）或者认知地通达关于道德属
性实例化的事实。（一个谓词的外延是该谓词可以正确适用的那些事
物、事件或对象的集合。）由此，即便道德判断不是基于一种起追
踪、通达或发现作用的能力，换言之，即便为真的道德判断不是认
知地通达道德事态所得到的结果，道德判断也可以为真或者为假。所
以，这种观点拒斥道德实在论，这种拒斥不是通过否认道德事实的
存在（像错误论那样），而是通过否认这些事实本质上独立于人类的
观念。以克里斯平·赖特（Crispin Wright）的反实在论研究（例如，
Wright，1988a）为背景，我将在第 7 章讨论这种弱认知主义理论。

1.7　非认知主义

6

　　非认知主义者否认道德判断适于为真或为假。由此，无论是强
认知主义的观点还是弱认知主义的观点，非认知主义者都不同意。
我们将考察非认知主义者用于反对认知主义的若干论证。其中一个
论证是如下所述的道德心理学论证（*argument form moral psychology*）。
　　假定如认知主义者所说，道德判断可以表达信念。具有做某
件事或者采取某种行为的动机，总是意味着具有一个信念和一个欲
望。例如，我有伸手打开冰箱的动机，是因为我相信冰箱里有啤酒，
并且我有喝啤酒的欲望。而这是关于一个能动者的内在且必然的事
实：如果他真诚地判断行为 X 在道德上是正确的，那么他就有采取
行为 X 的动机。因此，如果道德判断表达信念，这种信念必须和欲

望保持一种内在和必然联系，换言之，这将是一个必然真理：拥有信念的能动者所拥有的东西中包括欲望。然而，没有任何信念会跟某个欲望具有必然联系，因为如休谟所说，"信念和欲望是不同存在（distinct existences）"，而不同存在之间不可能有必然联系（Hume，1739）。所以，道德判断不可能表达信念，道德判断不是适真的。[1]

如果道德判断不能表达信念，那么它们表达什么？我们将考察三种非认知主义，它们对这一问题给出了不同答案：根据 A. J. 艾耶尔（A. J. Ayer，1936）的情绪主义（*emotivism*），道德判断表达赞成或反对的情绪或者情感；根据西蒙·布莱克本（Simon Blackburn，1984）的准实在论（*quasi-realism*），道德判断表达我们形成赞成或反对的情感的倾向（dispositions）；而根据艾伦·吉伯德（Allan Gibbard，1990，2003）的规范表达主义（*norm-expressivism*），道德判断表达的是我们对规范的接受。

非认知主义面临的首要挑战大概要数所谓的弗雷格—吉奇问题（the *Frege-Geach* problem）。以情绪主义为例，根据这种观点，判断"杀人是错误的"实际上无异于高喊"杀人，呸！"［当我高喊"呸！"时，我是在表明我的反对，而非意在描述（*describe*）某件事。］但怎么处理"如果杀人是错误的，那么杀你的岳母是错误的"呢？这句话是有意义的，但根据情绪主义者的解释，它没有意义可言（根据情绪主义者的解释，这句话看起来会是什么样？）。我们将考察准实在论和规范表达主义如何站在非认知主义的立场，设法解决这一问题以及威胁非认知主义的其他一系列问题。非认知主义是第 3、4 和 5 章所探讨的主题。

7　1.8　内在主义与外在主义、休谟主义与反休谟主义

前述道德心理学论证的一个前提是，主张真诚地做出道德判

---

[1] 关于这里的论证如何进行，Smith（1994a，1.3）有很好的说明。

断和依据判断所规定的方式去行动的动机之间，具有一种内在和必然的联系。这种主张称为内在主义（*internalism*），因为它说道德判断和动机之间有一种内在的（*internal*）或者概念的（*conceptual*）联系。有些认知主义哲学家（例如，雷尔顿、布林克）通过否认内在主义来回应道德心理学论证。在他们看来，判断和动机之间的联系仅仅是外在的和偶然的。这样的哲学家称为外在主义者（*externalists*）。另外一些认知主义哲学家（例如，麦克道尔、威金斯）对道德心理学论证的回应是通过否认该论证的另一个前提，即这一主张：动机总是意味着信念和欲望共同出现［这一前提称为休谟式的动机论（*Humean Theory of Motivation*），因为休谟对它作了经典阐述］。麦克道尔和威金斯提出了一种反休谟式的动机论（*Anti-Humean Theory of Motivation*），根据这种理论，信念本身可以内在地产生动机。内在主义与外在主义以及休谟主义与反休谟主义之间的争论，是第 9.9—9.10 节和第 10.4 节所探讨的主题。

1.9　进阶阅读

对新近以及当代元伦理学有价值的概述，包括 Sayre-McCord（1986），Darwall，Gibbard and Railton（1992），Little（1994a，1994b），Railton（1996a）。不熟悉元伦理学的读者，在阅读本书之前可以先读 Fisher（2011），这是一本出色的著作。对完全不了解哲学伦理学的读者来说，Blackburn（2001）和 Shafer-Landau（2003a）是优秀而准确的导论。Benn（1998）和 Kirchin（2012）也有助益。就本书所涵盖的元伦理学主题而言，Fisher and Kirchin（2006）和 Shafer-Landau and Cuneo（2007）是两部有用的论文集。

8 ## 1.10　主要元伦理学理论示意图[1]

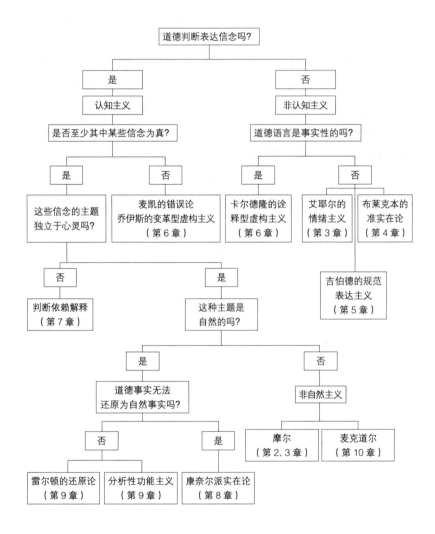

---

[1] 如 Schroeder（2009，257—258）所指出的，认为这里存在一种二元区分的
看法最近已经受到质疑：也许道德判断可以视为既表达信念又表达非认知情
感？Schroeder（2009）对这些近期进展做了前沿性的概述，不过最好先阅读
Schroeder（2010，第 10 章）。

第2章

摩尔对伦理自然主义的批评

2.1　摩尔的强认知主义和对"自然"的解释

我在第 1 章区分了两种强认知主义：自然主义式强认知主义和非自然主义式强认知主义。我们可以把这些理论看作关于道德陈述的真值条件（*truth-conditions*）的理论。自然主义式强认知主义认为，决定道德语句真值条件的是关于自然属性实例化的事实；非自然主义式强认知主义则认为，决定道德语句真值条件的是关于非自然属性实例化的事实。在《伦理学原理》中，摩尔提出了一种非自然主义式强认知主义。他的论证很大程度上是否定性的，即通过反对自然主义来主张非自然主义。他认为所有的自然主义道德理论都是无效的，因为它们犯了他所说的"自然主义谬误"（The naturalistic fallacy）。

在论述摩尔反对自然主义的论证之前，有必要做两点说明。

| 说明 1 |　摩尔论"自然"

摩尔对"自然"的理解如下：

"自然"在我这里一贯是指自然科学和心理学的研究主题。可以说，它包括所有在时间中曾经存在、现实存在和将要存在的东西。（Moore，1903，92）

这样的表述显然有一些缺陷。首先，我们需要解释是什么使得一门具体科学是"自然的"，这种解释相对于伦理自然主义不能有任何乞题。再者，无论摩尔认为心理学指什么，上述引文暗含着心理学不是一门"自然"科学。那么，为什么要称心理学的主题为"自然的"？这表明，对"自然"有某种更基本的界定，使得"自然"科学和心理学的主题都可以算作它的一部分。这种更基本的界定是什么？有一位学者的建议是：

> 自然的属性亦即因果的属性，也就是说，在合适的条件下，这种属性的出现会引起某些结果。（Baldwin，1993，xxii）

另一位学者的建议是：

> ［摩尔］所愿意接受的评判"非自然"的标准是指，非自然属性是不能通过感官辨识的属性。（Warnock，1960，15）

我不想离开正题去讨论这些建议如何相互联系，因此直接将自然属性视为那些因果的或者可以通过感官发现的属性。无论是典型的"自然"科学还是心理学，都可以研究以这种方式界定的自然属性。所以，如果一种属性根据我们的界定是自然的，那么根据摩尔的界定它也是自然的。反过来说，根据对"自然"科学的任何一种可信的界定，"自然"科学或心理学所研究的属性将是因果的或者可以通过感官发现的。所以，如果根据摩尔的界定一种属性是自然的，那么根据我们的界定它也是自然的。至于非自然属性，可以简单地界定为既非因果的又非可以通过感官发现的属性。

| 说明 2 | 摩尔是强认知主义者吗？

让我们回想一下强认知主义的两个主张：（a）道德判断是适真的，以及（b）道德判断可以是认知地通达某些事实所得到的结果，这些事实使它们为真。摩尔的一些说法听起来似乎否认（b），因此我们实际上应该把他归类为弱认知主义者：

> 我希望人们可以注意到，当我把［道德］命题称为"直
> 觉"，我只是说它们无法证明；我绝不是指我们认知它们的方
> 式或者来源。（Moore，1903，37）

不过，摩尔确实持有某种形式的强认知主义。例如，意识到道德判
断无法证明可能让人感到不安，摩尔对此的回应是：

> 在某些情况下证明是不可能的，单单这样的事实通常不会
> 给我们带来丝毫不安。比如，没有人能证明这是我旁边的一把
> 椅子，但我不认为有谁会因此大为不满。（Moore，1903，127）

回想一下，强认知主义区别于弱认知主义的是这一观点：道德
判断可以是认知地通达某些事实所得到的结果，这些事实使它们为
真。现在，一个判断可以是认知地通达一个事态所得到的结果，当
且仅当这个判断是对某种认知能力的运用。而"我旁边有一把椅
子"的判断当然是这类判断的一个绝佳例证，是基于对某种认知能
力的运用，这种认知能力便是感官知觉。由此，如果我们认真对待
摩尔的上述类比，就必须把道德判断看作是基于对某种认知能力的
运用，是认知地通达道德事态所可能得到的结果。换言之，我们必
须是强认知主义者。[1]

2.2 自然主义谬误与经典开放问题论证

摩尔要论证的是，诸如"良善"（good）这样的道德词项无
法依据快乐、欲望或者意欲去意欲（desiring to desire）之类的
自然属性来定义。所以，摩尔的批评对象是所谓的定义自然主义
（*definitional naturalism*），这种观点认为，作为一种定义上或者概念
上的事实，道德属性同一于或者可以还原为自然属性。霍布斯提出

---

[1] 参见 Baldwin（1993，102—103）。相反的观点参见 Brink（1989，109—110）。

的关于"良善"的意义的观点，便是定义自然主义的一个例子：

> 一个人所喜好或渴求的任何对象，即被他自己称为良善的；他所憎恨和厌恶的对象则被称为邪恶的。(1651，第6章，第1部分)

摩尔不关心我们实际上如何使用"良善"一词，他关心的是如何分析"良善"这一概念。换言之，他关心的是，如何将概念分析（*conceptual analysis*）的方法应用于"良善"：

> 我将在我所认为"良善"的日常用法的意义上来使用它，但与此同时，我不想讨论我关于其用法的观点是否正确。我的任务只关乎这个词一般用于代表的那个对象或观念，我对那个对象或观念的把握可能对，也可能错。我希望揭示那个对象或观念的本质，而且关于这一点，我极想得出一种人们一致同意的意见。(Moore，1993，58)[1]

摩尔声称，任何依据自然属性来定义"良善"的做法，都犯了他所说的"自然主义谬误"。显然，摩尔之所以认为"良善"不能依据自然属性来定义，是因为他认为"良善"完全无法定义，哪怕是依据形而上学属性（例如，"为上帝所赞成"这一属性）这样的非自然属性：

> 应该注意到，我据以界定"形而上学伦理学"的那种谬误在种类上是相同的；因此我给它一个相同的名字，即自然主义谬误。(Moore，1903，91)

而且，即便"良善"是一种自然属性，对它进行定义的做法仍然会犯自然主义谬误：

> 即便［良善］是一种自然对象，也丝毫不会改变谬误的本质或者减损其重要性。关于它我所说的一切完全正确如故：只是我称呼它的名字不再如我所想的那样恰当了。(Moore，1903，65)

---

[1] 注意，关于意义的事实能以这种方式独立于关于语言表达式的使用的事实，这一看法是有问题的。参见 Miller and Wright（2002）中的各篇文章。

　　可见，任何试图定义"良善"或者分析它所表达的概念的人，都会犯自然主义谬误。那么，这种谬误究竟错在什么地方？为什么认为可以给"良善"一个定义的想法是错的？让我们着眼于"良善"可以依据某种自然属性 N 来定义或分析的观点，尝试重构《伦理学原理》第 12—13 节的论证。我将称它为"经典开放问题论证"（Classical Open-Question Argument，简称 COQA）。我们说一个问题是封闭的（closed），当真诚地提出这个问题意味着你不理解表述这个问题所涉及的某些意义或概念；换言之，你出现了某种语言上或者概念上的混乱（提问"单身汉是未婚的吗"，或许就是一个例子）。而如果一个问题不是封闭的，那么它就是开放的。

　　（1）假定谓词"良善"同义于或者分析地等价于自然谓词"N"。那么，

　　（2）"x 是 N"这句话的意义包含着 x 是良善的。

但这样一来，

　　（3）认真地提问"是 N 的 x 也是良善的吗？"的人会显示某种概念上的混乱。这个问题会是封闭的。

然而，

　　（4）对于任何自然属性 N，是 N 的 x 是否是良善的总是一个开放问题。也就是说，提问"是 N 的 x 也是良善的吗？"不会显示概念上的混乱。

（例如，提问"令人快乐的行为是良善的吗？"或者"我们意欲去意欲的东西是良善的吗？"是有意义的。提出这些问题的人不会显示概念上的混乱。）[1]

所以：

　　（5）"良善"不可能同义于或者分析地等价于"N"。

13

---

[1] 这些例子对应于摩尔对开放问题论证的各种应用，参见 Moore（1903）第 15 页之后以及第 66 页之后的内容。

所以：

（6）是良善的（*being good*）这一属性不可能在概念上必然地等同于是 N 的这一属性。

由于步骤（4），这个论证常常被称为"开放问题论证"。注意，同样的论证可以用于反对依据某种形而上学属性来定义"良善"的做法。要看到这一点，我们只需选择一种形而上学属性 M，并用 M 替换上述论证中的 N。由此：

（7）假定谓词"良善"同义于或者分析地等价于形而上学谓词"为上帝所赞成"。

那么，

（8）"x 是为上帝所赞成的"这句话的意义包含着 x 是良善的。

但这样一来，

（9）认真地提问"是为上帝所赞成的 x 也是良善的吗"的人，会显示某种概念上的混乱。

14   然而，

（10）提问"是为上帝所赞成的 x 也是良善的吗"不会显示概念上的混乱。这是一个开放问题。

所以，

（11）"良善"不可能同义于或者分析地等价于"为上帝所赞成"。

所以，

（12）是良善的这一属性不可能在概念上必然地等同于是为上帝所赞成的这一属性。

现在的问题是，COQA 在多大程度上是可信的?[1]

---

[1] 在我看来，摩尔的论证有些类似于柏拉图的《游叙弗伦篇》里苏格拉底给出的这一论证：由于良善之物是因其良善而为神所爱，所以我们不能将良善定义成为神所爱。但柏拉图的论证被广泛接受，摩尔的论证却常常遭到贬斥。两者为何会受到如此不同的评价，这是一个有趣的问题。

2.3 对经典开放问题论证的三个反驳

本节我将概述对摩尔的开放问题论证的三个反驳。

| 反驳 1 |　弗兰克纳的反驳

弗兰克纳（Frankena）写道：

> 倘若可以指责他人犯了自然主义谬误的话，这种指责也只能作为从讨论得出的结论，而不是作为决定如何讨论的手段。（1938，465）

我们至少可以通过两种方式来理解弗兰克纳的反驳，即摩尔的论证相对于分析自然主义者乞题。

首先，只有当"步骤（4）中有一个开放问题"这一信念有充分的根据，我们才能诉诸这一信念。但如果分析自然主义是对的，这一信念就没有充分的根据：认真地提问"是 N 的 x 是否也是良善的"确实会显示概念上的混乱，尽管我们错误地认为不会。所以，只有当我们已经确定分析自然主义是错的，才能诉诸步骤（4）中的开放问题。由于那正是摩尔的论证想要得出的结论，他就无法在不乞题的情况下，使用 COQA 去反对分析自然主义。

其次，我们可以按照如下思路来看待弗兰克纳的批评。诚然，"令人快乐的行为是否是良善的"与"我们意欲去意欲的东西是否是良善的"都是开放问题。但从这几个例子得出一般结论说，对任何自然属性 N，"是 N 的东西是否是良善的"都是开放问题，则是没有根据的，除非我们已经认为分析自然主义是错的。因此和前面一样，摩尔提出的论证是乞题的。

| 反驳 2 |　"无趣分析"反驳

开放问题论证假定，概念分析在为真的同时不可能是提供信

息（informative）和有趣的（interesting）。考虑任一概念 P，设想它可以依据另一个概念 P* 来分析。如果这种分析是提供信息和有趣的，那么我们必定可以有意义地提问"是 P* 的东西是否是 P"。根据摩尔的观点，依据 P* 对 P 的分析是正确的，仅当"是 P* 的东西是否是 P"是封闭问题，换言之，真诚地提出这一问题意味着你不理解它。所以，摩尔的论证蕴涵着，依据 P* 对 P 的分析是正确的，仅当这种分析完全是不提供信息和无趣的。然而，这种蕴涵关系是错的，分析显然可以是提供信息和有趣的。例如，数学和逻辑领域可以说隐藏着很多先天的和分析的真理，哲学领域也不乏有趣和提供信息的分析（例如，依据我们以特定方式看东西的倾向来对颜色进行倾向论的分析，将知识分析为得到证成的真信念，等等）。[1]因此，摩尔的论证出了差错。

针对上述反驳，摩尔也许会这样回应。开放问题论证并无缺陷，因为一个分析既正确又提供信息和有趣，这实际上的确不可能。"分析悖论"（paradox of analysis）表明了这一点。设想我们试图依据概念 C* 来分析概念 C。假定我们理解概念 C，那么，我们便知道概念 C 的意义是什么。那么，我们便知道 C 的意义中包含着什么。如果 C 可以依据 C* 来分析，那么 C* 是 C 的意义的一部分。所以，我们已经知道 C* 是 C 的意义的一部分。所以，如果 C 可以依据 C* 得到正确的分析，这种分析不可能是有趣和提供信息的。因此，前面的反驳最终不是一个好的反驳，因为分析悖论表明的确不存在有趣和提供信息的分析。

然而，"分析悖论"实际上根本不是悖论。要看到这一点，让我们提出这样的问题：在没有意识到概念的正确分析包含什么的情况下，如何理解概念？如果我们能圆满地回答这个问题，就表明不

---

[1] 这种反驳不必假定这些有争议的哲学分析为真：只要它们的非显见性本身并不表明它们为假就够了。这一部分很大程度上倚重于 Smith（1994a）。

存在"分析悖论"。一种回答方式是区分技艺知识（*knowledge how*，即拥有一种能力）和事实知识（*knowledge that*，即命题知识），然后论证理解概念在于拥有技艺知识，而关于正确分析的知识是一种事实知识。这样就不难解释理解概念的同时，何以缺乏关于概念的正确分析的知识：对大多数技艺知识来说，可以在拥有相关能力的同时完全缺乏描述那种能力的命题知识。例如，某人知道如何驾车拐弯，却不知道正确描述驾车拐弯的那些（非常复杂的）命题。再如，某人知道如何合乎语法地说话，却不能以命题的形式陈述这种能力背后那些极其复杂的语法规则。这些反思表明不存在"分析悖论"，所以摩尔未能成功应对"无趣分析"反驳。[1]

|反驳3| "涵义—指称"反驳

弗雷格有一个著名的区分，即从我们直觉上的意义概念区分出了两种不同的成分：涵义（*sense*）和指称（*reference*）。他使用的例子是长庚星和启明星。我们知道"长庚星"这个名称意指什么，也知道"启明星"这个名称意指什么，而且"长庚星"和"启明星"意指同一事物。那么，"长庚星实际上是启明星"如何能成为我们的一个发现？"长庚星是否是启明星"如何能成为一个"开放问题"？弗雷格认为，"长庚星"和"启明星"这两个名称具有相同的指称和不同的涵义。因此实际上我们应该这么说：我们知道"长庚星"的涵义，也知道"启明星"的涵义，但"长庚星"和"启明星"不具有相同的涵义。尽管具有不同涵义，它们仍然可以筛显（pick out）相同的指称，而它们具有相同指称是我们所能发现的一个事实，因为我们可以在不知道一个表达式的指称的情况下理解它

---

[1] 这方面的更多讨论，参见 Snare（1975）和 Smith（1994a，37—39）。技艺知识与事实知识的区分，参见 Ryle（1949，第 2 章）。这个问题很可能比它表面上看起来更加复杂，参见 Dummett（1993，序言）。

的涵义。例如，我理解"最聪明的三年级学生"的涵义，但不知道这个短语筛显了哪个人：这是有待我去发现的一件事。[1]

在"良善"和"N"的例子中，伦理自然主义者或许也能应用弗雷格对涵义和指称的区分。根据自然主义者的观点，我们知道"N"意指什么，也知道"良善"意指什么，而"良善"和"N"意指相同的东西。那么，我们如何能发现良善性实际上是属性N？"具有属性N的东西是否确实是良善的"如何能成为一个"开放问题"？对此我们不就可以说，如同"长庚星"和"启明星"，"良善"和"N"也具有相同的指称和不同的涵义。于是我们就可以说，我们知道"良善"的涵义，也知道"N"的涵义，但"良善"和"N"不具有相同的涵义。尽管具有不同涵义，它们仍然指称相同的属性，而它们指称相同属性是我们所能发现的一个事实，因为我们可以在不知道一个谓词代表何种属性的情况下理解它的涵义。

对COQA的三个反驳在多大程度上是可信的？"涵义—指称"反驳是有问题的。摩尔的论证针对的是这样一种伦理自然主义：它主张依据"良善"和"N"之间概念的或者分析的等价关系，"是良善的"这一属性同一于或者可以还原为"是N的"这一属性。当两个表达式具有相同涵义，它们才分析地等价。所以，"涵义—指称"反驳既然承认"良善"和"N"不具有相同的涵义，实际上也就向摩尔承认了定义自然主义或者分析自然主义的不可信。简言之，"涵义—指称"反驳面对开放问题论证所维护的那种自然主义，并不是开放问题论证的批评对象。尽管从这个意义上说，"涵义—指称"反驳是失败的，但摩尔也只获得了空洞的胜利，因为这一反驳表明，存在一种显然不受开放问题论证影响的伦理自然主义。相对于定义的或分析的自然主义，我们可以称这种自然主义为"形而

---

[1] 对弗雷格的涵义与指称概念的介绍，参见本书附录。

上学的"或"综合的"自然主义。这种自然主义是否可信,是否仍
会面临某种 COQA? 目前我们只是提出这些问题,等到第 8、9 章
再讨论它们。

　　而在我看来,摩尔未能很好地回应弗兰克纳的反驳,他对"无
趣分析"反驳的回应也是完全失败的。那么,我们能挽救 COQA
吗? 抑或这些反驳表明摩尔的论证是一种毫无价值的哲学工具?

2.4　可以挽救开放问题论证吗?

　　让我们来看看试图挽救开放问题论证的两种观点。这些观点的
目标不是用摩尔的论证来决定性地拒斥定义自然主义,而是用它来
建立某种和定义自然主义相左的推论(presumption)。而且它们设
法以这样的方式来达到目标:既避免弗兰克纳关于乞题的指责,又
摒弃分析不可能既正确又提供信息的观念。

a. 鲍德温的"开放问题"论证

托马斯·鲍德温(Thomas Baldwin)写道:

　　如果一种概念分析是对的,那么一旦我们了解它之后,就
应该会认为根据它来引导我们的思想和判断是完全恰当的,哪
怕最初这种分析在我们看来并非显而易见;摩尔之所以反对对
内在价值进行分析,正是因为我们并未发现,我们经过反思能
接受这些分析。(1993, xix)

他还写道:

　　我们可以合理地要求一种意义分析应该以这样的方式解
释概念:由于这种分析增进了我们的理解,我们将会发现根据
它来引导我们的判断是自然而然的。正是本着这一要求,人们

18

（在了解这种分析之后）继续感到摩尔的（开放）问题是有意义的，这对伦理还原论者来说是一个困难。显然，他的还原论分析毫无说服力，因此是错的……这确立了一个反对还原论者的推论，但也仅此而已。（1990，89）

鲍德温的论证是这样的：

（13）如果"良善"和"N"分析地等价，那么当其他条件不变（*ceteris paribus*），适格的言说者在经过概念反思之后应该发现，用这种分析来引导他们的价值判断是自然而然的。

（14）经过概念反思之后，适格的言说者继续相信"是 N 的 x 也是良善的吗"是一个开放问题。所以，经过概念反思之后，他们并未发现用依据"N"对"良善"的分析来引导他们的价值判断是自然而然的。

所以，

（15）我们可以得出，"良善"和"N"并非分析地等价，除非其他条件有变（例如，有某种其他解释可以说明适格的言说者为什么没有发现用这种分析来引导他们的价值判断是自然而然的）。

上述论证只是建立了一个和分析自然主义相左的推论，因为自然主义者当然可以设法"自圆其说"（explain away），比如，通过指出"我们对独特的伦理意义有一种错觉"（Baldwin，1990，89）来解释，我们为什么继续相信问题确实是开放的。但如果没有可信的紧缩（deflationary）解释，这个推论就会对自然主义者关于分析等价的看法构成反驳。可以注意到，这个论证并不依赖于主张"相关问题是开放的"这一信念是正确的或者有充分根据的，而只是说即便经过概念反思，这一信念仍会继续存在，并且对我们迄今考虑到的所有"N"的例子都是如此。这就避免了弗兰克纳关于乞题的指责。这个论证也完全没有假定分析不可能既正确又提供信息。实际

上，（13）背后的观念是，我们之所以会发现根据一种分析来引导 19
我们的实践是自然而然的，正是因为这种分析是提供信息和带来启
发的。

我们可以这样反驳鲍德温的论证："如果分析自然主义是对
的，那么当一个人经过概念反思之后，未能发现用相应的分析来引
导其实践是自然而然的，他对相关概念的掌握就并非完全适格。"
但这样的反驳是无力的。采取这种反驳意味着必须主张：仅仅因为
未能发现用相应的分析来引导实践是自然而然的，言说者即便在其
他方面都适格，仍然不属于完全适格。除非反驳者能找到某种独立
的理由，证明那些未能发现用相应的分析来引导实践是自然而然的
人有某种概念缺陷，否则维护分析自然主义者的这种反驳看起来完
全是特设的（ad hoc）。

由此可见，鲍德温的论证确实至少建立了一个反对分析自然主
义者的推论。

b. 达沃尔、吉伯德和雷尔顿的"开放问题"论证

斯蒂芬·达沃尔（Stephen Darwall）、艾伦·吉伯德和彼
得·雷尔顿试图通过回应弗兰克纳的反驳，来挽救开放问题论证：

首先，人们不必宣称完全相信［确实有一个开放问题］，
而只需注意到，对在其他方面都适格、具有反思能力的言说者
来说，开放问题论证是令人信服的，因为这些言说者很容易想
象争论"［某种自然属性］P 是否是良善的"是怎么回事。其
次，人们应该从哲学上清楚地解释为什么会出现这种情况。这
里我们可以给出一种解释。良善性的归属（attributions）看起
来和行为的引导有一种概念上的联系，利用这种联系，我们将
开放问题"P 真的良善吗"理解为"其他条件不变，我们真的
显然应该或者必须致力于实现 P 吗"，我们之所以相信开放问

题的开放性不是源于某种差错或者疏忽，大概是因为我们似乎能够想象，对于任何自然属性 R，仅凭 R 实现（或者看起来即将实现）这一事实，头脑清楚的人将找不到恰当的理由或动机去行动。鉴于我们可以想象这种可能性，就无法从逻辑上保证 P 是引导行为的（哪怕事实上我们确实都发现 R 有心理上的说服力）。而与行为缺乏这种逻辑或概念的联系恰恰告诉我们，我们可以有意义地追问"R 是否真的是良善的"（1992，117）。

在我看来，这个论证是这样的：

（16）其他条件不变，做出道德判断和按照判断的规定去行动的动机之间，有一种概念或者内在的联系。（即内在主义。[1]）只要没有意志薄弱或其他心理缺陷，判断一种行为是道德上良善的，蕴涵着施行那种行为的动机。如果某人没有各种心理缺陷，（明确地）判断一种行为是道德上良善的，却始终声称他没有理由去施行那种行为，那么他就没有理解道德良善性的概念。

（17）适格的、有反思能力的言说者相信他们能够想象：头脑清楚（并且心理健康）的人判断 R（某种自然属性）实现，却找不到恰当的理由或动机根据那个判断去行动。

（18）如果判断 R 实现和相应的行动动机之间没有概念联系，我们就可以预期适格、有反思能力的言说者具有（17）中所描述的信念。

所以，

（19）除非可以通过其他方式来解释（17）中所描述的信念，我们有理由得出，判断 R 实现和相应的行动动机之间没有概念联系。

---

[1] 注意，这里我所理解的"内在主义"有时候在文献里被称为"判断内在主义"（judgement-internalism），以区别于"存在内在主义"（existence-internalism）。后两者的区分，参见 Darwall（1983）。

所以,

（20）除非可以通过其他方式来解释（17）中所描述的信念,
　　　我们有理由得出,判断 R 实现不是一个**道德判断**［根据
　　　（16）］。

所以,

（21）除非可以通过其他方式来解释（17）中所描述的信念,我
　　　们有理由得出,"是道德上良善的"这一属性并非概念上
　　　必然地同一于或者可以还原为"是 R 的"这一属性。

可以注意到,这个论证逃脱了弗兰克纳的反驳,因为它所依赖的
（17）是说适格、有反思能力的言说者具有相关的信念,而非乞题
地假定那个信念是正确的。还需注意的是,达沃尔、吉伯德和雷
尔顿明白,这不是一个反对分析自然主义的击倒式（knock-down）
论证,也不是主张分析自然主义者犯了一个谬误:

　　　摩尔所发现的不是对一个谬误的证明,而是一种间接地　　　21
　彰显"良善"以及其他规范性词汇的某些特征的论证方法,这
　些特征似乎阻止我们将任何已知的自然主义定义或者形而上学
　定义作为完全正确的东西来接受,至少当我们充分了解定义应
　该是什么样时。（1992,116）

他们所说的特征是指（16）中提到的道德判断能够内在地引导行为
的那种性质。这个论证仅仅只是建立了一个反对自然主义的推论:
如果自然主义者能以其他方式解释（17）中所描述的信念,就能推
翻这个推论。

　　让我们暂停对这个论证的讨论,来看一下鲍德温的论证。就这
两个论证而言,鲍德温的论证似乎更有力,因为不像达沃尔、吉伯
德和雷尔顿的论证,它不依赖于关于道德判断和动机的内在主义前
提。但实际上,鲍德温的论证隐含着内在主义。回想一下,这个论
证是这样的:

　　　（13）如果"良善"和"N"分析地等价,那么当其他条件不

变，适格的言说者在经过概念反思之后应该发现，用这种分析来引导他们的价值判断是自然而然的。

（14）经过概念反思之后，适格的言说者继续相信"是 N 的 x 也是良善的吗"是一个开放问题。所以，经过概念反思之后，他们并未发现用依据"N"对"良善"的分析来引导他们的价值判断是自然而然的。

所以，

（15）我们可以得出，"良善"和"N"并非分析地等价，除非其他条件有变（例如，有某种其他解释可以说明适格的言说者为什么没有发现用这种分析来引导他们的价值判断是自然而然的）。

如果这个论证仅仅是这样的话，自然主义者可以反驳说："我确实有一项解释义务尚未履行：我不曾解释，其他方面都适格的言说者为什么没有发现，用我提出的分析来引导他们的实践是自然而然的。但倘若如你所宣称的，适格的言说者没有发现用自然主义分析来引导他们的实践是自然而然的，你就必须解释为什么会这样。而你不能仅仅说，因为'良善'和'N'并非分析地等价。这根本不算解释。"由此，如果鲍德温的论证保持原封不动，我们得到的充其量是自然主义者和反自然主义者之间的一个僵局：两种观点都不占优势，因为它们都没有履行实质性的解释义务。要打破僵局，鲍德温必须设法解释，适格的言说者为什么没有发现，用自然主义对"良善"的分析来引导他们的实践是自然而然的。而这里便轮到达沃尔、吉伯德和雷尔顿的论证登场了。关于"良善"的判断可以内在地产生动机，关于"N"的判断则否，所以言说者没有发现用对"良善"的相应分析来引导他们的实践是自然而然的，也就不足为奇了。这样一来，反对"良善"和"N"分析地等价的推论就避免了一种完全的僵局。除非能更好地解释，言说者为什么没有发现用对"良善"的相应分析，来引导他们的实践是自然而然的，我们就有理由假定"良善"和"N"并非分析地等价。那么说到底，鲍德温的论证跟达沃尔、吉伯德和雷尔顿的论证之间没有实质性的差异。因此，我往后的相关讨论只关注后者。

现在回到达沃尔、吉伯德和雷尔顿的论证。这个论证所建立的反对自然主义者的推论有多强的效力？这里，我不谈这个问题：对于言说者具有（17）中所描述的信念这一事实，自然主义者能否找到某种合适的解释。只要说说自然主义者可以采取另外两种方法，来避开这个论证就够了。首先，许多现代自然主义者的回应否认前提（16），即否认内在主义。他们提出了外在主义主张：道德判断和相应的行动动机之间虽然有一种联系，这只是一种偶然和外在的联系。其他条件不变，判断"x 是良善的"的人具有相应的行动动机，这只是一个偶然和外在的事实。我们将在第 9.9 节看到，内在主义者和外在主义者之间的争论，是现代元伦理学中最激烈的争论之一。由此，新的开放问题论证所建立的反对分析自然主义者的推论，远远不是决定性的，而是取决于这场争论的结果。其次，自然主义者可以选择放弃这种观点，即道德良善性在概念上必然地同一于或者可以还原为某种自然属性。换言之，放弃分析自然主义，转而支持形而上学的或者综合的自然主义，就能避免从步骤（20）推出对自然主义的否定。我们在第 2.3 节讨论对摩尔的"涵义—指称"反驳时，引入了形而上学自然主义，这种观点认为"良善"和"N"尽管并非分析地等价，却代表相同的属性，我们可以后天地发现这一事实。正如我们将在后面各章具体讨论的，这种自然主义在现代元伦理学中也引发了激烈的争论。这里，新的开放问题论证所建立的反对自然主义的推论，同样远远不是决定性的，而是取决于争论的结果。

23 2.5 进阶阅读

本章涉及的经典文本是 Moore［1903（1993）］，尤其是第 1
章。值得注意的是，摩尔很想修改他在第 1 版（1903）所说的许
多内容。他没有这么做，是因为在他看来，唯一的合适做法是重写
整本书。所以当这本书在 1922 年重印时，只在语法上和印刷上做
了若干修改。不过，在摩尔为修订版撰写的、未在其生前出版的
（1993 年第 2 版）长篇序言中，可以看到摩尔想要做哪些重要的修
改。这方面，Schillp（1942）汇集的摩尔与批评者之间的对话也颇
有价值。这本书还收录了摩尔的简短自传。Frankena（1938）是经
典论文。

从 Warnock（1960，第 1 和 2 章）可以看到对摩尔的反自然
主义论证的一些较为近期的讨论；Baldwin（1990，尤其是第 3 章，
1993）；Darwall，Gibbard and Railton（1992，尤其是第 1 部分）；
Soames（2003，第 3 和 4 章）；Altman（2004）；以及 Strandberg
（2004）。《伦理学》（Ethics）杂志 2003 年专号和 Horgan and
Timmons (eds)（2006）是两本有用的论文集，它们都是为了纪念
《伦理学原理》发表 100 周年而出版的。

本书第 8 和 9 章将讨论非分析的自然主义以及内在主义和外在
主义之间的争论。

第3章

情绪主义和对非自然主义的拒斥

3.1 介绍艾耶尔的情绪主义

认知主义的核心主张是道德判断表达信念，因此道德判断是适真的。我们要考察的第一种非认知主义，是 A. J. 艾耶尔在《语言、真理与逻辑》(*Language，Truth and Logic*) 中提出的情绪主义。艾耶尔的情绪主义是最简单也最极端的一种非认知主义，之后查尔斯·史蒂文森 (Charles Stevenson)、理查德·黑尔 (Richard Hare)、西蒙·布莱克本以及艾伦·吉伯德等人发展出了更精致的非认知主义。本书将会讨论其中一些观点。首先让我们简要地阐述一下艾耶尔的观点。

艾耶尔否认道德判断表达信念，而是主张道德判断表达赞成和反对的情绪或者情感。与信念不同，这些情绪和情感并非旨在表征世界的状况，所以表达它们的判断就不是适真的。设想你有"街上有小孩"这一信念，该信念旨在表征世界的状况，你还对"小孩在折磨一只猫"这一事实感到惊骇。经过比较可以看到，信念有一种表征功能：旨在表征世界的状况，它为真当且仅当世界确实是它所表征的样子。另一方面，惊骇的情绪则没有这种表征功能，甚至不是可以用真假进行评价的那种东西。简言之，道德判断既不为真也不为假，它们不陈述任何东西，而是表达我们的情绪和感受。正如艾耶尔在一段著名的话里所说的：

倘若我跟某人说"你偷钱是做错了"，我并未比只说"你偷钱"陈述更多的东西。接着说这种行为是错误的，我并未做出任何关于这种行为的进一步陈述。我只是表示我对这种行为的道德上的反对。这就像我用一种特殊的惊骇语气说出"你偷钱"，抑或加上某些特殊的感叹符号写下这句话。这种语气或者这些感叹符号并未给这个句子的字面意义增添任何东西。它们只是用于表明对它们的表达伴随着言说者心中的某些感受。

[Ayer，（1936）1946，107，楷体部分是后加的]

而这意味着：

如果现在我将我前面的陈述一般化，说"偷钱是错误的"，我便说出了一个没有事实意义的句子——换言之，不表达可以为真或为假的命题。[（1936）1946，107]

但这样一来，应该如何看待道德分歧（moral disagreement）呢？如果我说"偷钱是错误的"，而另一个人说"偷钱不是错误的"，这难道不是一种两人相互矛盾的情形吗？倘若把我们做出的判断视为具有真假，那么双方相互矛盾是因为如果我所说为真，则另一个人所说为假，反之亦然；除此之外，我们该如何解释这种情形？艾耶尔意识到，对道德分歧的这种解释方式只有认知主义者才能使用，因而不可接受：

诚然，就某种行为或某类行为的道德价值而言，当有人和我们产生分歧，为了说服他接受我们的思考方式，我们的确会使用论证。但我们不会试图通过论证表明，他对一种他已经正确了解其性质的情况具有"错误"的伦理感受。我们试图表明的是，他弄错了关于那种情况的事实……如果反对我们的人恰好接受了和我们不同的道德"训练"，以致即便他承认所有的事实，关于所讨论的行为的道德价值，他仍然不同意我们的看法，那么我们就会放弃通过论证来说服他的做法……正因为当我们着手处理有别于事实问题的价值问题时，论证无法奏效，

　　我们最终只好诉诸谩骂。[（1936）1946，111]
由此，道德分歧不是具有矛盾的信念，而是具有冲突的感受。
　　艾耶尔对情绪主义的论证方式大体上是这样的：他考虑了各种
各样的认知主义，既有自然主义式的也有非自然主义式的，然后发
现它们都不可信。既然所有已知的认知主义都是失败的，他的结论
是理解道德判断的最佳方式是采取一种非认知主义，即情绪主义。
艾耶尔运用摩尔的 COQA 来拒斥自然主义式认知主义。比如，对
于"x 是良善的"，他这样处理功利主义分析：

　　　　　由于我们说出"有些令人快乐的东西不是良善的"或者
　　"有些恶劣的东西是被人意欲的"不会导致自相矛盾，"x 是良
　　善的"这个句子就不可能等价于"x 是令人快乐的"或者"x　　26
　　是被人意欲的"。这种反驳同样适用于所有其他我所知的功利
　　主义。[（1936）1946，105]

尽管我们已经看到，"开放问题"论证不具有摩尔归给它的那种效
力，但为便于讨论起见，让我们暂且同意艾耶尔的这种结论：即自
然主义式认知主义是不可信的。那么，如何看待摩尔自己那种非自
然主义版本的认知主义？我们已经发现，他反对自然主义的论证远
远不是决定性的，但我们尚未讨论他的非自然主义立场是否可信。
事实上，艾耶尔讨论了摩尔式的非自然主义，并拒斥了这种观点。
这便是下一节我们要谈的内容。

3.2　艾耶尔反对非自然主义的论证

　　艾耶尔是一名逻辑实证主义者（logical positivist）。根据逻辑
实证主义，只有两类陈述具有字面意义（*literally significant*）：可以
通过经验证实（*empirically verifiable*）的陈述和分析性（*analytic*，大
致指根据定义为真）的陈述。由此，"伯明翰有 300 多个酒吧"具

有字面意义，因为它原则上可以通过观察来证实：我们可以走到这个城市的街上亲眼去看，数一数那些酒吧。"所有单身汉都是未婚的"也具有字面意义，因为它根据它所包含的那些词项的定义而为真："单身汉"的意思差不多就是"达到适婚年龄的未婚男性"。逻辑实证主义者口中的字面意义，跟我们说判断是适真的大致是同样的意思。所以，如果一个陈述既不是分析性的，也不可以通过经验证实，那么它就没有字面意义，不适合根据真假来评价。在逻辑实证主义者看来，道德判断便属于这类陈述，它们既不是分析性的，也不可以通过经验证实，因此没有字面意义。

艾耶尔利用对字面意义的上述解释来反驳摩尔的非自然主义。摩尔认为，道德判断是适真的，而且使它们为真或为假的是关于道德良善性这种非自然、简单并且不可分析的属性的实例化的事实。艾耶尔拒斥这种观点的理由是，它不符合逻辑实证主义者对字面意义的解释。摩尔同意道德判断不是分析性的，所以，如果他认为道德判断具有字面意义，他就必须设法维护这种主张：道德判断是可以通过经验证实的。但根据艾耶尔的分析，认为摩尔所说的道德判断可以通过经验证实，是站不住脚的：

当我们承认规范性的伦理概念不能还原为经验概念，似乎是为伦理"绝对主义"铺平了道路；这种观点认为，价值陈述不像通常的经验命题那样受观察的支配，而是受一种神秘的"理智直觉"的支配。这种理论的一个很少为它的拥护者所认识到的特点是，根据它，价值陈述是无法证实的。因为众所周知，在一个人的直觉看来确凿无疑的东西，在另一个人的直觉看来也许是可疑乃至错误的东西。所以，除非能提供某种标准，人们可以根据它在相互冲突的直觉之间做出评判，否则，对检验命题的有效性来说，仅仅诉诸直觉是毫无价值的。而在道德判断的情形中，我们无法给出这样的标准。有些伦理学家认为，只要声称他们"知道"自己的道德判断是正确的，就能解决这一问题。但这样的主张只有心理学意义，对于证明道德判断的有效性没有丝毫帮助。因为持相反意见的伦理学家同样"知道"他们的伦理观点是正确的。所以，尽管双方都有主观上的确定性，却完全无法从中做出选择。[（1936）1946，105]鉴于自然主义已经被否定，非自然主义则要求一种综合性的（即非分析性的）、无法通过经验证实的判断具有字面意义，那么唯一的选择便是放弃主张道德判断具有字面意义。

对于艾耶尔的论证，我们可以提出几点评论。其一，这个论证对非自然主义的反驳是基于逻辑实证主义的字面意义理论，根据这种理论，只有分析性的或者原则上可以通过经验证实的陈述才有字面意义。然而，似乎有许多陈述既非分析性的，又非原则上可以通过经验证实，但直觉上却是有字面意义的。迈克尔·史密斯（Michael Smith）给出的一个例子是："大爆炸之前宇宙中的所有事物都会聚于一个点。"（Smith，1994a，20）诸如此类的简单例子，让人对逻辑实证主义的字面意义理论产生怀疑。

其二，当艾耶尔真的想要说清"一个陈述在原则上可以通过经验证实"是什么意思时，他就会陷入各种麻烦。人们已经证明，规定经验可证实性的标准时，必定会把某些任意的、"无意义"（nonsensical）的陈述当作有经验意义的（参见 Miller，2007，第 3 章）。

既然艾耶尔反对非自然主义的论证所基于的字面意义理论面临这些问题，该论证就缺乏说服力。何况，除了这些从作为基础的逻辑实证主义所承袭的问题，艾耶尔的论证在逻辑实证主义意义理论的内部也遇到了困难。要看到这一点，我们需要准确把握艾耶尔的这一结论：道德陈述没有字面意义。他有时候把这一结论表述为主张"伦理概念只是伪概念"[（1936）1946，107]。这似乎意味着他主张伦理学是无意义的（nonsense）。他对形而上学陈述（诸如"我们的自我是持存的"、"现实的本质是一而不是多"）的评论，进一步表明了这一点：根据这些陈述既非分析又非可以通过经验证实的事实，他得出结论说它们是"无意义的"，因此我们应该清除形而上学。《语言、真理与逻辑》第 1 章的标题便是"清除形而上学"。那么，该书第 6 章的标题为什么不是"清除伦理学"？根据道德判断既非分析又非可以通过经验证实的事实，艾耶尔为什么不干脆断定它们都是**废话**（*verbiage*）？艾耶尔意识到，人们可能会认为情绪主义理论蕴涵着这种道德虚无主义（nihilism），于是在《语言、真理与逻辑》第 2 版的前言中，他写道：

> 当我提出将证实原则作为意义标准，并未忽略这一事实："意义"这个词通常在多种涵义上使用，而且我也不想否认，根据这个词的某些涵义，一个陈述即便既非分析又非可以通过经验证实，也完全可以说它有意义。[（1936）1946，15]

艾耶尔的想法看起来是这样的：虽然道德判断没有字面意义，它们并非无意义，因为它们具有另外一种意义，即情绪意义（*emotive significance*）。这就出现了两个问题。首先，艾耶尔依据什么标准来区分具有情绪意义的判断和无意义（因而应该被消除）的判断？其次，那种标准能否以这样的方式来表述：据此，伦理判断可以被赋予情绪意义，形而上学判断则否？艾耶尔从未尝试回答这些问题，所以，当他既要消除传统形而上学，又要拒斥道德虚无主义，这种立场的一致性（consistent）是值得怀疑的。[1]

3.3　对非自然主义的若干更好的反驳

我们看到，艾耶尔对非自然主义的反驳很可能是失败的。我们能做得更好吗？回想一下，摩尔是一位强认知主义者，他不仅认

---

[1] 对这种质疑更充分的讨论，参见 Miller（1998a）。我在那里论证，艾耶尔无法以一致的方式避免接受道德虚无主义。

为道德判断是适真的，还认为做道德判断是运用某种认知能力的结果：做出正确的道德判断是基于发现或通达非自然的道德事实，正如判断"我前面有一张桌子"是基于感知我前面有一张桌子。这种观点面临着一系列问题。

| 问题 1 |　道德属性对自然属性的先天随附

29

哲学家们喜欢说一种属性随附（supervene）于另一种属性。当我们说一个对象的道德属性随附于它的自然属性，这是什么意思？它的意思是，如果两个事物的自然属性完全相同，那么它们的道德属性也完全相同；如果你发现两个事物的道德属性不同，你肯定也会发现它们的自然属性有所不同。

现在让我们引入必然性（necessity）这一概念。我们说命题"2+2=4"是一个必然真理。"2+2=4"不仅仅是一种实情，某种意义上它必须（had to）如此，而不可能（could not）是其他结果。对比一下偶然真理，比如，命题"格罗夫纳街尽头有一个邮筒"。这是实情，但也可以是另外的情况：我们不难设想这个命题为假会是什么情况。这里我们谈论的是逻辑或者概念必然性。还有其他种类的必然性，例如物理必然性。物理上我不可能跳过月球（这么做必定违反物理定律），但这在逻辑上是可能的（这么做不会违反逻辑法则）。由此，当一个命题的否定在物理上是不可能的，这个命题就是物理上必然的；当否定一个命题的人会违反逻辑法则或者显示某种概念缺陷，这个命题就是逻辑上或者概念上必然的。

就此而言，当主张道德属性随附于自然属性，涉及的是哪种必然性？应该是逻辑或者概念必然性，如果某人自觉地给予两种行为或事件不同的道德评价，却不认为自己必须指出这些行为或事件之间的某种自然差异，那么就表明他没有掌握道德概念。考虑一下：如果就自然属性以及所处的自然环境而言，琼斯的行为和史密斯的行为完全相同，那么你如何能说史密斯的行为比琼斯的行为更良善？如果有人持这样的看法，很快会被指责对道德良善性的概念缺乏理解。

以上所述跟非自然主义有什么关系？非自然主义者主张，做一个正确的道德判断是运用类似感官知觉这样的能力所得到的结果：我们有时候能够知觉一种行为是恶劣的，进而由那种知觉得出相应的判断。类似地，我们有时候能够知觉一种行为具有特定的自然属性，并由此知觉那种行为具有特定的非自然道德属性。例如，（a）我知觉琼斯通过故意给猫施加痛苦来取乐，并由此知觉琼斯对猫的所作所为是错误的；类似地，（b）我知觉史密斯通过故意给小孩施加痛苦来取乐，并由此知觉史密斯对小孩的所作所为是错误的。现在，既然道德属性对自然属性的随附是先天的，那么下面的命题也是先天的：

（1）任何两种通过故意施加痛苦来取乐的行为（在其他方面具有相同的自然属性）必须受到相同的道德评价。

然而，根据（a）、（b），等等，我们似乎无法得到先天的命题（1）：不管我们知觉多少通过故意施加痛苦来取乐的例子，凭借归纳一般地得到（1），充其量也只是得到一个后天真理。所以，非自然主义实际上使得道德属性对自然属性的先天随附成了一种神秘现象。鉴于"知道道德属性以何种方式随附于自然属性，是正确使用道德概念的一个条件"（Smith，1994a，22），非自然主义因此是可疑的。

在我看来，非自然主义在这里确实有问题，不过史密斯有些夸大这个问题的严重程度（1994a，21—24）。史密斯似乎认为，非自然主义与道德属性对自然属性的先天随附不相容（*incompatible*）。[1]

---

[1] 比如，史密斯写道："一个非自然主义必须能够运用直觉主义的知觉解释，说明我们如何获得关于'这个具有自然特征 N 的对象具有道德特征 M'这一主张的知识，从而以某种方式支撑或解释这种先天真理：任何与该对象具有相同自然属性即 N 的对象，也会具有 M。"（1994a，22，楷体部分是后加的）。由此，如果非自然主义者不能使用直觉的知觉模型做到这一点，他的理论就应该被拒斥。史密斯的论证显然有些夸大，非认知主义者必须以某种与直觉的知觉模型一致的方式解释道德属性对自然属性的先天随附，但这种解释不一定要源自这种模型本身。

但上面的论证至多表明，非自然主义者不能使用"我们可以发现道德属性"这一观点去确保道德属性对自然属性的先天随附；非自然主义者仍然有可能发现其他某种办法，来支撑关于先天随附的主张，并发现与感知的类比可以发挥其他某种解释作用。这个论证并未确定非自然主义是错的，而只是表明，仅仅使用关于道德知觉的独特观点，它无法解释关于道德概念的一个重要事实。

尽管史密斯夸大了这个反驳的力量，它确实告诉我们，非自然主义者尚未回答一个问题：以什么样的方式解释道德属性对自然属性的先天随附，才能和"我们有时候能认知地通达或'知觉'涉及非自然道德属性的事实"这一主张相一致？[1]

｜问题 2｜　"知觉"在道德考量中的作用

另一个问题是，非自然主义者的"知觉论"似乎无法说明道德考量（moral deliberation）的真实过程。史密斯好像把这个问题和前面的问题 1 混为一谈了（1994a，23—24）。让我们来看看布莱克本对这个问题的表述：

在字面意义上谈"知觉"会碰到许多问题。其中一个问题是，鉴于伦理考量的功能在于引导我们的选择，通常乃至典型的情况是，它关注想象的或者描述的情形，而非知觉到的情形。我们从伦理上评判所描述的能动者的表现或者行为，依据的是某些一般标准。而我们很难想象这些标准是通过知觉来维系的。我会认为对忘恩负义的评判只是基于我所看到的那些忘恩负义的例子吗？我如何能确定这种评判一般地适用于我没有看到的例子？（1993a，170）

---

[1] 非自然主义式认知主义者的这个问题之所以产生，在多大程度上是因为他的非自然主义而非他的认知主义？自然主义式的认知主义者会面临类似的问题吗？

以故意施加痛苦来取乐为例，对这种行为包含着什么因素进行反思，这本身就足以得出"所有故意施加痛苦来取乐的行为都是道德上恶劣的"这种一般主张："知觉"看起来没有发挥任何作用。认为我们是从（a）和（b）之类的例子得出一般的道德标准，这完全错误地描述了道德考量的过程。让我们得到一般主张或一般标准的是反思，而不是对具体行为或能动者的"知觉"。[1]

和问题 1 一样，这也不是一个反对非自然主义的击倒式论证。问题 2 的要点并不是说非自然主义和一般标准在道德考量中所起的作用不相容，而是说非自然主义者面临这种挑战：以什么样的方式解释一般标准在道德考量中的作用，才能和关于道德知识的"知觉论"相一致？[2]

| 问题 3 | 非自然主义与道德动机

摩尔的 OQA 不仅危及自然主义，也危及他自己的非自然主义：

[开放问题] 论证会反咬一口，最终使直觉主义也成为它的受害者。因为倘若我们用"自成一类的、简单的非自然属性 Q"替代"自然属性 R"，似乎并不比原来更容易从逻辑上确保一种（道德判断）跟动机或行为的恰当联系。（Darwall, Gibbard and Railton, 1992, 118）

---

[1] 这当然不是说知觉不起任何作用。我们为了知道无端蓄意虐待指什么，甚或为了最初获得相关概念，可能都需要它。关键在于，一旦知觉发挥了这种作用之后，它不会进一步帮助我们得到一般道德主张或标准。

[2] 不出所料，一些非自然主义者拒斥这种挑战的理由是，一般标准在道德考量中并不起这种反驳所描述的作用，也就是说，非自然主义者试图通过主张伦理特殊主义（particularism）来削弱这一挑战的效力。关于特殊主义问题有用的一本论文集是 Hooker and Little（eds）（2000）。特殊主义传统中的权威著作有 Platts（1979，第 X 章）、Dancy（1993, 2006）以及麦克道尔的"美德与理由"（Virtue and Reason，在 McDowell, 1998 里重印）。

也就是说，我们能以如下方式提出一个"新"版本的开放问题论证：

（2）其他条件不变，做出道德判断和按照判断的规定去行动的动机之间，有一种概念或者内在的联系。

（3）适格的、有反思能力的言说者相信他们能够想象：头脑清楚（并且心理健康）的人判断 Q（某种无法定义的、自成一类的非自然属性）实现，却找不到恰当的理由或动机根据那个判断去行动。

（4）如果判断 Q 实现和相应的行动动机之间没有概念联系，我们就可以预期适格、有反思能力的言说者具有（3）中所描述的信念。

所以，

（5）除非可以通过其他方式来解释（3）中所描述的信念，我们有理由得出，判断 Q 实现和相应的行动动机之间没有概念联系。

所以，

（6）除非可以通过其他方式来解释（3）中所描述的信念，我们有理由得出，判断 Q 实现不是一个道德判断［根据（2）］。

所以，

（7）除非可以通过其他方式来解释（3）中所描述的信念，我们有理由得出，"是道德上良善的"这一属性并非概念上必然地同一于或者可以还原为"是 Q 的"这一属性。

可见，非自然主义者和自然主义者面临同样的紧迫问题：如何解释道德判断和动机之间的内在联系？

| 问题 4 | 　认识论上的破产

对摩尔来说，"良善"指称一种简单的、不可分析的非自然属性，它不是因果秩序（causal order）的一部分。关于这种属性实例

化的事实不属于因果秩序，并且无法通过感官来发现。当我们判断
"我前面有一张桌子"，能够说明是哪种认知能力使我们通达"我
前面有一张桌子"这一事实，即感官知觉。我们还能具体地解释那
种能力如何实现它的功能：对一把椅子的知觉是一个因果过程，关
于这一因果过程包含哪些因素，认知心理学有细致的研究。然而，
使我们通达"正义是良善的"这一事实的是哪种认知能力？我们
能具体解释那种能力如何运作吗？根据摩尔的假设，"正义是良善
的"这一事实不属于因果秩序，因此它所涉及的认知能力不是感
官知觉。那么这种认知能力是什么？摩尔的追随者们称为"直觉"
（intuition）（参见 Dancy，1991）。但"直觉"到底指什么？我们似
乎有两种选择。"直觉"可以指（a）做出正确的道德判断的能力，
或者指（b）一种在有些方面类似于感官知觉的认知能力，但和感
官知觉不同的是，它所知觉的事态不是因果秩序的一部分。然而，
这两种选择看起来都不可信。（a）无助于解释正确的道德判断如何
使我们通达道德事实，因为"正确的道德判断可以通达道德事实，
是因为它们是运用一种可以形成正确道德判断的能力的结果"是琐
碎的（trivial），完全没有解释力。而（b）看起来不能给人任何启
发，它只是说"直觉"在有些方面像感官知觉，而它可以发现感官
无法发现的事态，就此而言，又不像感官知觉。这无异于什么都没
说。所以对于道德认识论，（a）和（b）都没有给出可信的非自然
主义解释。非自然主义似乎在认识论上破产了（bankrupt）。[1]

3.4 关于情绪主义的几点说明

上面只是提到了非自然主义面临的部分问题。在考察情绪主义

---

[1] 对这种论证的一些质疑，参见 Brink（1989，110）。并对比 Mackie（1973，第 1 章）。

自身面临的一些问题之前，需要做三点说明。

|说明 1| 形而上学及认识论上的偿付能力

第 3.3 节谈到的几个问题表明，摩尔那种非自然主义式认知主义不能偿付认识论上的债务：它无法可信地解释我们如何拥有道德知识，因为它无法可信地解释我们如何与非自然的事实发生联系，这些非自然事实据说可以使我们的道德判断为真。有鉴于此，情绪主义的目标是避免负担任何这样的认识论债务：既然情绪主义认为不存在道德事实，并认为道德判断的功能不是陈述事实，也就无需解释人们如何与那些以某种方式带来道德知识的事实发生联系。情绪主义同样不会负担任何沉重的形而上学债务，由于它否认道德事实的存在，它就没有义务解释这些事实的本质以及它们和非道德事实的关系。

|说明 2| 情绪主义与主观主义

我们必须注意不能混淆情绪主义和主观主义（*subjectivism*）。根据一种简单的主观主义，当我做出一个道德判断，我其实是在谈论我的情绪或情感，例如，判断"杀人是错误的"相当于说"我反对杀人"。而根据相对复杂的主观主义，当我做出一个道德判断，我是在谈论整个社会的情绪或情感，例如，判断"杀人是错误的"相当于说"我们社会的大多数人反对杀人"。由此，根据主观主义，道德判断是在谈论我们的情绪或情感：它们对这些情绪和情感进行报告（report）。情绪主义和主观主义虽然表面上有些相似，但两者其实截然不同，因为情绪主义完全否认道德判断是报告或者命题。道德判断根本不是报告或者命题，所以更不会是关于我们的情感或情绪的报告或者命题。

34

艾耶尔明确不接受主观主义，因为他用于批评功利主义式自然主义的那种反驳，同样适用于主观主义：

> 我们拒斥这种主观主义观点，即认为称……一个东西是良善的，便是说它受到普遍的赞成；因为断言"某些……受到普遍赞成的东西不是良善的"并不自相矛盾。我们也拒斥另一种主观主义观点，即认为当某人断言……一个东西是良善的，是在说他自己赞成它；因为承认自己有时候赞成恶劣的或错误的东西的人并不会自相矛盾。[（1936）1946，104；也可参见 Stevenson，1937，274—275]

根据情绪主义，当我判断"杀人是错误的"，不是在述说（*saying*）什么东西，而是在表达（*expressing*）或表示（*evincing*）我的反对。这就是为何各种版本的非认知主义有时候又被称为"表达主义"（*expressivism*）。根据情绪主义，当我判断"杀人是错误的"，我不是在述说或报告"我反对杀人"，就像当我踩到钉子后大叫"@*%$！"，不是在述说或报告"我疼痛"。我发出的"@*%$！"不是一个报告，因此更不是报告"我疼痛"，它是表达疼痛，而非谈论疼痛。[1]

| 说明 3 | 情绪主义与"言语行为谬误"

人们常常指责情绪主义这样的表达主义理论犯了"言语行为谬误"（speech-act fallacy），即从"做出某个判断表达了一种态度"这一事实，推出这个判断没有同时再述说些什么。由于在很多情况下，述说同时也包含着表达态度，这样的推理是无效的。所以，如果基于"道德判断表达感受"这一事实来支持情绪主义，便是依赖

---

[1] 关于伦理情绪主义必定会退变成伦理主观主义的一个有趣论证，参见 Jackson and Pettit（1998）。亦参见 Mautner（2000）和 Suikkanen（2009）。

于一个无效的论证。但正如西蒙·布莱克本所指出的，支持情绪主义的论证以及一般地支持表达主义的论证，无需采取这种方式：

> 人们常常指出，一个词项可以出现在一个既描述状况又表达态度的话语中。当我说"附近地里有头公牛"，我可能是在吓唬你，或是在警告你，或是在表达害怕，或是在怂恿你穿过那块地，我还可以是在做其他许多事情，并表达其他一些微妙的态度和情绪。但这些东西跟我这句话的意义或内容毫无关系，我这句话在特定的一些情况下为真或为假，是一句典型的具有真值条件的话语。但这样一来，从"这句话也（also）表达了一种态度"的事实推出"这句话没有给出任何描述"，便是错误的……不过，我们不必犯这样的谬误。首先，一种表达理论不应该由"说出这句话时表达了态度"的事实推出"这句话的功能是表达态度"。只要一句话可以表达态度，论证这句话的功能确实是表达态度，就能更好地解释我们进一步得出的承诺（commitments）。推理的方式不是"这句话表达了这种态度，所以这句话没有真值条件"，而只是"这句话表达了这种态度；如果我们把这句话视为没有真值条件，哲学就能取得进步［因为比如，我们可以免除认知主义所负担的形而上学和认识论债务］；所以让我们把这句话视为表达性的而非描述性的"。这里没有任何谬误。还有第二点是，我们可以看到，如果一句话的**独特**（*distinctive*）意义是表达性的，那么这句话是否既是描述性的又是表达性的，便完全无关紧要。正是这种**额外的意义**（*extra import*）使得相关词项既是描述性的又是评价性的，这种意义必定能赋予话语一种表达功能。只有当这种意义包含一种额外的真值条件，关于价值的表达主义才应该受到指责。（1984，169—170）

现在，我们可以接着来看情绪主义面临的问题了。

3.5　情绪主义的问题

|问题1|　蕴涵错误问题

　　情绪主义是一种投射主义（*projectivism*）。当我们在一个评价性判断中使用"是错误的"，例如，当我们判断"杀人是错误的"，似乎是把"错误的"当作一个谓词，就类似于我们语言中的非评价性谓词。换言之，我们把错误性视为杀人这种行为的一个属性。由此，我们认为"杀人是错误的"和"黄金是金属"相似，因为"错误的"和"金属"都是真正的谓词，筛显事物的真正属性。但根据情绪主义，用这种观点来解释"杀人是错误的"并不正确：当我们把错误性视为事物的真正属性，我们所做的事情是将我们的情感或情绪投射到世界上。错误性并非真的是世界中的事物的一种属性，而是我们对世界产生某种态度或情感时投射到世界上的某种东西。如布莱克本所说：

> 我们将态度、习惯或者其他承诺投射到世界上，这些东西不是描述性的，但是当我们说话和思考时，就好像它们是我们的话语所描述的那些事物的一种属性，我们可以对这种属性做出推理，进行认知以及产生误解，等等。投射就是休谟所说的"将所有自然对象涂上和染上来自内在情感的颜色"，抑或心灵"以自身铺染世界"。（1984，170—171）

情绪主义的问题是，解释这样的投射如何可能不是一种差错或错误。如果我们的言谈和思考显示存在良善性这种属性，而实际上不存在这种属性，我们的言谈和思考不就有很大缺陷吗？对此，为了避免这种错误，理性的反应不应该是要求消除或者至少修正我们的道德化实践（practice of moralizing）吗？

　　在日常生活以及文学作品中，常常可以看到上面这样的担心。例如，在约瑟夫·康拉德（Joseph Conrad）的小说《胜利》（*Victory*）中，故事的讲述者和故事里的戴维森船长疑惑，海斯特将莱娜救出藏加科莫的旅行乐团是出于什么动机：在海斯特心里，这种行为是情势所迫利用一个漂亮的年轻姑娘，还是解救一个受折磨的人？由于海斯特具有一种将自己的情感投射到世界上的倾向，讲述者和戴维森担心海斯特是否因此犯了这种错误：当他的行为实际上只是情势所迫利用一个漂亮的年轻姑娘，他却以为是在解救一个受折磨的人：

> 戴维森和我都怀疑这在本质上是否是解救一个受折磨的人。我们不是两个以自己的性情给世界染色的浪漫主义者，但我们早已对海斯特的为人心知肚明。（1915，66—67）

由此，戴维森和讲述者排除了海斯特的错误，但这么做的前提是认为他倾向于以自己的性情给世界"染色"，从而可能陷入某种相关的错误。

　　我们再看一个更普通的例证，即具有字面意义上的投射功能的投影仪。设想一位解剖学讲师用投影仪向学生展示关于人类大脑的幻灯片。他调试投影仪，使之照射到一面平整的白墙上。讲课过程中，讲师和学生的讨论就"仿佛"墙上有一张人类大脑的图片。比如，讲师问一个学生图片的哪一部分表示小脑，另一个学生让讲师指出图片上的脑干部分。但显然，墙上并非真的有图片，而只有投影仪所投射的图像。在某种意义上，这在眼下的例子中不会让我们感到担心：讨论时"仿佛"墙上真的有一张图片，这无非是一种方便而无害的虚构。然而，当我们判断"史密斯折磨猫的行为是错误的"时，认为自己是在"投射"，就很令人不安了。我们真的可以接受这样的看法吗：史密斯的行为并非真正错误，其错误性只是投射我们的不适或惊骇？

　　所以，如果一个人在对道德属性的理解上是投射主义者，他如何避免蕴涵这样的结果：将道德属性赋予事物总是会让我们陷入错误?[1]

| 问题 2 | 弗雷格—吉奇问题

这个问题以彼得·吉奇（Peter Geach）的名字命名，他在 Geach（1960 和 1965，在后者中，吉奇将这一反驳归于弗雷格）中，对这一问题提出了经典的现代阐述。根据情绪主义，当我真诚地说出"杀人是错误的"这个句子，我不是在表达信念或者做出断言，而是表达某种不具有真假的、非认知的情感或感受。

由此，情绪主义者主张，在"杀人是错误的"表面上用于断言杀人是错误行为的语境中，这个句子实际上是用于表达一种反对杀人的情感或感受。然而在有些语境中，"杀人是错误的"即便表面上也不是用于做出断言，我们该如何理解这样的语境？句子"如果杀人是错误的，那么让弟弟杀人是错误的"便是一个例子。显而易见，即便在表面上，这个句子前件中的"杀人是错误的"也不是用于做出断言。那么，情绪主义者如何解释"杀人是错误的"在诸如条件句前件这样的"非断言语境"（unasserted contexts）中的功能？由于它在这种语境中不是用于表达反对杀人，对其语义功能的解释必定不同于解释"杀人是错误的"表面上表达直接断言的情形。但这就产生了一个问题，即如何解释下面这样的有效推理：

（8）杀人是错误的。

（9）如果杀人是错误的，那么让你弟弟杀人是错误的。

所以，

（10）让你弟弟杀人是错误的。

---

[1] 但要注意的是，威胁情绪主义的投射错误实际上比我用于表明这种威胁的那些普通例子更根本。当我（用华兹华斯的诗句）说大海向月亮敞露心胸，我的错误在于所说的东西严格地、字面地为假。而当我说杀人是错误的，按照情绪主义者的解释，我犯的错误不在于我说的东西为假，而在于把某种不适合用真或假来评价的东西当作确实适真的东西来对待。

倘若"杀人是错误的"在断言语境（8）中出现时的语义功能，不同于它在非断言语境（9）中出现时的语义功能，以上述方式推理的人不就完全犯了偷换概念（equivocation）的错误吗？上述推理如果是有效的，（8）和（9）中出现的"杀人是错误的"必须具有相同的意义。而如果"杀人是错误的"在（8）和（9）中具有不同的语义功能，它在（8）和（9）中当然不会有相同的意义。所以，上述推理看来和如下推理一样无效：

（11）我这瓶啤酒有一个头。

（12）如果某样东西有一个头，那么它必定有眼睛和耳朵。

所以，

（13）我这瓶啤酒有眼睛和耳朵。

这个推理显然无效，因为它偷换概念，"头"在（11）和（12）分别出现时具有不同涵义。

　　我们可以用另一种方式来表述这个问题：在基础逻辑中，我们如何确定一个已知推理是否有效？一种途径是构造真值表（truth-table），检查是否有这样的情况：所有的前提为真而结论为假。如果有这种情况，推理无效，反之，则推理有效。但是，如果推理的某些前提［例如（8）］甚至不能依据真假来评价，这种办法又有什么意义？

　　值得强调的一点是，弗雷格—吉奇问题为什么不会困扰认知主义的伦理理论，这类理论认为"杀人是错误的"具有真值条件，真诚地说出"杀人是错误的"可以表达信念。根据认知主义，像上面（8）和（9）到（10）这样的道德假言推理，跟下面这样的非道德假言推理并无差异：

（14）下雨了。

（15）如果下雨了，那么街道是湿的。

所以，

（16）街道是湿的。

尽管事实上,"下雨了"在(14)中是断言的,在(15)中则否,为什么这个非道德假言推理仍然有效呢?答案显然是,(14)中通过断言"下雨了"所得到的事态,和(15)的前件所假言地引入的事态是相同的。(14)中的"下雨了"用于断言实现了一个事态(下雨了),而(15)则断言如果那个事态实现了,那么另一个事态(街道是湿的)也会实现。赋予相关句子语义功能的,自始至终都是简单的断言语境中所断言实现的那种事态。至于从(8)和(9)到(10)的推理,我们不知道情绪主义者如何能提出类似的解释:我们不知道"杀人是错误的"在(9)的前件中的语义功能,如何能由它在(8)中所表达的情感来赋予。

由此,情绪主义者面临的弗雷格—吉奇挑战是:当道德语句出现在诸如条件句前件这样的"非断言语境"中,如何给出一种符合情绪主义的解释,可以不损害这些语句所构成的那些推理在直觉上的有效性?

| 问题 3 | 分裂态度问题

如果正确性和错误性只是投射我们自身的情感和态度,我们如何能认真对待它们?布莱克本对这一问题的表述是:

> 投射主义者能认真地对待责任、义务、"神声音严肃的女儿"[1] 这样的东西吗?倘若他否认这些代表着外在的、独立的、权威的要求,他如何能认真对待它们?那么,他一方面持有自己的道德承诺,一方面又认为它们是没有根据的,这在某种意义上难道不是一种分裂的态度吗?(1984,197)

> 立场一贯的投射主义者真的能避免最终接受一种法国黑帮道义吗?(1984,ibid.)

---

[1] 这是英国诗人华兹华斯的《义务颂》(Ode to Duty)中的诗句,即指义务。——译者注

| 问题 4 |　心灵依赖问题

倘若如休谟所说，正确性和错误性是"我们的情感的产物"（Blackburn，1981，164—165），不就意味着正确性和错误性以一种可疑的方式依赖于我们的情感吗？情绪主义不就蕴涵着如果我们的情感发生变化，正确性和错误性也会发生变化（类似于投影仪上的变化导致白墙"上"的东西变化）？以及如果我们的情感消失，正确性和错误性也会消失（类似于毁坏了投影仪也就消除了白墙"上"的东西）？情绪主义能避免让道德以如此糟糕的方式依赖于心灵吗？

3.6　道德态度问题与开放问题论证

除了上述四个问题，情绪主义还面临如下问题。情绪主义的核心主张是，道德判断表达的不是信念，而是非认知的情感、情绪或感受。那么，道德判断究竟表达哪种情感、情绪或感受呢？如果情绪主义者不能可信地回答这个问题，他对道德判断的解释就显得空洞。

艾耶尔颇为明确地认为，道德判断表达一种特殊的感受，即伦理感受（ethical feeling）。在前面第 3.1 节引用过的《语言、真理与逻辑》的那段话里，我们看到艾耶尔提到"道德上"的反对、"特殊"的惊骇和"特殊"的感叹符号：

> 接着说这种行为是错误的，我并未做出任何关于这种行为的进一步陈述。我只是在表示我对这种行为的道德上的反对。这就像我用一种特殊的惊骇语气说出"你偷钱"，抑或加上某些特殊的感叹符号写下这句话。[Ayer，（1936）1946，107，楷体部分是后加的]

以及：

> 所表达的感受是一种特殊的道德上的反对。[（1936）

40

1946，107，楷体部分是后加的］

伦理符号……所出现的句子不过是表达对某种行为或情况的伦理感受。［（1936）1946，108，楷体部分是后加的］

到1980年代，艾耶尔仍然在谈独特的道德情感：

当［人们］做出情绪论所设想的那种道德判断，他们只是表达自己的道德情感，并鼓励他人分享这些情感。（Ayer，1984，30）

但艾耶尔这里所说的"道德上反对"这样的特殊伦理感受或情感到底指什么？对此，艾耶尔似乎有两种选择。一方面，他可以主张道德判断表达的感受或情感是无法还原的道德感受或情感，即完全是一种不可分析、自成一类的伦理感受。另一方面，他可以主张道德判断表达的感受或情感，可以根据非道德的感受和情感进行分析。我要论证的是，这两种选择都不可行。[1]

为什么艾耶尔不能直接主张道德判断表达自成一类的或者无法还原的伦理感受？如果我们说道德判断表达无法还原、自成一类、不可分析的伦理感受，就不能根据感受来解释道德判断。什么是道德判断？那些表达伦理感受的判断。什么是伦理感受？那些由道德判断表达的感受。这样的解释纯属徒劳。何况，认为道德判断表达无法还原的伦理或道德感受，这有悖艾耶尔的证实主义。要明白这一点，我们可以看看艾耶尔如何理解将心理状态归于他人。他写道：

有意识的人和无意识的机器之间的区别，可以归结为不同种类的可感行为之间的区别。要断言一个表面上属于有意识的存在的对象，实际上不是有意识的存在，而只是木偶或者机器，只能根据这一点：它无法通过那些人们据以确定意识有无的经验测试。当我知道一个对象在每一个方面都表现出有意识的存

41

---

[1] 本节余下的部分，我利用并发展了 Miller（1998a）。

在根据定义所必有的样子，我便知道它确实有意识……当我断
言一个对象有意识，无非是断言在应对任何可能的测试时，它
可以展示出意识活动在经验上的表现。[（1936）1946，130]
所以，例如"琼斯疼痛"这一陈述有字面意义，是因为存在某些可
观察的行为模式，这些行为模式的出现可以证实这一命题。与这种
行为主义分析相联系的问题，如今已经得到了充分的讨论（例如，
参见 Carruthers，1986），但即便抛开这类问题，从艾耶尔的证实
主义和行为主义的观点来看，"道德判断表达无法还原、自成一类
的感受"的观点显得很成问题。是否存在一些可观察的行为表现，
可以构成对这种特殊的道德或伦理情绪的表达吗？我们不知道艾耶
尔如何能肯定地回答这个问题。我们也许能设想表达反对的那些可
观察的行为模式，但哪种可观察的行为可以表明出现了一种特殊的
道德上或伦理上的反对？缺少对这个问题的可信回答，"道德判断
表达自成一类的伦理感受"的观点能否与艾耶尔的证实主义和行为
主义相一致，就值得怀疑了。

　　"道德判断表达无法还原、自成一类的感受或情感"的主张，
还面临一个更有力的批评：通过审视我们的道德考量经验，表明没
有这样的感受。克里斯平·赖特很好地说明了这一点：

　　　　是否存在……某种独特的道德情绪上的关注，这种关注可
　　以单纯从现象学上得到确定，并区别于我们对其他各种价值的
　　感受，在我看来这是很不值得考虑的问题。当人们对正确的事
　　情关注正确的理由，便满足了美德的要求：没有必要再感受到
　　一种特殊性质的关注……我怀疑的是，我们能否在道德判断现
　　象学中找到足够基本的东西，以使"道德经验"的概念起到某
　　种重要作用。（1988a，11—12）
诚然，我们可以试着将伦理感受解释为一个能动者考虑某个道德判
断时所具有的那些感受，但这种解释对情绪主义者来说没有用处，
因为他要根据道德感受来解释道德判断，而不是相反。我们能理解

一种可以独立于道德判断的概念进行解释的、无法还原的伦理感受吗？提出这个问题的另一种方式是，追问我们能否理解这样的想法：某人（例如，一个幼小的孩子）不能做出道德判断，却能体验一种特殊的伦理感受。赖特同样很好地说明了这一问题：

> 我们不太会认为幼小的孩子拥有幽默的概念，但幼小的孩子会因为做鬼脸和其他扮丑行为而发笑，这不妨归因于他们发现这些举动是好笑的。对于道德价值，我们可以找到类似的、前概念的东西吗？设想一个幼小的孩子因为看到骑师鞭打他骑的马而痛苦。这算一种表示道德上反对的原始情感吗？应该不难看到，这个问题可以有多种解释。孩子也许是被马蹄的巨响或者骑师的面具吓到了，也许是感到自己受到了威胁。（1988a，11—12）

一种情感之所以是道德情感，是因为它来自道德考量的过程，来自形成道德判断的过程。但由于要根据道德判断表达的那种情感或感受来解释道德判断，情绪主义者对"一种情感为什么是道德情感"的解释，必须独立于"这种情感来自形成道德判断的过程"的看法。如果我们只能依据道德判断来解释道德感受，情绪主义者所要求的解释方式就行不通了。

所以我们有许多理由表明，为什么艾耶尔不能直接说道德判断表达自成一类、无法还原的伦理感受或情感。但艾耶尔何不断然抛弃"道德判断表达的感受或态度是一种特殊的伦理感受或情感"的观点？这么做可以削弱以上三个反驳的力量。如果我们将"杀人是错误的"这一判断解释为只是表达对杀人的"普通"（common-or-garden）反对，不主张这种反对感受是某种特殊的伦理感受，那么我们似乎不必格外担心能否以经验方法证实一个能动者拥有这种感受。[1]而且，这种"普通"的感受确实无可争议地存在，赖特的

---

[1] 也就是说，除了实证主义者面临的关于一般心理状态的第三人称归与（third-person ascriptions）的那些担心之外，没有其他担心。

批评也就化解了。

然而，这样的建议自身又会面临一些反驳。这里我将概述其中的两个反驳。

对道德判断的暗中消除

上述建议似乎蕴涵着，不存在一类具有独特道德内容的判断。我判断"杀人是错误的"，就类似于判断"辣妹组合的最新单曲很糟糕"或者"鳗鱼冻不好吃"。正如后两个判断表达我对某种粗俗音乐和食物的厌恶，"杀人是错误的"这一判断也只是表达我对杀人行为的厌恶。在后一种情形中，厌恶的程度或许更强，但区别也仅此而已：这些判断所表达的情感并无性质上的差异。但这样一来，我们似乎就接近于否认存在道德判断，或者至少是通常设想的道德判断这样的东西：按照通常的设想，"杀人是错误的"这一判断在内容上确实有别于关于辣妹组合和鳗鱼冻的判断。因此，这不是暗地里消除了道德判断吗？[1]

艾耶尔可以试着坚持认为，判断"杀人是错误的"所表达的情感，在性质上类似于关于辣妹组合和鳗鱼冻的判断所表达的情感，

---

[1] 艾耶尔也许会说，基于刚刚提出的那些理由，他固然无法抓住我们的伦理语言的所有独特性质——已知其中一个性质，即伦理话语不同于关于审美价值或口味需求的话语，但他可以被理解为提出了一种关于我们的伦理实践的修正解释，换言之，他提出我们实际的伦理语言可以由一种替代语言所替代。这种建议的问题在于，根据艾耶尔本人认可的观点，它会使伦理学情绪理论所处的地位不再优于艾耶尔拒斥的主观主义和功利主义等各种自然主义式认知主义所处的地位。当谈到这些认知主义理论，艾耶尔写道："我们当然不否认可能创造一种用非伦理词项定义所有伦理符号的语言，甚至不否认创造这样一种语言并以之取代我们自己的语言是可取的；我们否认的是，从伦理陈述到非伦理陈述的所谓还原与我们实际的语言约定相一致。"[（1936）1946，105] 艾耶尔显然认为，不像自然主义式认知主义，情绪理论确实具有与我们实际的语言约定相一致的优点，而如果艾耶尔采取修正论进路，这种优点将不复存在。那么接受情绪理论而排斥自然主义式认知主义理论，似乎是没有根据的。

同时继续认为存在一类特殊的道德判断，因为他可以论证说，使一个判断属于道德判断而非其他某种判断的，不是它所表达的情感的类型，而是表达情感所基于的特殊理由。前面提到的三个判断都表达相同的反对感受，但它们的表达所基于的理由截然不同。这样，我们不就有办法区分道德判断、审美判断和味觉判断等不同种类的判断了吗？

不管这种见解本身有什么样的优点，它显然不能为艾耶尔这样的情绪主义者所利用。看看前面（第3.1节）艾耶尔提出的对道德分歧的解释，就能明白这一点：

> 正因为当我们着手处理有别于事实问题的价值问题时，论证无法奏效，我们最终只好诉诸谩骂。[（1936）1946，111]

根据这里所使用的"论证"的意思，和某人进行论证便是和他进行推理。那么，艾耶尔对道德争端的解释蕴涵着虽然关于人们对事实问题的看法，亦即信念，可以和他们进行推理，关于他们的非认知感受和态度却不可能进行推理。如果这是可能的，艾耶尔对道德分歧的正式解释就会失效。而这表明，艾耶尔不能采取上面所说的做法。我们区分道德判断、审美判断和味觉判断时，不能主张"尽管它们表达同一种情感，这些情感的表达则是基于不同的理由"：因为根据艾耶尔的观点，我们的情感和我们关于事实问题的信念的不同之处在于，它们完全没有理性方面的基础。[1]

情绪主义与开放问题论证

如第3.1节所指出，艾耶尔反对自然主义版本的认知主义的主

---

[1] 艾耶尔也不能回应说道德情感是那些具有特殊原因（相对于理由）的情感，如果实际上使一种情感成为一种道德情感的是引起这种情感的特定类型的事态，那么这些事态其实不就是道德事态吗？换言之，这种回应使我们回到了认知主义，从而无法维护情绪主义。

要论证是摩尔的开放问题论证。有意思的是，相同的论证可以用　44
于反对这一观点：道德判断表达赞成和反对的普通情感。让我们
考虑：

> （17）采用反证法（*reductio*），假定通过概念分析表明，"琼斯
> 　　　判断杀人是错误的"等价于"琼斯表达了反对杀人的非
> 　　　认知情感"。[1]

那么，

> （18）"琼斯表达了反对杀人的非认知情感"的意义包含着
> 　　　"琼斯判断杀人是错误的"。

但这样一来，

> （19）认真地提问"琼斯表达了反对杀人的非认知情感，但他
> 　　　判断杀人是错误的吗"的人会显示某种概念混乱。

并且

> （20）对于任何"普通"、非认知的反对情感，"表达那种情感
> 　　　的行为是否等同于做出道德判断"总是一个**开放问题**。
> 　　　也就是说，这总是一个开放问题：表达那种情感的人做
> 　　　的是道德判断、审美判断、审慎判断，还是其他判断。
> 　　　提出这种问题的人不会显示概念混乱。

所以，

> （21）"琼斯判断杀人是错误的"不可能分析地等价于"琼斯
> 　　　表达了反对杀人的非认知情感"。

如前面所指出的，这个论证面临某些非常严重的困难（参见第 2.3
节），但这里我想说的要点只是针对个人（*ad hominem*）的如下看

---

[1] 艾耶尔谈到"一篇哲学上严格的伦理学论文不应该做出伦理宣告。但它应该通
　　过对伦理词项的分析，表明所有这些宣告属于何种范畴"[（1936）1946，103—
　　104，楷体部分是后加的]，由此可以清楚地看到，艾耶尔的情绪理论的重要主
　　张涉及一种分析等价关系或者达到一种概念分析。

法：艾耶尔本人用于反对自然主义式认知主义的论证，实际上同样可以用于反对"道德判断表达赞成和反对的普通感受或态度"的主张。[1]

尽管摩尔的开放问题论证失败了，但我们已经在第 2.4 节看到，达沃尔、吉伯德和雷尔顿提出的这一论证的现代变种，对分析自然主义至少构成一种暂时性的反驳。这一版本的论证能用于批评艾耶尔这样的情绪主义者吗？为了类似地构造一个反对艾耶尔的情绪主义的论证，我们可以关注这样的事实：道德话语的一个显著功能是说服他人，尤其是促使他人以特定的方式行动。如彼得·基维（Peter Kivy）所注意到的，查尔斯·史蒂文森发展的那种情绪主义很好地抓住了道德话语的这一特征：

> 伦理争论的直接目的蕴涵在道德价值词项的规劝意义中：晚期史蒂文森称它为"准命令"意义。这些词项表明我们的赞成，但它们也促使他人接受我们的态度。"我赞成；你也得这么做"，这大致就是史蒂文森对"良善"的分析。（Kivy，1992，311；另参见 Stevenson，1937 和 1944）

这似乎是一个概念事实：当我判断"琼斯判断 x 是良善的（恶劣的）"，我会期望在其他条件不变的情况下，琼斯将倾向于要求我分享他赞成（反对）x 的非认知情感。[2] 我判断"琼斯做出了一个道德判断"，有别于我判断"琼斯做出了一个审美判断"或者"琼斯做出了某个非道德的味觉判断"，部分原因就在于此。例如，

---

[1] 注意（17）—（21）对开放问题论证的应用，没有错误地把艾耶尔的立场理解成一种主观主义。它并非主张对艾耶尔来说"x 是恶劣的"等价于"琼斯表达了对 x 的反对"这样的东西——这是主观主义者的主张，而是主张对艾耶尔来说另外关于判断的语句，"琼斯判断 x 是恶劣的"等价于"琼斯表达了对 x 的反对"。后一个主张至少表面上独立于关于"恶劣"的主观主义。

[2] 跟前面一样，"其他条件不变"从句将排除琼斯变得意志薄弱、沮丧，或者遭受某种实践非理性等情况。

在琼斯做出一个审美判断的情形，要求我分享他对于判断对象的非认知态度，似乎是空洞和无力的。我们难以想象一个头脑清楚、心理健康的能动者判断"杀人是错误的"，却不在乎我是否赞成杀人；但很容易想象一个头脑清楚、心理健康的能动者判断"鳗鱼冻不好吃"，却不在乎我是否钟爱它们，抑或判断《庄严弥撒曲》是绝妙的"，却不在乎它是否对我本性中非认知的方面产生积极影响。如基维所说：

> 我们很能理解，为什么对道德赞成的表达同时应该是规劝他人同意自己。当我表达我的道德态度，目的在于使他人以特定的方式行动；因为近乎处于整个道德制度核心的是保护各种利益，防止伤害，促进人类福祉，确保公平对待，等等。美学中有类似的东西来解释"审美命令"的存在吗？当我自己或他人的利益完全不依赖于我的审美品位和态度，这种品位和态度也不会激发任何相关的人所关心的行动，我凭什么应该有丝毫的兴趣去规劝他人分享这种品位和态度呢？（1992，313；另参见 Kivy，1980，尤其是 358—364；以及 Railton，1993a，286）

由此，我们现在可以提出如下开放问题式的论证，以反对"道德判断表达普通的非认知情感"的观点：

(22) 判断"琼斯判断 x 是道德上良善的"和期望"其他条件不变，琼斯将倾向于要求我分享他赞成 x 的非认知情感"之间具有概念联系（修正的内在主义）。

(23) 适格、有反思能力的言说者相信他们能够想象头脑清楚（并且心理健康）的人判断"琼斯表达了赞成 x 的情感"，却不期望"其他条件不变，琼斯将倾向于要求我分享他赞成 x 的非认知情感"。

这里所想象的人也许确实疑惑，琼斯所表达的赞成或反对是审美上的、味觉上的，还是其他方面的。[1]

（24）如果判断"琼斯表达了赞成 x 的非认知情感"和期望
"其他条件不变，琼斯将倾向于要求我分享他赞成 x 的
非认知情感"之间没有概念联系，我们就可以期待适
格、有反思能力的言说者具有（23）中所描述的信念。

所以，

（25）除非能更好地解释（23）中所描述的信念，我们就有理
由得出，判断"琼斯表达了赞成 x 的非认知情感"和期望
"琼斯要求我分享他的非认知情感"之间没有概念联系。

所以，

（26）除非能更好地解释（23）中所描述的信念，我们就有
理由得出，判断"琼斯判断 x 是良善的"不等同于判断
"琼斯表达了赞成 x 的非认知情感"。

所以，

（27）除非能更好地解释（23）中所描述的信念，我们就有理
由得出，判断"x 是良善的"不能依据"表达赞成 x 的
非认知情感"来分析。

47　　跟之前一样，我们并未得到一个击倒式论证，而是给情绪主
义提出了一种挑战。鉴于艾耶尔不会选择去寻求道德判断和表达感
受之间某种非分析的同一关系，他似乎只能选择否认（22）中的联
系是一种概念的或内在的关系，并转而论证，判断"琼斯做出了关
于 x 的道德判断"和期望"琼斯要求我分享他对 x 的非认知态度"

---

[1] 就审美判断而言，康德主义者会反对我这里的说法。根据他们的观点，琼斯做
出的判断（譬如）"《庄严弥撒曲》是绝妙的"确实和"琼斯将会要求你分享他对
《庄严弥撒曲》的非认知倾向"这一预期具有概念联系。这作为对我们的审美判
断实践的一种描述性解释，在我看来非常不可信，但我无法在此论证这一点。
无论如何，即便康德主义者在审美判断方面是对的，通过指出相关的人们也许
确实疑惑琼斯是否表达了其他某种非道德并且非审美的赞成，这里的论证仍然
可以进行。

之间，充其量是一种偶然的和外在的关系。借助后面这种论证思路，艾耶尔这样的情绪主义者[1]能否可信地回应上面的论证?[2]这是一个有趣的问题，但这里我无法讨论。

由此，我们的结论是，艾耶尔未能令人满意地回答这个问题:道德判断表达的是哪种非认知态度?那么，是否有某种可行的非认知主义，既可以避免第 3.5 节中所说的问题，又可以避免道德态度问题?接下来的两章，我们将考察布莱克本的准实在论和吉伯德的规范表达主义。

3.7　进阶阅读

情绪主义的经典文献是 Ayer[(1936)1946，第 6 章]。艾耶尔在伦理学上的晚期作品包括 Ayer（1954，1984）。对逻辑实证主义的介绍，参见 Miller（2007，第 3 章）和 Soames（2003，第 12和 13 章）。Sayre-McCord（1985）是关于逻辑实证主义与伦理学的一篇优秀论文。史蒂文森的情绪主义，参见 Stevenson（1937，1944）。对弗雷格—吉奇问题的经典表述，参见 Geach（1960，1965）。Schroeder（2008）对弗雷格—吉奇问题的起源做了很有用的概述。

---

[1]注意，艾耶尔（1954）写道:"像我曾经说过的那样说这些道德判断只是表达某些感受，即赞成或反对的感受，是一种过度简化。事实毋宁说是，可以描述成道德态度的东西是指某些行为模式，而一个判断的表达是这种模式中的一个要素。道德判断在有助于界定态度的意义上表达了态度"（238）。但我完全不清楚这如何能让艾耶尔免于道德态度问题。为了把握态度，人们对道德判断是什么必须已经有某种概念;那么我们如何能依据态度的表达来解释道德判断?

[2]一个有趣的问题是，例如，（22）中的修正内在主义能否像达沃尔、吉伯德和雷尔顿提出的那种开放问题论证（16）中的内在主义一样得到有力的论证。

Smith（1994a，第 2 章）对艾耶尔的情绪主义做了有价值的讨论。黑尔所发展的观点常被认为继承了情绪主义。对黑尔的观点的概述，参见 Hare（1991）。Schroeder（2010，特别是第 2 章）将情绪主义放在其他各种非认知主义的语境中，对其进行了有价值的讨论。亦可参见 Soames（2003，第 14 章）。

第4章

布莱克本的准实在论

4.1 引言

上一章我考察了情绪主义面临的各种问题，并依据投射的比喻来讨论情绪主义。情绪主义是一种投射主义。布莱克本的准实在论也是一种投射主义，并且明确旨在应对困扰情绪主义的那些问题。那么，纯粹的投射主义者和准实在论者之间有什么差异？准实在论给投射主义增加了什么内容？下面是布莱克本对这种区别的解释：

> 投射主义是这样一种评价哲学：评价性属性是我们自身情感（情绪、反应、态度、称赞）的投射。准实在论的任务是解释，如果投射主义为真，我们的话语为什么具有那种实际形态，尤其是对待评价谓词的方式就像对待其他谓词一样。由此，准实在论试图解释并证成我们对评价的谈论所具有的实在论外观（realistic-seeming）性质，诸如我们认为自己会做出错误的评价，我们可以发现一种评价真理，等等。（1984，180）

换言之，准实在论的任务是解释，即便我们的起点没有假定道德谓词指称属性、道德判断表达信念或者道德评价是适真的，为什么我们还可以正当地说"'杀人是错误的'为真"、"'不守信用是正确的做法'为假"、"琼斯相信'杀人是错误的'"之类的东西？它的任务是解释，我们言谈时就仿佛我们有权利假定存在一种特殊的道德事实、道德谓词表示属性，等等，尽管我们并无这样的权利，那么，我们的言谈如何能是正当的？[1]

4.2　布莱克本支持投射主义的论证

在具体考察布莱克本如何发展他自己那种准实在论版本的投射主义之前，我们先来看看布莱克本提出的三个论证，这些论证是为了说服人们从一开始就接受投射主义。

｜论证1｜　形而上学及认识论上的偿付能力

这是一个常见的论证（情绪主义者也使用了这个论证，参见第3.4节），即认为在形而上学和认识论经济性（economy）的对比上，投射主义优于认知主义：

> 投射论试图要求的只是我们所知的实存世界，即各种事物的通常特征，在此基础上，我们做出关于它们的决定，喜欢或厌恶它们，害怕它们并避开它们，意欲它们并寻求它们。它的要求仅限于此：一个自然世界和对世界的各种反应。（1984，182）

由此，投射主义不同于认知主义，认知主义必须假定存在一个特殊的道德事实领域，以及一种关于我们如何认知这些事实的解释机制。非认知主义无需这样的假定。[2]布莱克本"设法将人视为自然的一部分，并将道德解释为源自人的本性和处境"，在此意义上，

---

[1]注意这些权利不同于这种权利：尽管道德判断不为真，言谈和思考时却仿佛它们为真。参见第4.7节和第4.8节。

[2]布莱克本倾向于摆脱"非认知主义"标签。非认知主义认为道德判断不表达信念，而准实在论者虽然一开始假定道德判断表达类似欲望的状态，最终却认为道德判断确实表达信念。例如，参见Blackburn（1996）。

他是一名自然主义者。[1]不过，他在对道德进行解释时，不想把道德事实还原为自然事实：

> 问题在于为伦理道德找出空间，或者说在除魅的、非伦理的秩序内找到伦理道德的位置，我们身处这种秩序，并且是它的一部分。"找出空间"意味着理解我们如何进行伦理思考，以及这样的思考为什么不会和我们的世界观的其余部分相冲突。它并不一定意味着把伦理道德"还原"为其他东西。（1998a，49）

所以，布莱克本是一名休谟式的、解释的或者方法上的伦理自然主义者，而不是实质的伦理自然主义者。

｜论证 2｜　随附性和对混合世界的禁止

我在第 3.3 节引入的一个观念是，一种情况的道德特征在概念上或逻辑上必然地随附于它的自然特征：对两种情况做出不同道德评价的人，如果不认为自己必须指出两者间的某种自然差异，就表明他没有掌握道德概念。布莱克本运用这种观念，提出了一个支持投射主义的巧妙论证。

介绍这个论证之前，需要说明一下逻辑必然性（logical necessity）的概念。对这个概念的一种解释方式是：陈述 P 必然为真，当它在所有可能世界为真。类似地，陈述 P 是偶然的，当它在某些可能世界为真，而在其他可能世界为假；陈述 P 必然为假，当没有一个可能世界使它为真。由此，陈述"2+2=4"必然为真，因为没有一个可能世界使它为假（你能想象一个使它为假的可能世界

---

[1] 这是威金斯对他所称的"解释或休谟式自然主义"的描述（Wiggins，1992a，1993a，1993b）。相比之下，"实质自然主义者"主张道德事实等同于或者可还原为自然事实。亦可参见雷尔顿对"方法"自然主义和"实质"自然主义的区分，Railton（1989），以及后面第 9 章。

吗）；陈述"格罗夫纳街尽头有一个红色的邮筒"偶然为真，因为虽然它在我们这个世界即现实世界为真，它在其他可能世界可以为假（不难想象一个这样的可能世界）。

对于"道德属性在概念上必然地随附于自然属性"的主张，我们可以总结如下。用 N 表示对一种行为、事件或情况的所有自然属性的完备描述（complete description）。那么，如果两种行为、事件或情况都是 N，即两者具有相同的完备自然描述，它们必定也会得到相同的道德评价。

现在，让我们将这种随附性概念与更强的必然化（necessitation）概念进行比较。当我们说"自然属性必然化道德属性"，是说在任何可能世界，一种行为或事件的所有道德属性都由它的完备自然描述 N 所决定。更进一步地说，必然化意味着对于给定的道德属性 M，如果一种行为、事件或情况具有 N，那么它必然具有 M。

乍看之下，必然化概念和随附性概念似乎没有区别。但两者确实不同。首先，尽管我们已经看到，"一种情况的道德地位随附于它的完备自然描述"的说法是可信的，"完备自然描述必然化道德评价"的说法却不太可信。布莱克本这样表述后面这一点：

> 一个事物的任一给定的完备自然状态给予它某种特定的道德属性，这似乎不涉及概念或逻辑上的必然性。因为判断一种给定的自然状态可以得出哪种道德属性，意味着使用某些标准，而仅仅借助概念方法，不可能表明这些标准的正确性。它意味着道德化（moralizing），坏人有坏的道德化，但不一定是（概念）混乱的。（1984，184）

很好地掌握自然描述 N 所包含的全部概念的人，根据"一种情况是 N"的判断，仍然可能得出对那种情况错误的道德评价。林登·B. 约翰逊理解"在越战中使用燃烧弹"这件事的完备自然描述所包含的那些自然概念，但他仍然得出了"道德上允许使用燃烧弹"这样的错误判断。约翰逊并未混淆任何相关的自然概念，毋宁说，他是一个道德低下的人。[1]

　　其次，随附性概念容许存在的某种可能世界，必然化概念则会加以排除。例如，考虑一个只包含一个对象 b 的世界：

　　世界 W1：b 是 N 并且 b 不是 M。

随附性概念容许存在 W1：这个概念只是说，如果两个事物在 N 上是相同的，它们在 M 上也必定相同。由于 W1 中只有 b 这一个事物是 N，所以，W1 没有违反随附性的要求。[2]

　　实际上，随附性概念排除的是"混合世界"（mixed worlds）的存在，例如，这样的世界：

　　世界 W2：a 是 N 并且 a 是 M，c 是 N 但 c 不是 M。

随附性概念"禁止"（bans）混合世界。现在假定你相信道德属性随附于自然属性，但自然属性并不必然化道德属性。那么你必须解释，为什么要禁止混合世界？既然上帝可以创造世界 W1，在这个世界中 b 是 N 却不是 M，他为什么不能选择创造这样一个世界：在这个世界中，虽然 a 既是 N 又是 M，但 c 是 N 却不是 M？如何解释不存在混合世界这一事实？[3]

　　这一点为什么可以构成一个支持投射主义的论证呢？在布莱克本看来，根据认知主义似乎很难解释对混合世界的禁止：

　　　　一个实在论者很难回答这些问题。因为他认为真实地存在道德事态，这种事态可能以特定方式对应着自然状态进行分布，也可能不是如此分布。这样一来，随附性［以及对混合世

---

[1] 这个论证可能具有第 2 章所概述的 COQA 的某些缺陷。例如，认为自然属性在概念上必然化道德属性的人也许认为，布莱克本之假设，比如，约翰逊并未混淆 N 中蕴涵的任何自然概念，完全是相对于概念必然化的主张乞题。

[2] 必然化和随附之间的区别，在形式上可以像下面这样来把握：

必然化：$\Box((Na \& Ma) \rightarrow \Box \forall x (Nx \rightarrow Mx))$

随附：$\Box((Na \& Ma) \rightarrow \forall x (Nx \rightarrow Mx))$

[3] 如果你接受必然化，就不会面临这种挑战，因为在你看来上帝不会创造 W1 这样的世界。

界的禁止〕就成了一种神秘的事实，对此他无法解释（或者说没有权利以这种事实为根据）。这就好像有些人是 N，并且做着正确的事情；其他人是 N，但却做着错误的事情，然而，有一条禁令规定他们不得前往同一个地方，这完全莫名其妙。（1984，185—186）

另一方面，布莱克本认为，投射主义者很容易解释随附性以及对混合世界的相应禁止：

当我们表明自己的道德承诺，我们是在进行投射，这既不是在回应道德属性的某种既定分布，也不是在思考这种分布。由此，解释随附性的根据是，正确的投射需满足某些限制条件。我们投射价值谓词所要达到的目的，也许要求我们遵守随附性限制。倘若我们允许自己具有一种〔仿道德化（schmoralizing）〕系统，它类似于通常的评价实践，但不遵守随附性限制，那么该系统将允许我们以道德上不同的方式，来对待自然上等同的情况……这将导致这种仿道德化不适合成为对实践决策的任何一种引导（因为根据这种仿道德化，我们可以正当地认为一个事物好于另一个事物，即便两者在与选择和可欲性相关的方面具有完全相同的特征）。（1984，186）[1]

| 论证 3 | 道德判断与动机

假定你接受休谟式的动机论，即认为对理性行为的解释总是要求诉诸信念和欲望两者。我们如何解释某人具有道德动机的行为？设想琼斯决定不从他老师的办公桌里偷试卷。对此进行解释时，我们也许会说"琼斯判断偷窃是错误的"之类的话。那么，他的道德判断表达的是信念，还是诸如欲望这样的非认知情感？如果是前

---

[1] 亦参见 Hare（1952，134）的评论。

者，那么根据休谟式的动机论，我们需要补充刚才对琼斯为什么具有不偷试卷的动机所给出的解释，即援用他所具有的某个欲望（可能是"不做错事"的欲望）。但这样的补充看起来是多余的：只要琼斯真诚地做出他的道德判断，就没有必要再援用某个欲望。如果是后者，我们可以预期对琼斯的判断的解释需要补充提到一个信念。而这恰恰是我们所看到的情况：我们解释琼斯的动机时，需要引用他的判断"偷窃是错误的"，以及他的信念"拿走试卷是偷窃"。由此得出的结论是，非认知主义更契合对道德动机的最佳解释，即休谟式的动机论。[1]

　　布莱克本支持投射主义的论证有多大说服力？这里，我不准备对此进行严肃的评价，而只是捎带地给出一些评论。根据随附性和禁止混合世界提出的论证 2，我在这里只做了简短的阐述，但这个论证应该得到更进一步的讨论。有心的读者或许会产生这样的疑问：布莱克本站在投射主义者的立场，给出了对禁止混合世界的解释，为什么认知主义者不能采取类似的解释呢：

　　　　解释随附性的根据是，正确形成道德信念需满足某些限制条件。我们形成道德信念所要达到的目的，也许要求我们遵守随附性限制。倘若我们允许自己具有一种（仿道德化）系统，它类似于通常的评价实践，但不遵守随附性限制，那么该系统将允许我们以道德上不同的方式来对待自然上等同的情况……
53　　这将导致这种仿道德化不适合成为对实践决策的任何一种引导。

上述论证有什么错误？布莱克本也许回答说，这个论证要有效，我们就得认为道德信念本质上可以产生实践方面的结果，而休谟式的动机论不允许做出这样的假设。对随附性条件来说，重要的是我们只对自然方面有所差别的情况采取不同的评价立场；而对休谟论者来说，评价立场始终是信念加上与之不同的欲望所得到的产物，所

---

[1] 参见 Brink（1989，145）引用休谟的几段话。

以，对道德信念进行限制，使之满足随附性条件，这本身无法确保随附性条件得到满足。在道德信念的形成受到随附性限制的情况下，只在伴随信念的欲望方面存在差异的各种评价立场，对于具有相同自然属性的情况，可以保持意见一致。所以，除非我们否认休谟式的动机论，上面提出的解释无法确保随附性条件得到满足。我不知道对于上述建议，布莱克本是否真的会提出这样的回应；但如果他确实这么做，那么即便这种回应是合理的，它也将取决于道德心理学领域的结果是否支持休谟论。因此，到第10章对这些问题进行讨论之前，我们至多只能给予根据随附性和禁止混合世界的论证一种暂时的可信性。根据道德判断与动机的论证3，自然更加适用这样的评论。

根据形而上学和认识论上的偿付能力的论证1，则依赖于准实在论方案能否取得正面的成功：只有当准实在论者能够成功地重建我们的道德实践的"实在论外观"，这个论证才有布莱克本所预期的力量。所以要评价论证1，必须等到我们可以恰当地评价布莱克本的重建方案，以及这种方案化解困扰情绪主义的那些反驳的能力。这正是我接下去要讨论的。

4.3　布莱克本对弗雷格—吉奇问题的回应

以"杀人是错误的"为例，当它出现在下面这样的非断言语境，准实在论者能对它的语义功能给出一种投射主义解释吗：

（2）如果杀人是错误的，那么让弟弟杀人是错误的。

布莱克本写道：

当我们说出这些话时，［投射主义］能解释我们在干什么吗？非断言语境表明我们像对待其他谓词一样对待道德谓词，就好像通过它们，我们可以引入怀疑、信念和知识的对象，一

些我们可以进行设想、质疑和思考的东西。投射主义者能说清
我们为什么这么做吗？（1984，191）

而且，投射主义者解释我们为什么这么做时，显然有一个限制条
件，那就是绝不能认为如下有效推理犯了偷换概念的谬误：

（1）杀人是错误的。

（2）如果杀人是错误的，那么让弟弟杀人是错误的。

所以，

（3）让弟弟杀人是错误的。

　　那么当我们说出（2）之类的话，投射主义者究竟如何解释我
们在做什么呢？回想一下，问题的一个来源是，我们通常这样解
释（实质）条件句：一个条件句具有真前提和假结论时为假，其他
情况下则为真。但我们如何能将这种解释应用于（2）这样的例子
呢？因为在目前的阶段，投射主义者不能假定这样的句子可以依据
真假来评价。为了设法避免这一问题，布莱克本让我们考虑一个比
"如果……那么……"简单的连接词，即"并且"。对于合取式的意
义，通常的解释是这样：一个合取式在两个合取支都为真时为真，
其他情况下则为假。不过显而易见的是，我们确实也用"并且"来
连接承诺（commitments）。如布莱克本所指出的：

　　　　［我们应该］扩展对"并且"的理解方式。我们无论如何都
　　必须这么做，因为它所能连接的一些话语，无疑并不表达可以真
　　正具有真值的信念，例如这样命令："背上小艇并且带上包。"我
　　们可以换成这样的说法："并且"连接不同承诺以给出一个总承
　　诺，仅当每个承诺被接受，总承诺才被接受。（1984，191—192）

由此，投射主义者可以这样解释"杀人是错误的并且制裁伊朗是道
德上卑鄙的"：这个合取式用于表达我对杀人和制裁伊朗的反对。

　　投射主义者可以类似地解释条件句吗？当我说"如果杀人
是错误的，那么让弟弟杀人是错误码的"，我在表达什么态度？
根据布莱克本的观点，我表达的是一种关于道德敏感性（*moral*

sensibility）的态度。[1] 什么是道德敏感性？大卫·麦克诺顿（David McNaughton）对这一概念做了如下解释：

55

> 在非认知主义者看来，我们每个人都倾向于以不同的态度对各种情况做出反应；比如，残暴的行为让我们感到愤慨，私通的行为让我们感到可笑，勇敢的行为让我们感到尊崇，等等。我们可以把所有这些倾向的集合称为一个人的道德敏感性。关键在于，我们不仅对人们的行为具有某种态度，对他们的道德敏感性也可以具有某种态度。这些道德敏感性可以是鲁钝的或者敏锐的，可以是僵化的或者多变的，可以是高尚的或者卑鄙的。（1988，183）

根据布莱克本的观点，当我说"如果杀人是错误的，那么让弟弟杀人是错误的"，我所表达的态度是对一种道德敏感性的赞成，这种道德敏感性将反对杀人和反对让弟弟杀人结合在一起。由此，我说出的条件句是用于表达一种态度，只不过是对道德敏感性本身的态度。

现在的问题是，布莱克本能否用这种解释来说明从（1）和（2）到（3）这个推理的有效性。为了看清布莱克本如何处理这个问题，让我们区分话语的表面形式（*surface form*）与深层形式（*deep form*）。话语的表面形式是指话语初看起来的样子，换言之，就是它的表面句法所显示的样子。由此，道德话语的表面形式是命题性的或者认知性的："杀人是错误的"、"安乐死是允许的"等都是陈述句；"错误的"、"允许的"等都是谓词；并且"吉姆相信'杀人是错误的'"、"约翰相信'堕胎是允许的'"都是符合句法的表达式。所有这些都表明道德语句表征事态，道德谓词指称属性，而道德判断表达信念。但是，投射主义者当然要否认道德话语的表面形式可以准确地导向它的深层形式：尽管表面上看，道德陈

---

[1] 这是 Blackburn（1984，第 6 章）给出的解释，正如我们将看到，布莱克本后来改进了这种解释。

述是命题性的或者认知性的，它们的根本功能其实是表达性的。所以，我们可以把投射主义面临的问题表述为：在主张"道德话语具有表达性的深层形式"的基础上，你如何能获得按照命题性或认知性的表面形式来使用道德话语的权利？回答这一问题时，我们尤其可以明白布莱克本希望如何解决弗雷格—吉奇问题。

既然道德话语的深层结构或形式是表达性的，那么它如何能具有一种命题性的或者认知性的表面形式？为集中处理这一问题，布莱克本让我们想象一种语言 E_{ex}，这种语言和英语的不同之处在于，它明确具有表达性的表面形式：

它可以包含一个"hooray!"算子和一个"boo!"算子（H！，B!)，把这两个算子附加到对事物的描述前面，得到的便是态度表达式。H!（托特纳姆热刺队的比赛表现）表达对比赛表现的态度，B!（撒谎）表达对撒谎的相反态度，余皆类推。(1984，193)

布莱克本接着引入下述约定。为了谈论一种赞成或反对的态度，我们将态度表达式放进方括号内，由此，[H！（托特纳姆热刺队的比赛表现）]指称对托特纳姆热刺队的比赛表现的赞成情感。另外，为了指称两种态度的相互结合，我们在指称它们的表达式之间加分号，由此，[[H！（格拉斯哥凯尔特人队的比赛表现）]；[B！（格拉斯格流浪者队的比赛表现）]]指称两种态度的结合：即对格拉斯哥凯尔特人队的比赛表现的赞成态度，和对格拉斯格流浪者队的比赛表现的反对态度。

那么，在 E_{ex} 里，像前面推理中（2）这样的条件句看起来会是什么样子？回想一下，投射主义者把（2）解释成表达对一种道德敏感性的赞成，这种道德敏感性结合了反对杀人和反对让弟弟杀人。由此，（2）在 E_{ex} 里可以表示为：H！[[B！（杀人）]；[B！（让弟弟杀人）]]。而从（1）和（2）到（3）的推理可以表示为：

（1_{ex}）B！（杀人）

56

（2_{ex}）H！[[B！（杀人）]；[B！（让弟弟杀人）]]

所以，

（3_{ex}）B！（让弟弟杀人）

有了这样的解释，现在我们如何说明这个推理的有效性？承诺前提的同时不承诺结论的人会处于什么样的立场？他将不具有他本人赞成的一种态度组合。他将缺乏这种态度组合：反对杀人并且反对让弟弟杀人，与此同时，他又赞成具有这种态度组合。如布莱克本所说，这样的人具有一种"冲突"（clash）的态度，而且

> 具有一种分裂的敏感性，这种敏感性本身不可能成为赞成的对象。这里得出的"不可能"并非……因为这样一种敏感性必定不符合它所试图描述的道德事实，而是因为这样一种敏感性不可能实现我们对事物进行评价所要达到的实践目的。E_{ex}应该将这点表示出来。它应该以某种方式表达这一观念：倘若某人持有前两个承诺，却不持有反对让弟弟[杀人]的承诺，就犯了一个逻辑错误。（1984，195）

57　可见，承诺前提的同时不承诺结论的人，会陷入一组"分裂"（fractured）的态度，而且布莱克本认为，这便是基于表达性来解释

（1_{ex}），（2_{ex}）；所以，（3_{ex}）

在直觉上的有效性。所以，如果我们认为日常英语具有 E_{ex} 的深层形式，就能基于表达性来解释类似推理的有效性。由此，借助

（1_{ex}），（2_{ex}）；所以，（3_{ex}）

的有效性，我们也就解释了

（1），（2）；所以，（3）

的有效性。

我们为什么不用 E_{ex} 替代日常英语？主要原因在于，英语更简单，也更优美。不过，布莱克本认为这个问题说到底并不重要：

> E_{ex} 需要成为严肃的、反思的评价实践的一个工具，能够用于表达对态度的改善、冲突、蕴涵以及融贯的关注。为此，一种

做法是变成像日常英语一样。也就是说，它会造出和态度对应的谓词，把承诺当作判断来对待，然后运用所有常见的手段来讨论真理。如果这是对的，那么我们对间接语境的使用并不证明道德表达论是错的，它只是证明我们本来可以采用一种合乎我们需要的表达方式。这就是把态度"投射"到世界的意思。（1984，195）这展示了准实在论者是如何回应弗雷格—吉奇问题的，而且如果这种回应是对的，也就由此表明准实在论者如何能回应这种指责，即投射主义蕴涵着某种关于道德话语的错误论。只要我们可以表明，如何基于纯粹的表达性，获得按照命题性表面形式使用道德话语的权利，就能避免对错误论的蕴涵。

4.4　对布莱克本的弗雷格—吉奇问题解决方案的核心反驳

布莱克本是否成功地表明这个推理：

（1）杀人是错误的。

（2）如果杀人是错误的，那么让弟弟杀人是错误的。

所以，

（3）让弟弟杀人是错误的。

是逻辑上有效的？克里斯平·赖特认为没有：

> 凡是称得上推理的有效性的东西，必定体现为接受推理的前提却否认其结论所产生的那种不一致性。布莱克本的确谈到，在按他所理解的假言推理的例子中，接受前提但不接受结论的做法包含着"态度的冲突"。然而，这种做法似乎并不包含任何称得上不一致性的东西。那些这么做的人，只是未能具有他们自己所赞成的每种态度组合。这是一种道德上的缺陷，而非逻辑上的缺陷。（1988b，33；另参见 Schueler，1988）

站在准实在论者的立场，鲍勃·黑尔（Bob Hale，1986）试图提出

一种可以避免上述批评的办法。我们与其认为

（2）如果杀人是错误的，那么让弟弟杀人是错误的

表达的是赞成将"反对杀人"和"反对让弟弟杀人"相结合的敏感性，不如认为它表达的是反对将"反对杀人"和"没有反对让弟弟杀人"相结合的敏感性。正如我们用［B！（杀人）］指称对杀人的反对情感，我们可以用—［B！（杀人）］指称这种反对的缺乏。于是在 E_{ex} 里，从（1）和（2）到（3）的推理可以表示为：

（1_{ex}）B！（杀人）

（2_{ex}）B！［［B！（杀人）］；—［B！（让弟弟杀人）］］

所以，

（3_{ex}）B！（让弟弟杀人）

接受推理的前提却不接受其结论的人将具有一种他本人反对的态度组合。由此，承诺前提的同时不承诺结论的人会陷入一组不一致的态度，而这就可以基于表达性来解释上述推理在直觉上的有效性。跟前面一样，如果我们认为日常英语具有 E_{ex} 的深层形式，就能基于表达性来解释推理的有效性。

59　　　然而，如黑尔自己所指出的（1986，74），这种办法只是延缓了问题。即便根据这种解释，接受推理的前提却不接受其结论的人，也只是犯了一种道德上的错误，即违背了诸如"不要做你自己反对的事！"这样的道德原则。所以，这种解释未能把握这一事实：接受推理的前提却不接受其结论的人犯了某种逻辑上的错误。

4.5　承诺论语义学与弗雷格—吉奇问题[1]

在 1988 年的论文"态度与内容"（Attitudes and Contents）以

---

[1] 这里我受惠于鲍勃·黑尔（2002）。布莱克本对黑尔的回应参见 Blackburn（2002）。

及近著《支配激情》(*Ruling Passions*，1998a)第 3 章，布莱克本提出了一种新的方式来回应弗雷格—吉奇问题，这种回应明确旨在化解上一节所说的反驳。这种进路颇为复杂，但这里我会对它进行简化，以期传达其要旨。这一进路是这样的：当我们解释我们在非断言语境中使用伦理陈述时是在做什么，依据的不是对高阶态度的表达，而是承诺的"自缚于树"(tying ourselves to trees)的特征。

举一个非道德假言推理的简单例子，比如：

(A) 琼斯在萨瑟克。

(B) 如果琼斯在萨瑟克，那么琼斯在伦敦。

所以，

(C) 琼斯在伦敦。

构成这个推理的句子显然都可以视为事实性的或描述性的，可以根据它们的真值条件来赋予它们的意义。特别地，(B) 的真值条件可以根据其组成部分的真值条件来赋予：(B) 为真，当且仅当不存在这样的情况，即前件的真值条件实现的同时，后件的真值条件却没有实现。断言地说出"琼斯在萨瑟克"的人，因此承诺(commits)自己具有这种信念："琼斯在萨瑟克"的真值条件实现了。那么断言地说出"如果琼斯在萨瑟克，那么琼斯在伦敦"的人呢？布莱克本写道：

> 以"如果 p 那么 q"的形式做出的任何宣称，都是承诺自己接受"或者非 p 或者 q"这一组合式。(1998a，72)

由此，根据布莱克本的观点，断言地说出"如果琼斯在萨瑟克，那么琼斯在伦敦"的人，承诺自己或者相信前件的真值条件没有实现，或者相信后件的真值条件的确得到了实现。

现在，接受前提(A)和(B)却不接受结论(C)的人会是什么情况呢？我们可以把这些承诺列出来：

承诺相信"琼斯在萨瑟克"。

　　承诺或者相信"琼斯不在萨瑟克"，或者相信"琼斯在伦敦"。
　　没有承诺相信"琼斯在伦敦"。
这种承诺组合是不一致的吗［如果从（A）和（B）到（C）的推理逻辑上有效，我们就可以预期这种不一致］？由于中间的"条件承诺"产生了"分枝"（branch，见下面的"树形图"），这组承诺是不一致的，仅当条件承诺本身的每个分枝都会得出一组不一致的承诺。不难看到，情况确实如此：
　　承诺或者相信"琼斯不在萨瑟克"，或者相信"琼斯在伦敦"。
　　分枝 1
　　承诺相信"琼斯不在萨瑟克"。
　　承诺相信"琼斯在萨瑟克"。
　　没有承诺相信"琼斯在伦敦"。
　　X
　　分枝 2
　　承诺相信"琼斯在萨瑟克"。
　　承诺相信"琼斯在伦敦"。
　　没有承诺相信"琼斯在伦敦"。
　　X
根据每一个分枝，我们最终都得出一组不一致的承诺，用"X"来表示。根据第一个分枝，我们承诺既相信"琼斯不在萨瑟克"又相信"琼斯在萨瑟克"；根据第二个分枝，我们既承诺相信"琼斯在伦敦"又不承诺相信"琼斯在伦敦"。这便解释了从（A）和（B）到（C）的推理在逻辑上的有效性。
　　布莱克本的目标是扩展这种解释策略，以便涵盖这样的情形：推理所包含的句子并非真正是事实性的或描述性的。这种策略可以分成两个部分。首先，在纯粹事实性的情形，我们的承诺是承诺相信事实语句的真值条件得到了实现。既然我们认为评价语句没有真值条件，就需要某种和"相信"类似的东西。依照黑尔的建

61

议（2002，146），我们将使用"接受"（accept）这一中立词项。由此，正如我可以相信一个事实语句所表达的命题，我可以类似地接受一个评价语句所表达的（非认知）态度。其次，在纯粹事实性的情形中，我们可以使用一个现成的一致性概念：两个信念是不一致的，当一个信念的真排除另一个信念的真，换言之，当它们不能共同为真。所以，我们需要某种类似的一致性概念，以适用于这样的情形：所涉及的承诺被认为不是适真的。为此，一种做法是根据一组欲望的不一致来解释一组非认知态度的不一致：两个欲望是不一致的，当一个欲望的满足或实现排除另一个欲望的满足或实现，换言之，当它们不能同时满足或实现。假定前述策略的这两个部分都是可行的，那么，我们就能用它说明下述推理的逻辑有效性：

（D）杀人是错误的

（E）如果杀人是错误的，那么让弟弟杀人是错误的

所以，

（F）让弟弟杀人是错误的

接受推理的前提却不接受其结论的人，具有如下这些承诺：

承诺接受"杀人是错误的"所表达的态度。

承诺或者拒斥"杀人是错误的"所表达的态度，或者接受"让弟弟杀人是错误的"所表达的态度。[1]

没有承诺接受"让弟弟杀人是错误的"所表达的态度。

跟前面一样，相应的树形结构表明这组承诺是不一致的。

分枝 1a

承诺接受"杀人是错误的"所表达的态度。

承诺拒斥"杀人是错误的"所表达的态度。

没有承诺接受"让弟弟杀人是错误的"所表达的态度。

---

[1] 经由这种策略的第二部分，我们可以假定存在接受和拒斥态度的状态，使得接受和拒斥同一态度会让人陷入不一致。如黑尔所指出的，这不是一种琐碎的让步，这种不一致为什么必定会意味着不合逻辑或者非理性？

X

分枝 2a

承诺接受"杀人是错误的"所表达的态度。

承诺接受"让弟弟杀人是错误的"所表达的态度。

没有承诺接受"让弟弟杀人是错误的"所表达的态度。

X

就像在纯粹事实性的情形，接受前提（D）和（E）的同时拒绝接受结论（F）的人，具有一组不一致的承诺。跟前面一样，推理的逻辑有效性得到了解释。布莱克本写道：

> 有人怀疑这种进路能否得到那种强有力的逻辑"必然"。但我们现在可以看到，它完全能做到这一点。考虑吉奇所举的著名例子，即根据肯定前件式进行的推理。说出"p"和"如果 p 那么 q"的人，就得到了一个假言推理的前提，这个假言推理的结论是"q"。倘若他承诺了这些前提，也就在逻辑上承诺了 q。换句话说，倘若一个人宣称自己同时主张"p"、"如果 p 那么 q"和"非 q"，我们就不知道如何理解他。逻辑上的故障意味着理解上的失败。根据我的解释，如果 p 是一个评价性的前提，也能得到这样的结果吗？是的，因为这样的人宣称自己缚于信念和态度的可能组合之树，同时却又宣称自己持有一种前者所排除的组合。所以，前一刻给出的东西随后又被收回，我们无法对这种做法提出可理解的解释。（1998a，72）

由此，这种解释避免了布莱克本（1984）接受的进路所面临的核心反驳。布莱克本试图把握"强有力的逻辑'必然'"的承诺论语义学，在多大程度上是成功的？黑尔曾经论证，即便准实在论者可以将这种策略付诸实行，成功地处理接受的概念和态度不一致性，承诺论解释仍然是成问题的。回想一下，对布莱克本来说，

> 以"如果 p 那么 q"的形式做出的任何宣称，都是承诺自己接受"或者非 p 或者 q"这一组合式。（1998a，72）

黑尔指出，这意味着布莱克本的解释不符合这种无可争议的看法：我们应该接受同一律"如果 p 那么 p"的所有实例。根据布莱克本的解释，承诺这条同一律相当于作出这样的承诺：对于任何选项 p，或者接受非 p 或者接受 p。但正如黑尔所说，"对于给定命题 p，在信息中立的情况下，我们应该既不接受非 p 也不接受 p"（2002，148）。所以，除非我们提出这种不可信的规定，即不可能出现非 p 和 p 都没有充分根据的信息状态，我们便无法根据布莱克本的解释，来说明"如果 p 那么 p"作为逻辑定理的地位。既然在推理的组成部分哪怕可以明确视为事实性时，这种解释也无法确保这一点，那么，在推理包含评价性成分的情况下，我们难以相信这种解释能够确保这些直觉上有效的推理的有效性。[1]

对解决弗雷格—吉奇问题的承诺论进路的讨论到此为止，下一节我将回到布莱克本（1984）对这一问题的解决方案。

4.6　核心反驳有多大说服力？

再次考虑这个"道德假言推理"：

（1）杀人是错误的。

---

[1] 通过修改解释，使得对"如果 p 那么 q"的断言表达承诺或者不接受 p 或者接受 q（而非承诺或者接受非 p 或者接受 q），布莱克本能避免这种困难吗？黑尔论证，这种解释导致的问题是，不能确保否定后件式推理（modus tollens）的有效性。要看到这一点，考虑（G）如果 P 那么 Q。/（H）非 Q。/ 所以，/（I）非 P。接受两个前提却不接受结论的人有什么承诺？在这种情形中是这些承诺：承诺或者不接受 P 或者接受 Q。/ 承诺接受非 Q。/ 不承诺接受非 P。两个分枝是：分枝 2c：/ 承诺接受 Q。承诺接受非 O。/ 不承诺接受非 P。/X：分枝 1c：/ 承诺不接受 P。/ 承诺接受非 Q。/ 不承诺接受非 P。但这一分枝中没有出现不一致。如黑尔所指出的，如果可以得到的证据保证既非 P 也非非 P，那么具有这种承诺组合是完全理性的。同样，在成分语句都是事实语句的情形中，这种解释看起来也不能确保否定后件式推理的有效性。

（2）如果杀人是错误的，那么让弟弟杀人是错误的。

所以，

（3）让弟弟杀人是错误的。

当反驳布莱克本对推理有效性的解释，赖特所依据的观点是，根据布莱克本的解释，接受推理的前提却不接受其结论的人，充其量只犯了一种道德上的错误，而我们要求这种解释得出的是，这样的人是非理性的（irrational），或者具有某种逻辑上的缺陷。

接受道德假言推理的前提却不接受其结论的人，究竟犯了哪种错误？这个问题涉及如何最佳地解释能动者的行为；跟任何这类问题一样，缺少关于能动者的心理状态和行为的诸多背景信息，这个问题便完全不确定。[1]如果有人告诉我，琼斯接受前提（1）和（2），但拒绝接受结论（3），然后叫我确定琼斯犯了哪种错误，对我而言唯一合理的说法是："在我着手回答这个问题之前，我需要进一步充分了解关于琼斯的背景信息。"那么，当我们补充背景信息时会发生什么？假定琼斯接受道德假言推理的前提，却拒绝接受其结论。琼斯的错误是道德上的还是逻辑上的？让我们比较下列情形（与此同时，假定对非道德假言推理的有效性的标准解释是成立的：这些推理之所以有效，是因为它们的前提为真排除了它们的结论为假）。

情形 1

当面对大量非道德假言推理，琼斯始终既接受推理的前提又接受其结论。然而，当面对上述"道德假言推理"，琼斯接受前提却拒绝接受结论。假定琼斯掌握这些推理的组成部分所包含的全部

---

[1] 当然，我的意思只是说，如果缺乏相关的各种背景信息，对能动者的解释在认知上（epistemically）是不确定的。这独立于任何这样的主张（诸如 Quine, 1960 的主张）：解释在构成上（constitutively）是不确定的。

概念，当我们试图解释琼斯的行为，应该把哪种缺陷归在他身上？
我认为在这种情形下，判定琼斯具有一种道德上的而非逻辑上的缺
陷，确实是可信的。他能进行非道德推理，却不能进行道德推理，
对于这种事实的最佳解释是什么？在我看来，这种最佳解释就是，
他犯了道德上不一致的错误（即反对他本人具有的一种态度组合）。
否则，他为什么在所有非道德的例子中可以进行相关的推理，唯独
在某些前提包含评价性成分的例子中无法进行推理呢？所以在这种
情形下，布莱克本的解释看来是准确的，因为它判定琼斯有一种道
德缺陷：对琼斯行为的可信解释归到他身上的正是这种缺陷。我们
确实不能判定琼斯犯了逻辑上的错误：如果琼斯犯的是一种逻辑上
的错误，我们如何解释他在非道德的例子中能做出正确的推理呢？

情形 2

当面对大量非道德假言推理，琼斯始终接受推理的前提但拒绝
接受其结论。而且，当面对"道德假言推理"，琼斯以类似的方式
接受前提却拒绝接受结论。同样，假定琼斯掌握这些推理的组成部
分所包含的全部概念，当我们试图解释琼斯的行为，就他不接受道
德假言推理的结论而言，应该把哪种缺陷归在他身上？他具有的缺
陷是逻辑上的还是道德上的？我认为，要回答这个问题，唯一的办
法是考虑在反事实（counterfactual）情形下，即琼斯在所有非道德
的例子中接受推理的结论的情形下，会发生什么。我们需要考虑两
种这样的情形：

　　2（i）如果琼斯在非道德的例子中可以进行推理，他在道德的
　　　　　例子中仍然无法得出推理的结论。

如果这是真的，对琼斯行为的最可信解释就跟前面一样，是将他无
法在道德的例子中进行推理归咎于一种道德上的缺陷，即"做你反
对的事"的缺陷。

65

2（ii）如果琼斯在非道德的例子中可以进行推理，他在道德
　　　的例子中也可以进行推理。

如果这是真的，我认为，对琼斯无法接受道德假言推理的结论的最
可信解释是，判定他具有一种逻辑上的缺陷：即未能掌握假言推
理。换言之，我们归给他这样一种系统的倾向：对具有假言推理的
逻辑形式的推理，他接受这些推理的前提，却不接受它们的结论。
但在这种情形中，准实在论者也可以认为，琼斯不接受道德假言推
理的结论是受这种缺陷的影响：我们已经认为他不懂假言推理规
则，而"道德假言推理"和非道德的例子具有相同的句法形式，所
以难怪琼斯在道德的例子中无法做出推理。由此，在这种情形中，
琼斯具有一种逻辑上的缺陷，不过准实在论者显然有一种现成的解
释来说明为什么会如此。

　　假定情形 1 和 2 穷尽了所有的可能状况，那么情况就会变成
下面这样。当我们对琼斯行为的最佳解释是，他接受（1）和（2）
却拒绝接受（3）是由于道德上的缺陷，准实在论者在这种情形下
可以解释这样的事实；而当我们对琼斯行为的最佳解释是，他接
受（1）和（2）却拒绝接受（3）是由于逻辑上的缺陷，准实在论
者在这种情形下也可以对此加以解释。所以，赖特的反驳便失去了
威力。

　　不过，情形 1 和 2 显然没有穷尽所有的可能状况。我们还要考
虑两种情形。

情形 3

　　琼斯拒绝接受非道德假言推理的结论，却从未拒绝接受"道
德假言推理"的结论。对于出现这种组合情况的能动者，似乎难以
解释他的行为：在基础逻辑课中，如果一个学生是这种情况，你会
作何反应？但就我们能够理解这是怎么回事的程度而言，我认为处

于有利地位的是准实在论者。根据能动者在非道德的例子中拒绝接受结论，我们判定他未能掌握假言推理。但现在我们如何说明在"道德假言推理"的例子中，是什么让这个能动者保持"处于正轨"呢？准实在论者可以援用他对这些推理的有效性的解释，从而主张这个能动者是受道德一致性的影响：该能动者没有他本人反对的态度组合。这就是为什么他在道德的例子中可以"做对"，尽管在非道德的例子中出了差错。

66

最后，

情形 4

琼斯可以进行相关的推理，无论是道德推理还是非道德推理。在这种情形下，我们很可能认为，琼斯既理解了假言推理规则，又具有伦理上一致（ethical consistency）的优点。当解释为什么琼斯在道德的例子中可以进行相关的推理，首要的因素是逻辑上的理解力还是道德上的一致性？要确定这一点，我们只能通过考察反事实的情形，即琼斯无法进行"道德假言推理"的情形。如果下述反事实情形成立：

> 4（i）如果琼斯在道德的例子中无法进行推理，那么他在非道德的例子中也无法进行推理。

那么可信的解释是，逻辑上的理解力是首要因素。另一方面，如果下述反事实情形成立：

> 4（ii）如果琼斯在道德的例子中无法进行推理，那么他在非道德的例子中可以进行推理。

那么道德上的一致性就是首要因素。跟前面一样，在这两种情形中，我们都未发现自己给出的说明可以超出准实在论者对间接语境的解释；而且事实上，在 4（ii）情形中，准实在论者似乎能更好地把握琼斯的行为在什么意义上是可以理解的，如果有这样的意义的话。

总之，当琼斯接受（1）和（2）却拒绝接受（3），在最佳解释判定琼斯具有逻辑缺陷的所有情形中，准实在论者也可以判定他具有逻辑缺陷；在最佳解释判定琼斯具有道德缺陷的所有情形中，准实在论者也可以判定他具有道德缺陷。由于在剩余的情形中，准实在论者对"道德假言推理"的解释能够契合给出的各种解释，赖特的反驳最终失败了。或者至少可以说，即便赖特的反驳是对的，我们也不再清楚它到底为什么是对的。

我们有必要停下来进行回顾。在回应对他1984年解决弗雷格—吉奇问题的方案的核心批评时，布莱克本（参见他的1993a，第10章）实际上试图通过扩展不一致性的概念，来扩展逻辑缺陷的概念，由此我们可以认为，例如，一组欲望是不一致的，因为不存在一个可能世界能让这些欲望全部实现。然后，与这种扩展的不一致性概念相应，他试图建立一种逻辑，并通过承诺论语义学的运用来维护这种观念：断言道德假言推理的前提却不断言其结论的人具有逻辑上的缺陷。上一节我们已经看到，这种进路有它自身的一些问题。事实上，这里我的建议包括，让不一致性的概念保持原封不动：只有一组像信念这样的适真状态才可以是不一致的，即当不存在一个可能世界能让这些状态全部为真。我们转而以另一种方式来扩展逻辑缺陷的概念：现在一种缺陷是逻辑缺陷，当（a）这种缺陷在于持有一组不一致的信念，或者（b）这种缺陷可以通过归给能动者一种有逻辑上的不一致的信念的倾向而得到最佳解释。有了（b），如我上面所表明的，在能动者接受推理（诸如道德假言推理）的前提而不接受结论的情形下，准实在论者就可以相应地判定他们具有逻辑缺陷。[1]

---

[1] 我并不是说 Blackburn（1984）的解释可以免于所有困难，而只是说可以削弱针对该解释的核心反驳，使后者不像最初看起来那样是一个击倒式反驳。

4.7　布莱克本对心灵依赖问题的回应

投射主义能避免使道德以一种糟糕的方式依赖于心灵吗？布莱克本的准实在论的一个重要部分，便是他对这个问题的回应。准实在论者必须维护我们通常承诺的这一观念：价值是独立于心灵的。但这是什么意思？认为价值依赖于心灵的人会提出下面这些主张：

（4）如果我们认为踢狗是正确的，那么踢狗是正确的。

（5）如果杀人是正确的，那么我们认为杀人是正确的。

（6）如果我们认为杀人是错误的，那么杀人是错误的。

（7）如果偷窃是错误的，那么我们认为偷窃是错误的。

直觉上，我们应该否认诸如此类的条件句：它们所表达的我们的态度与正确性和错误性之间的联系太过紧密，这让我们感到不适。注意，（4）和（5）的问题并不在于，它们各自的前件和后件所包含的道德判断是一些我们反对的判断；我们同样会拒斥（6）和（7），尽管出现在它们的前件和后件的判断是一些我们很乐意接受的判断。真正的问题在于，纵然杀人是错误的，也并非仅仅因为我们认为它是错误的才这样；纵然偷窃是错误的，也无法保证我们就会认为它是错误。由此，为了维护我们认为"价值独立于心灵"的权利，布莱克本必须维护我们提出下面这些主张的权利：

（8）并非如果我们认为踢狗是正确的，那么踢狗是正确的。

（9）并非如果杀人是正确的，那么我们认为杀人是正确的。

（10）并非如果我们认为杀人是错误的，那么杀人是错误的。

（11）并非如果偷窃是错误的，那么我们认为偷窃是错误的。

那么，准实在论者如何能给我们接受（8）—（11）的权利以及拒斥（4）—（7）的权利提供根据呢？布莱克本在这里的做法，非常类似于我们在第4.3节所看到的他回应弗雷格—吉奇问题时采取的做法。为了回应那个问题，他必须给予我们的条件承诺一种态度性的解释，而他在这方面的做法是，将条件句（例如，"如果撒谎是错误的，那么让弟弟撒谎是错误的"）视为表达对道德敏感性本身的态度。现在，布莱克本想要排除（4）—（7），因为（a）它们构成的是一种令人厌恶的道德敏感性，以及（b）我们可以在投射主义的框架内表达对这些敏感性的厌恶。正如在"如果撒谎是错误的，那么让弟弟撒谎是错误的"的例子中，我可以表达一种高阶的道德态度（即对道德敏感性本身的赞成或反对），关于"并非如果我们认为踢狗是正确的，那么踢狗是正确的"，我也可以表达一种高阶态度。根据布莱克本的观点，由"并非如果我们认为踢狗是正确的，那么踢狗是正确的"表达的高阶态度，是对这种敏感性的赞成态度：以"踢狗造成它们疼痛"的信念为输入，得到的输出是反对踢它们；或者是对这种敏感性的反对态度：以"踢狗造成它们疼痛"的信念以及某种关于我们的态度的信念为输入，得到的输出是反对踢狗。

由此，尽管道德价值和我们的道德理论化（theorizing）实践在态度性的基础上得到了解释，这种解释并不蕴涵着我们要承诺接受像（4）—（7）这样的条件句：

> 价值是我们的情感的产物，意思是说只需诉诸事物的自然属性和对它们的自然反应，就可以充分解释我们进行道德化时是在做什么；而不是说一旦我们的情感消失，道德真理也会随之改变。我们给世界涂上或染上来自内在情感的颜色的那种方式，使我们的创造物拥有了它们自己的生命，并且以它们自己的方式依赖于事实。因此，我们不应该有这样的说法或想法：一旦我们的情感改变或消失，道德事实也会随之改变或消失。（1984，219，注释21）

对准实在论者如何获得认为"道德独立于心灵"的权利，布莱克本所做的解释可信吗？现在我们来看看对这种解释的一个反驳。

赞格威尔对布莱克本的反驳

尼克·赞格威尔（Nick Zangwill，在他1994年的论文中）以

如下方式来反驳布莱克本对道德独立于心灵的解释。直觉上，（8）
这样的例子和通常的道德承诺之间，在地位上存在某种差异。直觉
上，（8）并不仅仅表达一个道德承诺。赞格威尔提出：

(ⅰ)（8）或者至少是（8）的普遍化版本表达一个概念真理；

(ⅱ)这是解释（8）和通常的道德承诺之间地位差异的唯一合
理方式；

(ⅲ)准实在论者无法合理地主张（8）的普遍化形式是一个概
念真理。

赞格威尔的论证可信吗？我们如何看待（ⅰ）和（ⅲ）？我现在要论
证的是，赞格威尔对（ⅰ）的论证充其量是非决定性的，他对（ⅲ）
的论证则完全没有说服力。

赞格威尔对（ⅰ）的论证如下：

倘若某人做出一个道德判断，那么他就相信或者假定：这
个道德判断为真的原因并非在于他认为它为真，情况是这样
吗？对此的回答……是"是的"，理由如下。做出一个道德判
断意味着它包含一个对正确性（correctness）的主张。称此为
道德判断的规范性。正因为判断时寻求正确性，人们有时不同
意他人的判断，有时对自己的判断表示怀疑。没有这种规范
性，不同意和怀疑也就毫无意义。但是，已知道德判断具有规
范性，可以得出，做出一个道德判断意味着人们知道做判断和
做正确判断之间的区别。如果是这样，人们做道德判断时不可
能不知道"认为某个事物如此这般不会使它变得如此这般"。
因为如果我知道我的判断可能错误，也就知道并非如果我做出
一个判断，那么它就是正确的。（1994，214）

这个由道德判断的规范性得出道德独立于心灵的论证，是没有说服
力的。要看到这一点，注意如果我们能得出下面的主张，就能得出
道德良善性是依赖于心灵的：

"如果我们判断 X 是良善的，那么 X 是良善的"是一个经验真理。　70

而这一主张和维护道德判断的规范性并不冲突：道德判断的规范性要求的，只是错误的道德判断在概念上是可能的。如果就某种判断的规范性而言，赞格威尔要求更强地主张那种判断在经验上可能错误，那就意味着，对于我们事实上确实不会出错的那些领域，我们绝不可能做出相关判断。由此，我们可以在遵守道德判断的规范性的同时，认为关于道德良善性的事实在经验上依赖于我们的道德判断。那么，道德判断的规范性本身并不蕴涵着道德事实是独立于心灵的。所以，"道德独立于心灵"具有某种概念地位的主张并无理据可言。诚然，如果某人假定（8）这样的例子具有概念地位，他就可以根据道德判断的规范性得出它们；然而它们是否属于概念真理，恰恰是争论点所在，所以这种假定完全是相对于准实在论者乞题。

因此，赞格威尔没能很好地论证"道德独立于心灵"是一个概念真理。不过，让我们假定他确实成功地确立了"道德独立于心灵"这一主张的概念地位。准实在论者为什么不能容纳这一点呢？赞格威尔以下述方式论证，准实在论者不可能认为（8）的普遍化形式是一个概念真理：

> ［布莱克本］说断言道德独立于心灵的人表达了一种（二阶）道德态度，由此，否认道德独立于心灵的条件句［（8）—（11）］陈述的是一种实质性的道德真理。反驳这一点的论证是：如果"道德独立于心灵"是一个实质真理，那么它就不可能是概念真理。因为实质性的道德真理是极具争议的，而如果是这样，它们就不可能成为概念真理。（1994，213）

但这完全是不加批判地运用摩尔最粗糙形式的COQA！由此，这个论证是基于这个明显不可信的假定：不可能存在实质性的（即提供信息的、可能引起争议的）概念分析这样的东西（参见第2.3节，反驳2）。既然依赖于这种不可信的假定，赞格威尔对（iii）的论证便无法令人信服。所以，对于布莱克本说明准实在论者如何能确保道德独立于心灵的解释，赞格威尔的反驳是失败的。

　　让我们停下来清理一下思路。我在上一章提出，情绪主义面临的前四个问题是：蕴涵错误问题、弗雷格—吉奇问题、分裂态度问题和心灵依赖问题。刚才我们已经看到，布莱克本如何设法处理了 71 心灵依赖问题，而在前面几节我们看到布莱克本对弗雷格—吉奇问题的回应，以及这种回应如何有助于解决蕴涵错误问题。那么分裂态度问题呢？当我们凭借哲学上的洞察力，认识到不存在一个特殊的道德事实领域来给我们的道德承诺提供基础，我们如何能认真对待这些道德承诺呢？布莱克本认为，通过表明我们如何能"在完全承认我们的道德判断主观地来源于我们自身内在的态度、需求、欲望和本性的同时，获得谈论道德真理的权利"（1984，197），准实在论可以平息这种担心。

　　目前重要的是弄清准实在论方案的确切范围。布莱克本的方案可以看作表明我们如何能获得以这种方式言谈的权利：仿佛道德承诺具有真假。这一方案可以称为温和（modest）准实在论方案，它与准实在论的投射主义内核并行不悖。投射主义告诉我们，道德承诺实际上不是适真的，道德判断不表达信念，不存在道德事实这样的东西；而准实在论使我们获得以这种方式言谈的权利：仿佛道德承诺是适真的，仿佛道德判断表达信念，仿佛存在道德事实这样的东西。

　　现在，为了回应分裂态度问题，布莱克本进而寻求一种更具野心的方案：即获得使用真假概念的权利，并且这些概念可以真正适用于道德话语：

　　　　我们为什么不认为自己已经建构（constructed）了一种道德真理概念？倘若我们已经做到这一点，当然就可以说道德判断是真的或假的，只要不认为我们这样做时已经向实在论投降。（1984，196）

称此为激进（ambitious）准实在论方案。在布莱克本的近期著作

中，他更加明确地致力于发展这种激进的方案。例如，布莱克本
（1998a）的附录收录了一份访谈，我们可以看到这样的内容：

> 问：你试图捍卫的其实是我们以"仿佛"存在道德真理的
> 方式言谈的权利，尽管在你看来其实不存在任何道德真理，是
> 这样吗？
>
> 答：不，不，不。我并不是说我们的言谈方式就仿佛踢狗是
> 错误的，而这种行为"其实"不是错误的。我是说它就是错误的
> （因此，"它是错误的"为真，"它是错误的"确实为真，这是道
> 德真理的一个例子，道德真理是存在的）。（1993a，319）[1]

这种激进准实在论是这样一种方案：获得使用可以适用于道德承诺
的真假概念的权利，而非仅仅获得可以认为道德承诺仿佛具有真假
的权利。接下去的几节我们就来集中讨论这种方案。[2]

72

4.8　激进准实在论与道德真理的建构

　　温和准实在论承认不存在道德真理、道德信念或者道德语句的
真值条件这样的东西，但试图基于纯粹的投射主义，使我们获得以
这种方式言谈和思考的权利：仿佛存在道德真理、道德真值条件，
等等。而根据激进准实在论，确实存在道德真理这样的东西，只不
过道德真理应该基于纯粹的投射主义来解释；根据激进准实在论，
我们可以运用纯粹的投射主义材料建构一种道德真理概念。布莱克
本认为，只要道德真理的这种建构方案能够成功，就可以帮助我们
平息对"分裂态度"的担心：

---

[1] 亦参见 Blackburn（1993a，55—58）。

[2] 敏锐的读者也许已经产生疑问，即这种激进的方案如何能与布莱克本那种立场
　　的投射主义核心结合起来。这种激进的方案如果成功，就不会拒斥投射主义
　　吗？见后面的讨论。

表明这些担心没有理智上的正当理由，意味着根据我们手头的材料，发展出一种道德真理概念，看看有了态度，有了对态度的限制，有了改善的概念，以及包括我们自己的敏感性在内的任何敏感性都可能有缺陷的概念，我们如何能建构一种道德真理概念。(1984，198)

分裂态度问题是这样的：如果我们的道德承诺只是表达态度，而没有一个特殊的道德事实领域提供根基或基础，那么，我们如何能认真对待它们？在布莱克本看来，无需通过假定存在这样一个道德事实领域，我们就能获得这种基础。特别地，他认为，通过考虑我们的本性和欲望本身对态度的形成所施加的限制，可以给我们的态度提供一个基础：

正如感官限制着我们关于经验世界可以相信什么，我们的本性和欲望、需求和快乐限制着我们可以赞赏和称赞什么、容忍什么以及为了什么而付出。妥善、完整、成熟、一致而又融贯的态度系统是不多的。(1984，197)

我们可以利用本性和欲望对态度所施加的限制，来建构一种道德真理概念，而在建构这种概念时，我们就能意识到，我们获得了对道德承诺所期望的全部基础，也获得了明白这一点所需的全部基础：投射主义不会强加给我们一种对我们自身态度的分裂态度。

激进准实在论如何着手建构一种道德真理概念呢？首先要注意的是，布莱克本对弗雷格—吉奇问题和心灵依赖问题的解决方案，带给我们如下观念：(a)融贯(*coherence*)和一致的概念可以适用于我们的道德敏感性，以及(b)改善(*improvement*)和退化(*deterioration*)的概念也可以适用于我们的道德敏感性(至少可以说，敏感性随着它们变得更加一致或融贯而改善，随着它们变得不一致和不融贯而退化)。

布莱克本的想法是，准实在论者可以利用改善这个概念来建构道德真理的概念。首先让我们定义最佳可能的态度集合(*best*

possible set of attitudes）这一概念。使用上面提到的改善概念，这是指"可以通过采取所有可能的机会对态度进行改善得到"（1984，198）的态度集合。以你当前具有的态度集合为例，设想它们改善到不可能做任何进一步改善的程度。然后，称最终得到的态度集合为 M*。接着，布莱克本建议我们以下述方式来定义关于道德承诺的真理：

> **态度真理**（Attitudinal Truth）：*一个给定的承诺或态度 m 为真，当且仅当 m 是 M* 的一个元素。*

当一个道德承诺表达的态度是最佳可能的态度集合的元素，这个道德承诺即为真。

以这样的方式定义真理之后，布莱克本随即考虑了他这种定义显然会面临的一个反驳。真理概念具有某些特征，而根据布莱克本的定义得出的这种概念，不见得也具有这些特征。例如，这其中的一个特征是真理的单一性（*single*）：如果 P 为真，那么非 P 不可能也为真。但是，设想存在多个最佳可能的态度集合，存在多种方式可以改善我们当前的敏感性：

> 改善和退化当然是存在的。不过，敏感性为什么不能以多种方式得到改善？当一种不完善的敏感性发展成某种更好的敏感性，它可以采取若干不同路线中的任何一种。我们不妨设想一个树形图。这里每个节点（即产生分枝的点）都标志着一个位置，在那个位置可以产生同样值得称道但却不同的意见。所以，我们并非依据一个唯一的 M* 来发现意见的改进。（1984，198—199）

由此可能出现这样的情况：一个承诺是这个最佳可能集合的元素，而一个相反的承诺是另一个最佳可能集合的元素。那么，布莱克本的定义得出的结论是这些承诺都为真。但我们可以反驳说，对真理的定义不允许出现这种情况："所以不存在真理，因为这个定义失效了"（1984，199）。所以，基于布莱克本的定义，还不足以对真理进行定义。

　　布莱克本对此的回应是否认这种看法，即可以存在两种同样值得称道的敏感性或者态度集合，但两者包含的某些承诺是相互冲突的。他的策略（受休谟 1742 年的观点启发）是提出，每当我们表面上碰到这种情况，仔细检查就会发现，这种表面情况可以通过解释来消除。考虑一个显著的例子，在这个例子中，我们面对两种同样值得称道的敏感性，两者都无法进行改善，但却包含着对立的承诺：琼热爱 18 世纪音乐，她认为莫扎特的《费加罗的婚礼》是迄今最伟大的歌剧；莱斯莉则喜欢 19 世纪音乐，并认为瓦格纳的《特里斯坦与伊索尔德》是迄今最伟大的歌剧。琼和莱斯莉相互的评价都很高：琼认为莱斯莉的音乐鉴赏力和她本人一样敏锐，反之亦然。而且，她们所有的朋友，包括一些很有音乐造诣的朋友都同意，琼和莱斯莉在审美敏感性等方面均难分伯仲。此外，设想我们在审美敏感性上，无法找到任何比琼和莱斯莉更高超的人来评判两人表面上的争执。由此，我们似乎面临下述情况（用 **J** 表示琼的敏感性，用 **L** 表示莱斯莉的敏感性）：

（12）**J** 包含"莫扎特的《费加罗的婚礼》是迄今最伟大的歌剧"这一承诺所表达的态度。

（13）**L** 包含"瓦格纳的《特里斯坦与伊索尔德》是迄今最伟大的歌剧"这一承诺所表达的态度。

（14）**J** 和 **L** 都不可能进行改善。

　　这正是对布莱克本的真理定义造成威胁的那种情况。那么，布莱克本对此有什么说法呢？布莱克本提出，（14）是错误的：确实存在一种方式可以对 **J** 和 **L** 两者进行改善。设想你是琼，你主张莫扎特的《费加罗的婚礼》是迄今最伟大的歌剧。但你也了解和尊重莱斯莉，并认为她在音乐鉴赏方面和你平分秋色，而且你也知道她主张瓦格纳的《特里斯坦与伊索尔德》是迄今最伟大的歌剧。那么对你来说，难道不是得出这样的结论才对：通过明确考虑你们两人对《费加罗的婚礼》和《特里斯坦与伊索尔德》具有这些意见的事实，你的敏感性和莱斯莉的敏感性都可以得到改善。经过改善的敏感性包含的不是像"《费加罗的婚礼》胜过《特里斯坦与伊索尔德》"或者"《特里斯坦与伊索尔德》胜过《费加罗的婚礼》"这样简单的主张，而是某种更加妥善的评判，诸如"《费加罗的婚礼》和《特里斯坦与伊索尔德》是同样杰出的歌剧，尽管它们体现了音乐史上不同时期不同类型歌剧的典型特征"。一种包含这一承诺所表达的态度的敏感性，难道不是对 **J** 和 **L** 的改善吗？布莱克本认为确实如此，所以我们必须拒斥前面三句话中的（14），而这样一来，我们就不必担心他的定义会有悖"真理具有单一性"的事实：

> 在实践中，人们认为显示存在一个节点的证据，只是表明真理尚未最终得到证明，并把它作为证据的一部分纳入讨论。我们按照真理具有单一性的限制进行争论和实践，虽然树形结构在表面上是可能的，这种限制仍然可以得到辩护。（1984，201）[1]

4.9　麦克道尔论投射与伦理学中的真理

在 1987 年的论文《投射主义与伦理学中的真理》(Projectivism and Truth in Ethics，McDowell，1998，第 8 篇文章) 中，麦克道尔针对布莱克本的准实在论方案提出了三个相互关联的问题。本节我将概述其中的两个问题，并论证它们无法损害准实在论。麦克道尔的第三个反驳将在第 10 章讨论。

不过，我首先要指出的是，麦克道尔在一个重要的方面维护了准实在论。这涉及赖特提出的一个对准实在论方案的反驳：

---

[1] 对布莱克本处理这种担心的策略的一种质疑，参见 Hale（1986）。

　　当某类成问题的话语的所有特征，都促使人们对它采取一种实在论解释，准实在论者的目标是说明这些特征如何与投射主义相协调。但如果这一计划获得了成功，尤其如布莱克本本人所期望的，它解释了赋予该类陈述真假是怎么回事，那么，颠倒真与断言之间的关系，我们最终得出的结果是恢复这种看法：这些陈述终究还是属于具有真值条件的断言。由此，布莱克本这样的准实在论者面临一个颇为明显的两难。他的计划要么是失败的，在这种情况下，他最终未能说明，启发了该计划的投射主义如何能令人满意地解释相关的语言实践；要么是成功的，在这种情况下，该计划所兑现的东西都是投射主义者一开始所要否认的，即相关的话语是真正断言的，是以获得真理为目标的，等等。(1988b，35；亦参见 1985，318—319)[1]

麦克道尔指出，对于这种非难，即支持投射主义的准实在论如果完全成功，就会以上述方式自败（self-defeating），布莱克本有一种现成的回应。投射主义者拒斥的是，未经努力获得（*unearned*）使用的权利，便将真理概念应用于道德判断。任何立场，只要是依赖于这种未经努力获得使用的权利就诉诸真理概念的做法，完全是擅自使用伦理真理的概念、相关的道德事实的概念以及这种观念：我们通过运用一种特殊的认知能力就能通达道德事实。这样的立场就像前面第 3 章所批评的那种摩尔式的非自然主义一样糟糕。而准实在论者如果取得成功，带给我们的是一种经过努力获得的（*earned*）使用真理、事实等概念的权利：通过基于纯粹的态度性或者投射主义，表明如何无需假设一个特殊的道德事实领域就能证成道德话语的命题性表面形式，我们获得了使用道德真理概念的权利。如麦克道尔所说："关于真理概念的使用，准实在论想要给出的观点是，我们绝不能擅自使用这个概念，而要为使用这个概念付出努力。"

76

---

[1] 亦参见 Sturgeon（1992，注释 12）。

（1998，153）

帮助布莱克本避免"准实在论方案是自败的"这一指责后，麦克道尔着手提出他自己的一些反驳。麦克道尔写道：

> 投射这一比喻的要旨是，将现实的某些表面特征解释成反映我们对世界的主观反应，而世界实际上并不包含这些特征。这种解释进路似乎要求，就理解的顺序而言，所投射的反应和表面特征之间存在一种相应的优先性：我们应该能够集中考虑这种反应，而无需援用关于表面特征的概念，因为表面特征被认为是反应的投射所产生的结果。（1998，157）[1]

麦克道尔认为，为了表明投射主义的可信性，反应相对于表面特征必须具有这种解释优先性（explanatory priority），这种解释优先性在有些例子中确实存在。例如，考虑恶心（*disgust*）和作呕（*nausea*）的感觉："我们可以合理地认为，这些是自立的心理反应，对它们的思考完全不需要诉诸任何像恶心性（disgustingness）或作呕性（nauseatingness）这样的投射属性"（1998，157）。你可以在不使用"作呕"这一概念的情况下，对作呕的主观反应特性进行描述：这种主观反应不必描述为对世界中所出现的"作呕"这一属性的反应。但麦克道尔质疑的是，在某些有意思的例子，比如伦理学的例子中，是否存在一种类似的解释优先性，而且他指出，滑稽（comedy）就是反应相对于投射特征没有优先性的一个例子：

> 当我们觉得有些事情是好笑的，究竟该认为我们把什么东西投射到了世界？"一种发笑的倾向"不是一个令人满意的回答：投射发笑的倾向显然未必得到滑稽的一个实例，因为笑声除了可以表示愉悦，也可以表示比如尴尬。也许这种反应恰恰应该确定为一种愉悦，而且愉悦也许只能理解为"发现某件事

---

[1] Blackburn（1993a，373）将这一反驳命名为"不纯反应"（contaminated response）反驳。

情是滑稽的"。如果这是对的，就有一个严重的问题，即我们是否真的可以把"某件事情是滑稽的"这一观念**解释**为那种反应的**投射**……倘若我们认为实在的某种表面特征源自某种主观状态的投射，然而不援用关于这种特征的概念，即一个用投射来解释的概念，我们就无法把握这种主观状态，那么这无疑表明对这个概念的投射解释是失败的。（1998，158）

如果伦理学的例子也同样如此，道德投射主义就会由于同样的困难而失败。

这个反驳和麦克道尔对准实在论方案的另一个看法密切相关。我们已经看到，这个方案试图在不设想一个特殊的道德事实领域的情况下，基于纯粹的投射主义去获得使用道德真理概念的权利。根据准实在论，这种尝试允许援用哪些材料？麦克道尔指出，正如投射主义要求的是，当一种心理状态将一个给定特征投射到自然世界，对这种心理状态进行界定时，不能使用关于那个特征的概念：

关于滑稽，一种严肃的投射主义准实在论会确立这样一个概念来说明事情确实好笑是指什么：这个概念的确立是基于一些对滑稽感进行排序的原则，而这些原则的确立绝不能诉诸"发现事情好笑"这一倾向。（1998，160）

麦克道尔认为，这包含一项不可能完成的任务，即如果我们要获得使用适用于道德判断或滑稽判断的真理概念的权利，必须

……根据这样一种初始立场，在这种立场中这类评判或者判断全都中止了，因为在投射主义者看来，我们是对一个不包含价值或者滑稽的实例的世界做出一系列反应。（1998，163）

下面我将论证，这些反驳不会损害准实在论。

首先，上述反驳涉及这一要求：情感相对投射特征具有解释优先性。麦克道尔认为，支持投射主义的准实在论方案要可行，我们**必须能够**

集中考虑这种反应，而无需援用关于表面特征的概念，因

为表面特征被认为是反应的投射所产生的结果。(1998，157)在这种语境里，准实在论者本质上是在从事一项解释工作：他试图通过对情感的界定来解释道德判断的本质，他认为道德判断一开始（*ab initio*）就表达了情感。如果我们试图界定道德判断表达的情感时，必须援用定义道德判断所需的概念，这种解释工作就会因为陷于循环（circularity）而失败：事实上，我们就属于擅自使用我们希望作出解释的东西。由此，在确定投射主义者认为"铺染"（spread）世界的情感时，准实在论者须接受麦克道尔提出的限制。[1]但麦克道尔凭什么认为这种限制不可能得到满足呢？在滑稽的例子，麦克道尔完全不曾论证这种限制无法满足，而只是声称：

> 也许这种反应恰恰应该确定为是一种愉悦，而且愉悦也许只能理解为"发现某件事情是滑稽的"。(1988，158)

也许是这样，但也许不是这样。这显然不是一个坐在扶手椅上所能解决的问题。心理学能使用自然词项向我们说明愉悦这种情感吗？或者在伦理学的例子中，心理学能使用自然词项向我们说明特殊的伦理情感吗？麦克道尔的论证充其量只是指出了准实在论者意识到必须填补的一处解释空白。在我看来（我们也将很快看到），布莱克本对相关空白的填补不太成功，但下一章我们可以看到，吉伯德很接近于实现一种对道德情感的非循环解释，他引入了这样的观念：内疚（*guilt*）和无偏倚的愤怒（*impartial anger*）可以看作是特殊的道德情感。诚然，吉伯德的解释奏效与否是一个开放问题，但要点在于，麦克道尔至此还没有提出论证来反对这一看法：准实在论者可以利用一种实质性的自然解释来说明伦理情感的本质，更不用说提出一个击倒式的论证了。[2]

这至少暂时应对了麦克道尔的第一点看法。结束对这一点的讨

---

[1] 不过，参考 Kalderon（2005a，130—135）的这种看法：非认知主义者无需接受麦克道尔提出的限制。

[2] 我会在第 10 章回到这个问题。亦参见第 4.10 节。

论之前，注意前面引用麦克道尔（1998，157）的一句话可以更好地表述为：

> 投射这一比喻的要旨是，将现实的某些特征解释成反映我们对世界的主观反应，而我们不应该认为世界一开始就包含这些特征。

在准实在论者看来，我们投射到世界的实在的特征绝不仅仅是"表面"的。[1]

　　准实在论者同样能回应麦克道尔的第二点看法。回想一下，麦克道尔认为，试图获得使用道德真理或滑稽真理的概念的权利时，准实在论者受到的限制是，不能依赖于涉及道德或滑稽的特殊判断。麦克道尔似乎认为，既然当界定特殊的道德情感和滑稽情感，准实在论者不能使用评价语言或者滑稽语言，那么当他开始尝试获得使用适用于道德判断和滑稽判断的真理概念的权利，必定也不能援用对一种状况或情感的某种特殊的伦理主张或者滑稽主张。然而，这样的观点是基于一种误解。准实在论者接受上面所说的非循环限制，是因为他本质上从事的是一项解释工作，即对于声称由道德判断所表达的情感的本质，给出某种自然解释。可是当尝试获得使用伦理真理概念的权利，准实在论者从事的不再是这种解释工作：在这种语境里，准实在论者本质上是在从事一项证成（*justificatory*）工作。现在的任务是证成真理概念在伦理话语中的使用，并证成这种观点：有些伦理判断确实为真。从事这项工作时，准实在论者和麦克道尔本人一样，无需受到这样的限制：必须以一种中止所有伦理评判的立场为起点。这里的想法是，从某些伦理主张（它们随后可能会被拒斥）出发，构造出（*work out*）一种伦理

79

_____

[1] 在这方面，注意"准实在论"这一叫法开始显得不准确。艾伦·吉伯德曾建议（Gibbard，1996），至少在某些情形中，将布莱克本的观点称为"精致实在论"（sophisticated realism）更恰当。布莱克本（1998a，313）表达了接受这一名称的意愿，不过提醒说"重要的是……整个方案而非标签"。

真理的概念。由此，准实在论者无妨承认"不可能完成的任务"确实不可能完成，同时指出在他的道德理论的证成部分，他并未承诺要完成这种任务。布莱克本不允许特殊的伦理判断本身影响对伦理敏感性的排序，这一事实非常清楚地表明了这一点：

> 这些敏感性并非全都值得赞赏。其中有些是鲁钝的、麻木的，有些是极为可怕的，有些是守旧的和僵化的，还有些则是多变的和不可靠的。（1984，192）

当人们判断一种特定的敏感性"极为可怕"，或者它的多变意味着它应该受到指责，便由此依赖于特定的伦理主张。这在下述段落里体现得更加清楚：

> 随着时间变化或者面对类似情况，一种多变的敏感性显然包含某种随意的因素，我们理所当然不愿接受或认同这种敏感性。在某种意义上，这是一个涉及道德化的目标的问题，至少在一定程度上，道德化是社会性的。一种多变的敏感性将难以教导，而且由于他人能够分享和接受我的道德观对我而言是重要的，我将设法使这种敏感性变得一致。而在另外的意义上，这完全是基于正义的价值。如果我面对类似情况做出不同反应，我就有对某人做出不公正之事的危险，这种行为是最令人不齿的，而我们的一项共同价值便是，我们应该努力使自己免受这样的指责。（1981，180，楷体部分是后加的）

布莱克本不需要也没有试图基于一种伦理主张全都中止的初始立场，去获得使用道德真理概念的权利。所以他不必尝试完成"不可能完成的任务"。[1]

准实在论的解释方面与证成方面之间的这种区分，可以用

---

[1] 的确，如本章对弗雷格—吉奇问题的讨论表明，布莱克本的问题并非他在实施准实在论方案的过程中不能依赖伦理主张，而是对伦理主张的依赖可能远远超过了限度：回想一下，对布莱克本关于道德假言推理的解释的主要批评，即应该作为逻辑缺陷的东西被它当成了伦理缺陷。

于回应麦克道尔的第二个反驳，也可以用于拒斥伊恩·劳（Iain Law）很好地加以阐述的一个相关反驳（Law，1996）。[1] 这一反驳如下。布莱克本的理论的一个重要部分是，我们的道德敏感性本身可以成为赞成或反对的合适对象：我们由此得到了改善的概念，这对布莱克本定义态度如何为真来说，是一个不可或缺的环节。但布莱克本真的有权利主张敏感性可以改善或者退化，而不仅仅是改变（*change*）吗？对这个问题的回答，取决于我们据以对敏感性进行"排序"的那些标准的性质。如果在排序的过程中，我们可以诉诸道德标准，那么，我们也许能得到真正的改善或退化概念；然而劳认为，布莱克本这样的准实在论者在这方面不能选择这么做，因为激进准实在论方案的关键在于"得出这样的标准，即理想的道德态度集合 M*"（Law，1996，192）。但是，如果准实在论者不可以诉诸道德标准，他能诉诸什么呢？劳指出："对准实在论者来说，最显而易见的回答是：其他态度只要跟我的态度冲突，便是次等的态度。"（1996，190）这可以给我们提供一种改善的概念：一个给定的态度集合只要变得跟我当前的态度契合或者一致，就得到了改善。但在劳看来，这不能令人满意，因为它似乎取消了这种可能性：我自己当前的道德敏感性或者态度集合本身可以在未来得到改善。事实上，我自己当前的敏感性的任何改变都将是一种退化，所以改善的概念似乎不适用于我自己的道德敏感性。

不难发现，这个反驳也误解了准实在论方案以及它的实施所受的限制。劳写道："布莱克本没有任何说法表明他设想了某条道德标准，所有敏感性包括我们自己的敏感性都依据这条标准来衡量，以便看清它们是否需要改善。他怎么可能这么做呢？"（1996，192）至少从两方面来看，这个反驳是失败的。首先，布莱克本不需要一

---

[1] 劳的反驳在 Brink（1989，30）里有所暗示。亦参见 Sturgeon（1986b，140，注释 43），Kirchin（1997）。

条所有道德情感与敏感性都能据以排序的标准；对准实在论方案来说，对于每种（each）情感或敏感性，能找到某条（some）据以进行排序的标准就足够了。诚然，有了这些材料，布莱克本接下去试图建构道德真理的概念，从而提出某种总体（over-arching）标准；可这是建构道德真理这一过程的结果，而不是着手进行这个过程所必需做出的一个假定。其次，正如我们在前面看到的，准实在论方案完全不会妨碍布莱克本诉诸特定的伦理主张，以尝试批评道德情感和敏感性，并由此证成这种看法：道德判断可以为真。我在上面已经表明，这实际上正是布莱克本的做法。而这同样表明，这里对准实在论者的反驳失败了：布莱克本并不试图以中止所有道德判断为起点来建构一个适用于道德的真理概念。他可以使用某些特定的道德主张，同时承认它们的可错性（fallibility），并利用它们得到关于退化和改善的某些初步概念：敏感性只要跟用于推进建构道德真理的过程的那些态度相符或者冲突，便是改善或者退化的。没有任何起点以及任何改善或退化的概念是不容更改的，但这并不妨碍我们运用这些概念来建构道德真理。

4.10　准实在论与道德态度问题

在上一章的末尾，伦理情绪主义者似乎没能可信地回应我所说的"道德态度问题"：道德判断表达的是哪一种情感、情绪或者感受？现在，我要通过讨论准实在论者能否令人满意地回答这个问题来结束本章。由于准实在论者无意主张道德判断表达非认知态度而非信念，并转而想从某种态度方面的基础出发，获得使用道德信念的概念的权利，我们必须对准实在论面临的道德态度问题稍加改述。这个问题可以相应地表述为：对道德判断一开始所表达的那种态度进行刻画。

　　我将考察准实在论者对这一问题的三种可能回答，并论证它们都无法令人满意。

情感上行

布莱克本写道：

　　设想你对某人的行为感到愤怒。我也许会对你的愤怒感到愤怒，并通过说出"这不关你的事"这样的话来表达这种愤怒。这大概只是私人事务，它无论如何都不算一个道德问题。与此相对，设想我感受到了你的愤怒，或者对你的愤怒反应"感同身受"。事情可能到此为止，但我也可能感到强烈地倾向于鼓励他人同样产生这种愤怒。这时候，我显然认为这件事是公众所关注的，就像一个道德问题。（1998，9）

由此，通过主张道德判断一开始可以表达复杂的普通情感，准实在论者试图避免像情绪主义者对道德判断的分析（参见第 3.6 节）那样遭遇 OQA。[1] 跟前面一样，用 H!(x) 表示对 x 的非认知的赞成感受，用 B!(x) 表示对 x 的非认知的反对感受。于是，审美判断"《庄严弥撒曲》是美妙的"表达的是 H!(《庄严弥撒曲》)，而道德判断"杀人是错误的"表达这种复杂情感：B!(杀人) & H!(每个人都具有态度 B!(杀人))。换言之，当我判断"x 是道德上良善的"，我表达的是赞成 x 并且赞成其他所有人都赞成 x。然而，这是行不通的（而且即便行得通，它也没有向我们解释审美判断和味觉判断之间的区别），原因如下。$B!_M$(杀人)=df B!(杀人) & H!(每个人都具有态度 B!(杀人))，这里的下标"M"表示复杂态度旨在对道德态度进行定义，而"&"系用于连接不同的承诺。然而，当我判断，例如，"杀人是道德上错误的"，我表达了对杀人的

82

────────

[1] 我将略去"一开始可被假定为"不提，当语境清楚地显示这就是准实在论者的意图。

一种非认知情感，并赞成每个人都共有相同类型的非认知情感，比如，倘若其他人认为杀人只是审美上令人不快，这是不够的。可见，准实在论者真正需要的是 B!$_M$（杀人）=df B!（杀人）& H!（每个人都具有态度 B!$_M$（杀人））。而这个定义当然是糟糕的。它本身是循环的，而如果我们为了避免循环，试图重复相同的步骤，得到的是一种无限后退（infinite regress）：B!（杀人）& H!（每个人都具有态度：B!（杀人）& H!（每个人都具有态度：B!（杀人）& H!（每个人……）)），以此类推。对于声称由道德判断所表达的复杂情感，我们最终没有看到一种融贯的解释。

所以，布莱克本对道德态度的"情感上行"（emotional ascent）解释是行不通的。

稳固的情感

布莱克本写道：

> 倘若我们设想一个能动者关注的整个领域，不妨认为他或她的价值就是那些他或她关注如何将它们保持下去的关注。（1998a，67）

我们能利用这点来合理地解释道德判断所表达的非认知态度吗？这里的想法是，我们可以这样来定义道德态度：

H!$_M$（x）=df（H!（x）& H!（[H!（x）] 的稳固性））

然而这个定义也行不通。原因之一是，它受到第 3.6 节所重构的 OQA 的反驳。

（15）判断"琼斯判断 x 是道德上良善的（恶劣的）"和期望"其他条件不变，琼斯将倾向于要求我分享他对 x 的非认知情感"之间具有概念联系。

（16）适格、有反思能力的言说者相信他们能够想象头脑清楚（并且心理健康）的人判断"琼斯表达了 H!$_M$（x）这种

情感"，却不期望"其他条件不变，琼斯将倾向于要求
我分享他赞对 x 的非认知情感"。

这里所想象的人也许确实疑惑，琼斯所表达的赞成或反对是审美上
的，还是其他方面的。

（17）如果判断"琼斯表达了 H!$_M$（x）"和期望"其他条件
不变，琼斯将倾向于要求我分享他对 x 的非认知情感"
之间没有概念联系，我们就可以期待适格、有反思能力
的言说者具有（16）中所描述的信念。

所以，

（18）除非能更好地解释（16）中所描述的信念，我们就有理
由得出，判断"琼斯表达了 H!$_M$（x）"和期望"琼斯
要求我分享他对 x 的非认知情感"之间没有概念联系。

所以，

（19）除非能更好地解释（16）中所描述的信念，我们就有
理由得出，判断"琼斯判断 x 是良善的"不等同于判断
"琼斯表达了 H!$_M$（x）"。

所以，

（20）除非能更好地解释（16）中所描述的信念，我们就有理
由得出，判断"x 是良善的（恶劣的）"不能依据"表达
H!$_M$（x）"来分析。

此外，像上面的"情感上行"观点一样，这个定义还面临着循环问
题。即便我赞成 x 并且赞成我对 x 的审美赞成保持稳定，也可以满
足这一定义。我赞成保持稳定的是道德情感本身。所以这个定义必
须表述为：

H!$_M$（x）=df（H!（x）& H!（[H!$_M$（x）] 的稳固性））

显然，这又出现了循环。对于道德判断所表达的非认知情感，我们
同样没有得到一种融贯的解释。

高阶情感

准实在论者也许可以认为，道德态度表达的是二阶情感。[1] 换言之，即：

$$H!_M(x) = H!([H!(x)])$$

也就是说，判断"诚实是道德上良善的"可以视为等同于这种态度：赞成人们赞成诚实。迈克尔·史密斯对类似的建议提出了下述批评：

> 为什么将价值等同于二阶欲望？为什么不是三阶、四阶或者……？这对那些提出这种还原的人来说确实是个难题。因为这些等同关系似乎每种都同样可信。而如果是这样，那么所有这些等同关系都同样不可信。因为任何一种等同关系都需要在不同阶之间进行任意的选择。所以根本就没有实现可信的还原。（Smith，1994a，146）[2]

换句话说，这个反驳是指，在二阶赞成、三阶赞成（赞成某人对某人赞成……的赞成）、四阶赞成……n 阶赞成等之间，不存在一种非任意的选择方法；因此，不存在一个 m 阶，使得 m 阶赞成可以作为道德判断表达的态度。

不过，我认为这个反驳是失败的。就给定的不同阶而言，通过援用关于"我们能够考虑何种问题"的偶然事实，就可以得到在不同阶之间进行选择的非任意方法。我们可以合理地设想，适格的成年言说者能够明白这一问题：我赞成我对 x 的赞成吗？却无法明白这一问题：我赞成我赞成我对 x 的赞成吗？我们为什么不能以此作为一种非任意的选择方法，从而确定道德判断表达的是二阶而非某种更高阶的赞成？

---

[1] 我并不是将这种建议归于布莱克本本人，而只是考察它能否为准实在论者提供一种对道德态度的合理解释。

[2] 史密斯这里批评的是刘易斯的观点，可以参见 Lewis（1989）。

如果回答不了这个问题，史密斯对上述建议的反驳就是失败 85
的。但通过再次将 OQA 应用于对道德判断的非认知主义分析，我
们可以提出另一个反驳。准实在论者也许可以将价值判断等同于二
阶赞成，但这似乎不足以把握道德价值判断的特殊性。要看到这一
点，注意我们完全可以再次使用反驳"稳固情感"观点的 OQA：

（21）判断"琼斯判断 x 是道德上良善的（恶劣的）"和期望
　　　"其他条件不变，琼斯将倾向于要求我分享他对 x 的非
　　　认知情感"之间具有概念联系。

（22）适格、有反思能力的言说者相信，他们能够想象头脑清
　　　楚（并且心理健康）的人判断"琼斯表达了 H!（［H!
　　　（x）］）这种情感"，却不期望"其他条件不变，琼斯将
　　　倾向于要求我分享他赞成对 x 的非认知情感"。

这里所想象的人也许确实疑惑，琼斯所表达的赞成或反对是审美上
的，还是其他方面的。

（23）如果判断"琼斯表达了 H!（［H!（x）］）"和期望"其他
　　　条件不变，琼斯将倾向于要求我分享他对 x 的非认知情
　　　感"之间没有概念联系，我们就可以期待适格、有反思
　　　能力的言说者具有（22）中所描述的信念。

所以，

（24）除非能更好地解释（22）中所描述的信念，我们就有理
　　　由得出，判断"琼斯表达了 H!（［H!（x）］）"和期望
　　　"琼斯要求我分享他对 x 的非认知情感"之间没有概念
　　　联系。

所以，

（25）除非能更好地解释（22）中所描述的信念，我们就有
　　　理由得出，判断"琼斯判断 x 是良善的"不等同于判断
　　　"琼斯表达了 H!（［H!（x）］）"。

所以，

（26）除非能更好地解释（22）中所描述的信念，我们就有理由得出，判断"x是良善的"不能依据"表达 H!（[H!（x）]）"来分析。

可见，这里提出的对道德情感的解释同样不能令人信服。

无法妥善回应道德态度问题会给准实在论造成多大损害？在其早期著作中，布莱克本显然认为这是一个较为重要的问题。他在许多地方提到这是一个"吸引人的问题"，解决这个问题是"建立投射主义所要求的"（1984，189），并且是"伦理形而上学的主要遗留任务"（1993a，129）。在他近期的著作中，他对这一问题采取了一种更为紧缩的看法：

> 分析哲学家们要求定义，但这里我不认为寻求对道德态度的严格"定义"是有益的。实践生活呈现出各种样式，行进的阶梯上并不存在某个地方可以作为精确的点，我们在这个点之前处于伦理的范围外，在这个点之后则处于伦理的范围内。（1998a，13—14）

但这种观点是没有说服力的，要点不在于我们无法"严格"定义道德态度的概念，或者道德态度与非道德态度之间只有一种模糊意义上的界限，而在于我们没有关于道德态度概念的定义，道德态度与非道德态度之间甚至缺乏模糊意义上的界限。[1]

由此，如果我在本章的论证是正确的，那么准实在论者至少已

---

[1] 尽管问题也许不在于希望得到一个"严格"定义（布莱克本似乎暗示一个不那么"严格"的定义也可以），而只是希望得到一个"定义"。但这应该不会让人意外，回想一下，对麦克道尔"不纯反应"反驳的回应是，麦克道尔先天地预判心理学无法适当界定道德判断"投射"到世界的反应。但如果发现相关反应的本质，以这种方式依赖于后天的心理学判断，准实在论者就不应该做这件事：通过哲学分析，对特殊的伦理情感提供一种先天的界定。所以，本节考察的这些策略虽然明显是失败的，这未必会让准实在论者陷入困境。这方面的更多内容，参见本书第 10 章对麦克道尔"解缠"论证的讨论。关于一种后天非认知主义立场的更多讨论，参见 Miller（2010c）。

经着手回应困扰情绪主义的四个问题：即蕴涵错误问题、弗雷格—吉奇问题、心灵依赖问题与（通过建构道德真理进行回应的）分裂态度问题。但在解决道德态度问题之前，对那些寻求一种具有可信的道德心理学基础的元伦理学理论的人来说，准实在论立场无法完全令人满意。

4.11　进阶阅读

这里涉及的布莱克本的关键文本，包括：Blackburn（1984，特别是第 5—6 章；1993a，特别是第 1、3 以及 6—11 篇文章，以及 1998a，特别是第 1—4 章）。关于准实在论方案不是什么，Blackburn（1996）做了简短而有用的说明。Blackburn（1981 和 1993b）也值得参考。对准实在论出色的批判性讨论，参见 Wright（1985、1988b 和 1992，第 1 章）和 Hale（1986，1993a 和 1993b）。约翰·麦克道尔在伦理非认知主义方面的论著颇有难度，但非常值得研读。参见 McDowell（1998，特别是第 6—10 篇文章）。关于布莱克本摆脱弗雷格—吉奇问题的尝试，有用的评论参见 Brighouse（1990）、Zangwill（1992）和 Van Roojen（1996）。Kolbel（1997 和 2002，第 4 章）对此做了极为清晰的评论。对我所说的"道德态度问题"的相关讨论，参见 Smith（2001 和 2002）。Blackburn（1999）和 Kirchin（2000）是准实在论与相对主义的一次有价值的对话。其他有意思的对话，包括 Harcourt（2005）和 Ridge（2006b），以及 Egan（2007）和 Blackburn（2009）。Schroeder（2010）可以让读者很好地了解布莱克本对非认知主义传统的贡献，特别参见第 6 和 7 章。

这里没有讨论的一个有趣问题是，关于真理和适真性的最小主义（minimalism）如何影响准实在论方案。对这个问题的讨论，参

见 Smith（1994b，c）、Divers and Miller（1994，1995）、Jackson，
Oppy and Smith（1994）、Wright（1998）、Blackburn（1998b）以
及 Cowie（2009）。Miller（2012a）对此做了概述，并提供了更多
关于进阶阅读的建议。

吉伯德的规范表达主义

5.1 规范表达主义简介

本章考察的是当代美国哲学家艾伦·吉伯德提出的一种道德非认知主义，即规范表达主义（*Norm-Expressivism*）。回想一下，非认知主义是这样一种观点：道德判断不是表达信念，而是用于表达某种非认知的、无法诉诸真值来评价的心理状态。根据吉伯德的观点，道德判断表达能动者对规范（*norms*）的接受（*acceptance*）；在此意义上，吉伯德的理论属于非认知主义。我们可以初步地把规范理解为规则（rules），因此，吉伯德的观点是道德判断表达能动者对规则的接受。

吉伯德认为，道德问题是关于某些类型的情感是否理性（rationality）的问题。一种行为是道德上错误的，当且仅当这是理性的：实施行为的能动者对做出这种行为感到内疚（*guilty*），其他人对他做出这种行为感到愤怒（*angry*）或愤慨（*resentful*）。[1]设想琼斯从他老师的办公桌偷走了试题。根据吉伯德的分析，这种行

---

[1]我有意做了简化，以便更清楚地呈现吉伯德理论的总体形态。例如，在这里提出的分析中，吉伯德认为我们需要像"无偏倚的愤怒"这样的东西，因为愤怒和愤慨可能含有感受到它们的人受到伤害的意思，这种含义显然并非道德判断所必需：我可以判断一个人的行为是不道德的，即便这些行为没有对我个人造成任何伤害。参见 Gibbard（1990，126）。

为是道德上错误的，当且仅当这是理性的：琼斯对偷走试题感到内疚，我们其他人对他这么做感到愤怒。

初看起来，这似乎不太像一种对道德的非认知主义解释：我们刚才难道不是在给出一种行为具有道德错误性的必要条件和充分条件吗？而这些必要条件和充分条件难道不就是"这种行为是道德上错误的"这一主张的真值条件吗？这不符合非认知主义者的看法：将道德错误性归于某种行为的语句不具有真值条件。但实际上，这只是误导人的表面情况，吉伯德的理论的非认知主义方面包含在他对理性的分析当中：吉伯德首先是关于理性的非认知主义者。说"X 是理性的"并不是把一种属性归于 X，不是说出一个关于 X 的真值条件陈述，而是表达接受一个允许 X 的规范系统。由此，说"杀人是错误的"，就是说"杀人者对杀人感到内疚是理性的"，以及"我们其他人对他杀人感到愤怒是理性的"。而说"杀人者对杀人感到内疚是理性的"，就是表达接受一个允许杀人者对杀人感到内疚的规范系统；说"我们其他人对杀人者感到愤怒是理性的"，就是表达接受一个允许对杀人者感到愤怒的规范系统。[1] 关于道德的问题可以分析为关于理性的问题，而理性得到的是一种非认知主义分析，所以道德判断本身最终是非认知性的。

吉伯德对规范表达主义理论的阐发所运用的材料，来自心理学、社会学、人类学、心灵哲学和进化生物学，非常丰富，也非常复杂。我将要具体考察的只是他整个理论的一个方面，即他试图对弗雷格—吉奇问题给出一种非认知主义的解决方案。

---

[1] 这听起来似乎不对。如果我判断"杀人是错误的"，我似乎不仅仅表达我接受允许一个人对杀人感到内疚的规范，毋宁说，我表达的是我接受规定（*prescribe*）对杀人感到内疚的规范。吉伯德本人实际上也是这么做的，Gibbard（1990）第 46 页谈的是允许，到第 47 页则转而谈规定。

5.2　再论弗雷格—吉奇问题

要把握吉伯德的弗雷格—吉奇问题解决方案，一种较好的方式是，将它看作试图以一种原则上优于布莱克本 1984 年的准实在论解决方案的办法，来解决这一问题。因此，我首先将简单地回顾弗雷格—吉奇问题，然后指出对该问题的解决需要满足一个非常一般的限制条件，布莱克本 1984 年的解决方案在这方面显然是失败的，而吉伯德的规范表达主义分析明确旨在做到这一点。

我们这里对弗雷格—吉奇问题的表述跟前两章采取的说法略有不同。在某种意义上，非认知主义考虑的是用"……是错误的"（It is wrong that ...）这样的规范算子构成的那些句子的语义功能。例如，根据情绪主义，"琼斯偷钱是错误的"的语义功能是表达对琼斯偷钱的反对感受。在这个句子中，我们说规范算子"……是错误的"具有最宽辖域。从技术上看，这意味着规范算子所出现的最小语法单位是整个句子。不过在有些句子中，规范算子具有窄辖域："如果偷窃是错误的，那么让弟弟偷窃是错误的"便是一例。规范算子"……是错误的"在这个句子中不具有最宽辖域，因为它所出现的最小语法单位小于整个句子，即"偷窃是错误的"。在"如果偷窃是错误的，那么让弟弟偷窃是错误的"中，具有最宽辖域的是逻辑算子"如果……那么……"：它所出现的最小语法单位是整个句子。由此，非认知主义面临的弗雷格—吉奇问题可以表述如下。我们也许可以认为，规范性的道德算子具有最宽辖域的那些句子具有一种表达性的语义功能。但认为仅有窄辖域的道德算子所出现的句子也具有相同的语义功能，则是非常不可信的。在"如果堕胎是错误的，那么不应该进行堕胎"或者"汉克相信堕胎是错误的"中，整个句子的意义似乎不是对堕胎的态度的一个函项。这表明，依据它们在所出现的句子中具有宽辖域还是窄辖域，"……是错误的"或者"……是正确的"之类的道德算子具有系统的歧义。

如果在直觉上没有歧义的情况下，非认知主义者要避免假定歧义的存在，他必须回应这种非难：他必须表明，当道德算子在它们具有宽辖域和窄辖域的陈述中出现，如何能具有相同的意义。换言之，非认知主义者必须给道德算子的意义一种统一的解释。[1]

简单回想布莱克本1984年对这个问题的回应思路。我们之所以必须避免假定上面所说的歧义，是因为如果我们不这么做，某些直觉上有效的推理就将变成无效，例如，这个道德假言推理：

（1）撒谎是错误的。

（2）如果撒谎是错误的，那么让弟弟撒谎是错误的。

所以，

（3）让弟弟撒谎是错误的。

句子"撒谎是错误的"第一次和第二次出现时将具有不同的语义功能（更不用说具有不同的意义），因此，这个推理会犯偷换概念的谬误。布莱克本1984年的回应是，对于当我们说出"如果撒谎是错误的，那么让弟弟撒谎是错误的"时是在做什么，可以给出一种表达主义解释，即我们是在表达对这种道德敏感性的反对：反对撒谎的同时没有反对让弟弟撒谎。而这确保了道德假言推理的有效性：在上面的例子中，接受前提却不接受结论的人具有一种他本人反对的态度组合，所以在此意义上他是不一致的。

抛开这是否足以把握道德假言推理有效性的问题，转而追问：布莱克本如何解释普通（即非道德）假言推理的有效性？例如：

（4）外面下雨了。

（5）如果外面下雨了，那么街道是湿的。

所以，

（6）街道是湿的。

这里，布莱克本给出的想必只是标准的解释，即根据前提为真而结

---

[1] 我对弗雷格—吉奇问题的这种阐述方式，受惠于 Wedgwood（1997）。

论为假的不可能性。他可以这么做，因为他的任务并不包括否认关于"外面下雨了"之类的句子的认知主义，他可以直接认为，说出这个句子是表达可以诉诸真值进行评价的信念"外面下雨了"。

　　注意布莱克本在这里做了什么。对于道德假言推理的有效性指什么，他给出了一种解释；而对于非道德假言推理的有效性指什么，他给出了另一种解释。这种做法源自这一事实：依据嵌入（embedded）"如果……那么……"的句子是否包含道德或规范算子，他赋予"如果……那么……"不同的语义功能。如果确实包含道德算子，我们就给条件句一种表达主义解释，即表达高阶情感；如果不包含道德算子，我们便只需给出标准解释（诸如真值函项解释之类）。布莱克本的解释似乎蕴涵着，依据嵌入"如果……那么……"的句子是否包含道德算子，"如果……那么……"具有系统的歧义。

　　这一点为什么重要？相比道德词项具有最宽辖域的句子所具有的歧义，假定存在上述歧义也许不会导致相同的问题：并无明显有效的推理变成无效，因为（我们假定）我们确实能够解释道德假言推理的有效性指什么。这里的反驳是，依据嵌入"如果……那么……"的句子是否包含规范算子，假定"如果……那么……"具有一种歧义，这样的假定是特设的。假定这种歧义的唯一理由，似乎就是让准实在论免于某个反驳。然而，如果你要假定存在一种直觉上并不存在的歧义，最好有某种独立的理由支持你这么做。注意，即便布莱克本解决问题的方案在细节上无懈可击，仍然会面临这一反驳。为了免受"假定特设的歧义"的指责，非认知主义者必须给逻辑算子一种统一的解释，并相应地给包含这些逻辑算子的推理的有效性一种统一的解释。[1]

---

[1] 注意，布莱克本的承诺论进路（本书第 4.5 节）也旨在做到这一点：无论嵌入条件式的句子是否包含道德词汇，对条件式给出的"自缚于树"语义学是一样的。

这便是吉伯德着手要做的事情：他试图避免假定特设的歧义，并试图给逻辑算子和包含逻辑算子的推理形式一种统一的解释，在此意义上，他的弗雷格—吉奇问题解决方案优于布莱克本的解决方案。吉伯德的策略是，给予逻辑算子的意义以及包含它们的推理形式的意义一种非常一般化的解释。对非道德假言推理的真值函项解释可以视为这种一般解释的一种特殊情形，当嵌入算子"如果……那么……"的句子不包含道德算子，便会出现这种特殊情形；而道德假言推理的例子也可以视为这种更一般解释的一种特殊情形，当嵌入算子"如果……那么……"的句子包含道德算子，便会出现这种特殊情形。关键在于，根据吉伯德的解释，每种情形中（对"如果……那么……"以及假言推理有效性）的解释都是一种共同的一般模式的例证，所以不会蕴涵系统的歧义。

5.3 吉伯德的弗雷格—吉奇问题解决方案

由此，吉伯德的方案便是统一地解释逻辑算子的意义，进而统一地解释由包含这些算子的句子所构成的那些推理的有效性。他想要给出一种一般解释，对不包含道德词汇那些推理的有效性的标准解释，是它所蕴涵的一种特殊情形；而对道德假言推理这样包含道德词汇的那些推理的有效性的解释，也是它所蕴涵的一种特殊情形。为了得出吉伯德的一般解释，我将考察对推理有效性的标准解释，这类推理包含的句子全都直接适用认知主义解释。

根据标准解释，当一个论证的结论由它的前提推出，这个论证就是有效的。而当前提为真并且结论为假是不可能的，结论就是由前提推出的。因此，如下形式的推理有效：

（7）P → Q

（8）P

所以，

（9）Q

因为 P → Q 和 P 都为真而 Q 却为假是不可能的。如下形式的推理则无效：

（10）Q → P

（11）P

所以，

93

（12）Q

因为两个前提为真而结论为假是可能的（例如，Q 为假并且 P 为真）。

前面我们已经知道（参见第 4.2 节），解释可能性与不可能性概念的一种方式是诉诸可能世界的概念。当存在某个可能世界，即某些逻辑上一致的事态，使得陈述 P 为真，我们就说 P 是可能的；类似地，当不存在任何可能世界使得 P 为真，我们就说 P 是不可能的；而当 P 在所有可能世界中为真，我们就说 P 是必然真理。由此，我们可以这样说明对有效性的标准解释：一个推理是有效的，当不存在任何可能世界，使得它的全部前提为真而结论为假。

吉伯德试图给出对有效性的一种更一般化的解释，以适用于包括道德推理和非道德推理在内的所有类型的推理，而上述解释只是它的一种特殊情形。为此，他提出了事实—规范（*factual-normative*）世界的概念，这种世界可以用符号表示为 ⟨w, n⟩，它在更一般的解释中所起的作用，就像可能世界在标准解释中所起的作用。什么是事实—规范世界？吉伯德做了如下解释：

　　想象一位女神赫拉，在规范方面与事实方面，她都具有完全融贯和完全明确的看法。她不会遭受事实方面的不确定，她认为世界以一种完全确定的方式存在。她同样没有任何规范方面的不确定，她接受一个完备的一般规范系统。她的事实信念与规范信念都是一致的，并且只要是由她接受的东西所推出的东西，无论是描述性的还是规范性的，她都全部接受。w 和 n 共同构成一种完全明断的信念—规范状态，即一个事实—规范世界〈w，n〉。(1990，95)

吉伯德所说"赫拉认为世界以一种完全确定的方式存在"，正是有效性的标准解释中所使用的可能世界概念。吉伯德对事实—规范世界的解释中涉及的另一个概念则是规范系统的概念：

> 一个人对某个特定问题做出的所有规范性判断，往往取决于他接受的数条规范，而且他接受的这些规范可能支持相互对立的意见……由此，我们的规范性判断并非只依赖一条规范，而是依赖我们接受的众多具有某种程度效力的规范，以及我们认为其中某些规范比其他规范更有分量，或者更为重要的各种方式。(1990，86—87)

我们的规范性判断是诸多不同规范之间进行复杂的交互作用的结果。由此，尽管我接受一条规范说"应该允许人们自由地追求任何给他们带来快乐的东西"，我仍然会判断"在封闭的公共场所吸烟是恶劣的"，因为我接受另一条规范说"不应该允许人们对他人的健康造成不必要的危害"，而且我认为后面的规范比前面的规范更有分量。下面这段引文对规范系统的关键点做了说明：

> 对于一个规范系统，重要的是在各种可以设想的情况下，它要求什么以及允许什么。我们可以通过一系列基本谓词"N—禁止"、"N—可选"和"N—要求"，来对任意规范系统 N 进行刻画。这里"N—禁止"的意思就是"被规范系统 N 所禁止"，余皆类推。其他谓词可以基于这些基本谓词来构造；特别地，"N—允许"的意思是"或者 N—可选或者 N—要求"。(1990，87)

由此，如果我们以十诫作为 N，那么觊觎邻人之妻是 N—禁止的，讲真话是 N—要求的，打板球是 N—可选的，等等。我们将看到，对吉伯德的目标来说重要的是，这些谓词本身是真正描述性的：不同于道德谓词，这些谓词确实代表真正的属性，而将它们归于事物的语句是可以诉诸真值进行评价的：

> 这些谓词是描述性的而非规范性的，比如说，一个事物是否是 N—允许的，这将是一个事实问题。它可能是 N—允许的，但不是理性的，因为系统 N 可能完全不推荐它。在事实方面意见一致的人，对"什么是 N—允许的"以及"什么不是 N—允许的"也将意见一致，即便他们在规范方面存在分歧，例如，一个人接受 N 而另一个人不接受 N。（1990，87）

由此，由十诫构成的规范系统是否禁止通奸、允许抽烟，等等，都是纯粹的事实问题。

在考察吉伯德如何运作这种理论机制之前，我们还需要增加一个细节：在关于事实—规范世界的解释中起重要作用的规范系统应该是完备的（complete）。吉伯德这样界定完备性：

> 我们称一个系统是完备的，当 N—禁止、N—可选和 N—要求这三者穷尽了所有可能性，即如果在每种现实的或者假想的场合，每种选择或者是 N—禁止的，或者是 N—可选的，或者是 N—要求的。（1990，88）

明确这一点之后，我们可以回到事实—规范世界〈w，n〉的概念。吉伯德写道：

> 对于每种场合，w 和 n 都共同蕴涵一个规范性判断。例 95 如，它们蕴涵着对安东尼来说开战是否理性。赫拉完全清楚安东尼的个人处境，也完全确定应用什么规范以及规范之间如何权衡。她将她接受的规范应用于她所认为的安东尼的个人处境，并得出三个明确结论中的一个：即对安东尼来说，开战是理性地要求的、是理性地可选的，抑或不理性的。（1990，95）

吉伯德接着定义了这个概念：一个特定的规范性判断在一个

事实—规范世界〈w，n〉中成立（*holding*）。让我们以判断"x是理性的"为例。规范性谓词"理性"对应着一个纯粹的描述性谓词，即"N—允许"或者"被规范系统N所允许"。按照吉伯德的说法，这是与规范性谓词 *N*—对应（*N-corresponds*）的谓词。说规范性判断"x是理性的"在事实—规范世界〈w，n〉中成立，就是说纯粹的描述性判断"x是N—允许的"在可能世界w中为真。一般地，规范性判断S在事实—规范世界〈w，n〉中成立，当且仅当将S的所有规范性谓词替换为与它们N—对应的描述性谓词，所得到的判断S*在可能世界w中为真。

现在，吉伯德就能定义一个一般的有效性概念，即便是由包含规范性词汇或道德词汇的句子所构成的推理，也适用这一概念：一个推理是有效的，当且仅当在它的前提成立的所有事实—规范世界，它的结论也成立。

让我们仍然考虑前面使用的例子：

（1）撒谎是错误的。

（2）如果撒谎是错误的，那么让弟弟撒谎是错误的。

所以，

（3）让弟弟撒谎是错误的。

我们知道，对吉伯德来说这等同于：

（1a）对撒谎行为感到愤怒是理性的。

（2a）如果对撒谎行为感到愤怒是理性的，那么对任何让你弟弟撒谎的人感到愤怒是理性的。

所以，

（3a）对任何让你弟弟撒谎的人感到愤怒是理性的。

根据吉伯德的解释，这个推理的有效性是指什么呢？它是指这一事实：不存在任何事实—规范世界〈w，n〉，使得这些前提成立而结论不成立。要明白这一点，考虑推理：

（1b）对撒谎者感到愤怒是N—允许的。

（2b）如果对撒谎者感到愤怒是 N—允许的，那么对任何让你
　　　弟弟撒谎的人感到愤怒是 N—允许的。

所以，

（3b）对任何让你弟弟撒谎的人感到愤怒是 N—允许的。

不存在任何可能世界，使得这个推理的前提为真而结论为假。因此，从（1b）和（2b）到（3b）的推理是有效的。因此，从（1a）和（2a）到（3a）的推理是有效的。因此，最终从（1）和（2）到（3）的道德假言推理是有效的。

关键是注意到，由不包含道德或规范性词汇的句子所构成的普通假言推理的有效性，可以作为上述结构的一种特殊情形得到解释。再次考虑：

（4）下雨了。

（5）如果下雨了，那么街道是湿的。

所以，

（6）街道是湿的。

由于"下雨了"不包含规范性谓词，这个判断在事实—规范世界 $\langle w, n \rangle$ 中成立的概念，就可以还原为它在可能世界 w 中为真的概念。所以在这种情况下，吉伯德的理论得出的结果是：这个推理有效，因为不存在任何可能世界，使得（4）和（5）都为真而（6）为假。由此，当应用于上面这样的普通推理，吉伯德给有效性的一般解释得出的结果是：一个推理有效，当且仅当不存在任何可能世界 w，使得这个推理的所有前提为真而结论为假。于是，有效性的标准解释就属于吉伯德的解释的一种特殊情形。那么不像布莱克本，吉伯德可以主张，无论是道德的例子还是非道德的例子，他能统一地解释假言推理的有效性是指什么。所以，他可以逃脱这种指责：假定逻辑算子具有特设的歧义。

5.4 评论与反驳

a. 布莱克本的反驳

布莱克本注意到，任何非认知主义道德理论都要受到一种限制：

> 对弗雷格—吉奇问题的解决必须解释［道德话语的］命题性表面形式，并赋予这种表面形式一种正当性。但这么做的时候，绝不能援用评价性话语的那些超出表达主义起点之外的属性。这种限制颇为微妙。例如，倘若我们直接援用评价性判断可以被否定的事实，就没有满足这种限制：否定本身需要一种理论来解释，它本身是命题性表面形式的一部分，属于弗雷格鸿沟的错误一边。倘若我们允许自己援用一致性与不一致性的概念，就没有满足这种限制，因为这些概念也属于错误的一边。如果可以的话，所有这些概念都必须建立在更初始（primitive）的基础上。（1992a，948）

布莱克本认为，吉伯德的规范表达主义违反了这种限制。他的第一个担心涉及吉伯德的规范系统概念。如布莱克本所说："有些规范被描述成比其他规范更有分量或者更为重要，而不同的规范系统被描述成具有分歧"（1992a，948），而且当吉伯德提出他的弗雷格—吉奇问题解决方案，在界定"完全明断的信念—规范状态"时使用了规范性信念之间的不一致概念（Gibbard，1990，95；参见前面的引文）。布莱克本担心，在这点上，对于分歧概念或者不一致性的概念，吉伯德没有付出任何努力去获得使用的权利，便将它们应用于规范系统之间的关系。布莱克本的第二个担心类似于黑尔和赖特对他自己的准实在论所提出的反驳（参见前面第 4.4 节），即用于维系道德假言推理有效性的不一致性概念，并不足以判定接受推理前提却否认结论的人具有某种逻辑缺陷。我们至多只能判定这样的人具有一种道德缺陷。考虑一个由包含道德词汇的句子所构成的推理：

（13）或者弗雷迪行为恶劣或者简行为恶劣。

（14）弗雷迪没有行为恶劣。

所以，

（15）简行为恶劣。

如果有人接受这些前提，却乐意包容简的行为，那么吉伯德如何看待这样的人？布莱克本写道：

> 倘若某人拒不认为错误的组合由逻辑所排除，我们该如何看待这样的人？如果我们接受（p ∨ q）并且排除了 p，我们自然必须接受 q。但这已经是通过命题来描述我们的心理状态了。如果我们采取更具表达性的描述，即我表达接受一个允许弗雷迪的行为的系统，并准备反对允许两人的行为的各种系统组合，那么我对简的包容为什么显示了一种逻辑缺陷，就没有那么显而易见了。这也许更像是一种多变或者不明智的缺陷。这里的困境似乎是：如果对心理状态的描述采用的是它们自身的功能性词项，我们关于它们的组合为什么错误就无法获得一种逻辑观念；而如果通过命题来描述它们，我们就已经取用了来自弗雷格鸿沟另一边的材料。（1992a，950）

由此，布莱克本的质疑是，对于普通假言推理和道德假言推理的有效性指什么，吉伯德是否真的已经给出了一种统一的解释。[1]

b. 歧义与逻辑算子

我在第 5.2 节概述的一个论证，可以给吉伯德尝试解决弗雷格—吉奇问题提供动机，这个论证是说，布莱克本 1984 年对弗雷格—吉奇问题给出的准实在论解决方案即便可行，也必须付出这样

---

[1] 这种质疑能否应用于布莱克本自己对弗雷格—吉奇问题的承诺论回应（参见第 4.5 节）？

的代价：假定条件连接词这样的逻辑算子出现在不同句子时具有一种特设的歧义。但人们也许怀疑，布莱克本的弗雷格—吉奇问题解决方案是否真的蕴涵这一点：依据嵌入"如果……那么……"的句子是否包含道德词汇，"如果……那么……"具有系统的歧义。关键是要清楚，指责布莱克本的解释即便在其他方面取得成功，[1]也会导致假定"如果……那么……"出现在不同句子时具有特设的歧义，并不等同于担心一个道德假言推理的各个前提之间会出现偷换概念，这种担心本质上便是弗雷格—吉奇问题。为了回应后面这种担心，布莱克本提出了对间接语境的一种解释，这种解释尤其旨在把握道德假言推理的有效性。显然，当提出这种解释，布莱克本不能假定他的弗雷格—吉奇问题解决方案在其他方面是成功的，因为这种解释正试图解决这个问题。不过，由于前面那种指责关注的是，一种其他方面取得成功的弗雷格—吉奇问题解决方案假定了什么，布莱克本在回应这种指责时，便有权假定对间接语境的这种解释在其他方面是成功的。准确地说，问题应该是，如果那种解释在其他方面是成功的，它是否假定了一种特设的歧义。布莱克本可以承认，如果一种被认为在其他方面取得成功的间接语境解释假定了这种歧义，那么这种歧义是特设的，但可以否认一种在其他方面取得成功的间接语境解释假定了这样一种歧义。布莱克本如何能否认这一点？假设布莱克本对间接语境的解释在其他方面是成功的。既然这里的反驳关注从这样的假设可以得出什么，布莱克本在回应这种指责时自己做出这样的假设便是完全正当的。只要准实在论对诸如第 4 章讨论的各种反驳的回应是可信的，布莱克本就可以接着主张，自己已经基于态度性建构出这些权利：使用伦理学中的真理概念，并认为伦理判断具有真值条件。而有了这些东西，布莱克本就

99

[1] 换言之，不受到诸如它将一种逻辑错误判定为只是一种道德缺陷等那些反驳。即便布莱克本能够避免这种种担心，我们这里所考虑的反驳仍然有效。

足以回答这种进一步的指责，即他的解释假定逻辑算子出现在不同句子时具有歧义。他可以论证说，由于假定他对间接语境的解释在其他方面是成功的，逻辑算子的意义在道德例子和非道德例子之间保持不变：因为这种在其他方面取得成功的间接语境解释能够得出道德陈述的真值条件，我们就可以认为，例如，无论嵌入条件算子的成分是否包含道德词汇，它的意义是相同的。布莱克本并未依据条件算子连接的成分是否包含道德词汇，而赋予出现在不同句子的条件算子不同的语义功能；相反，他是在每一种情形中，对相同的语义功能给出了不同的解释。[1]我们可以用不同的材料与方法制造两把锤子，但这并不一定意味着它们具有不同的功能性角色。

如果这是对的，那么对于间接语境，像吉伯德这样寻求一种比布莱克本 1984 年的解释更优越的解释，动机至少有所削弱。而前面指出，布莱克本认为吉伯德对间接语境的解释，本质上同样面临黑尔和赖特对他自己 1984 年的解释所提出的反驳，如果这种观点正确，那么前述动机将进一步削弱。

c. 心灵依赖

吉伯德的规范表达主义会导致道德以某种可疑的方式依赖于心灵吗？吉伯德对这个问题的回答，本质上与布莱克本的回答相同（参见 Gibbard，1992，164—166）。以判断"恃强凌弱是错误的"为例。我表达自己接受一种禁止恃强凌弱的规范。但如果我认为可以恃强凌弱，就真的可以这么做吗？吉伯德的回答是否定的：规范表达主义者把握道德独立于心灵的依据是，我们接受一种高阶规范，禁止一阶规范随着思想、品味和倾向的改变而改变。拒斥这种

---

[1] 当然，布莱克本不可能在不乞题的情况下运用类似的论证去回应原始的弗雷格—吉奇问题，因为这一语境中使用的假设恰恰是，他关于间接语境的解释对该问题构成了一种其他方面成功的回应。

高阶规范的人会犯一种道德过错。可见，吉伯德对心灵依赖问题的回应跟布莱克本的回应一样可信或者不可信（参见第 4.7 节）。

d. 吉伯德与道德态度问题

100

　　情绪主义者面临如下问题：道德判断表达的是什么样的非认知感受或情感？布莱克本这样的准实在论者面临类似的问题：道德判断一开始表达的什么样的非认知态度？吉伯德则以相对较为间接的方式面临这个问题，即道德态度问题（参见 1990，第 7 章）。根据吉伯德的观点，判断"杀人是错误的"表达的是接受这样一个规范系统：要求人们对自己的杀人行为感到内疚，或者对他人的杀人行为感到愤怒。因此，内疚和愤怒在这种意义上是特殊的道德情感：一个给定的规范系统正是凭借对它们的支配，才算是一个道德规范系统；而一个判断表达对这些规范的接受，才算是一个道德判断。现在吉伯德必须回应这样的挑战：对内疚和愤怒进行解释，但不能解释为"道德判断表达接受的那种规范所支配的那些感受"。

　　这一点可以做到吗？如果做不到，为什么对吉伯德来说会是一个问题？如果做不到，我们就无法非琐碎（non-trivial）地回答这个问题：道德判断表达接受的规范所支配的那些特殊的道德情感是什么？我们实际上只有一个琐碎的回答："道德判断表达接受的规范所支配的那些情感，不管它们是什么。"这根本算不上回答。

　　吉伯德对上述担心的回应是慎重的。在他 1990 年那本著作的第 7 章，对情感的判断论（*judgemental theories of emotion*）提出了一些批评。根据这类理论，像愤怒这样的情感是依据道德判断进行解释的，而非相反；所以如果它们是可信的，吉伯德依据情感来解释道德判断的策略就失败了。但吉伯德论证，判断论完全不可信：诸多批评中的一个是"至少在任何提供信息的意义上，这种说法是不正确的：愤怒要求做出一个关于错误性的判断。我可以对你

感到愤怒，却又认为这么做毫无意义；我可以认为你实际上做了你
应该做的事"（1990，130）。然后，吉伯德论证，与判断论对立的
两种关于情感本质的理论，即适应性典型表现论（*adaptive syndrome
theories*）（1990，131—142）与归因论（*attributional theories*）（1990，
141—150），都符合规范表达主义的主要原则。[1]

e. 规范表达主义与规范的规范性

　　根据吉伯德的观点，诸如"N—允许"、"N—要求"之类的谓
词是纯粹描述性（换言之，非规范性）的谓词。一种给定的行为
是否是 N—允许的、N—可选的或者 N—要求的，这是一个事实问
题。现在，像"N—允许"这样的谓词涉及规范系统与遵守或不遵
守它们的各种行为之间的关系。换句话说，这些谓词涉及规则与遵
守或不遵守它们的各种行为之间的关系。然而许多哲学家认为，这
本身是一个规范问题。规则并不告诉我们如何行动，而是告诉我
们应该如何行动（对这种观点的更多讨论，参见 Kripke，1982 以
及 Miller and Wright，2002 中的论文）。现在，正是道德的规范性
使吉伯德倾向于对道德判断采取一种非认知主义解释（1990，第 1
章）。因此，鉴于规则或规范本身是规范性的，便出现了一个问题：
吉伯德如何能避免对规则遵循（rule-following）给出一种表达主义
解释，从而将"N—允许"之类的谓词视为规范性的而非纯粹描述
性的。对这个问题的探讨超出了本章的范围，但我们至少可以提出
若干有待规范表达主义者回答的相关问题：

　　（1）吉伯德能一致地将"N—允许"之类的谓词视为纯粹描述
　　　　性的吗？[2]

101

[1] 亦参见 Blackburn（1998a，14—21）。
[2] 关于意义是否真正具有规范性，在语言哲学中实际上有着激烈争论。参见
　　Whiting（2007），Hattiangadi（2007），另外，Miller（2010a）对此也有所讨论。

（2）如果对（1）的回答是否定的，他能一致地避免接受一种
　　　对规则遵循的表达主义解释吗？

（3）关于规则遵循的表达主义可信吗？

（4）关于规则遵循的表达主义能以一种维护其弗雷格—吉奇
　　　问题解决方案的方式纳入吉伯德的理论吗？[1]

f. 承诺与计划

在他 2003 年的著作《思考如何生活》(*Thinking How To Live*) 的
第 3 章中，吉伯德表达了这样的看法，上面所概述的他 1990 年的
弗雷格—吉奇问题解决方案是 "一个出色的解决方案"(Gibbard,
2003，42)，虽然他承认这个方案看起来 "不自然并且令人生畏"。

吉伯德 2003 年的著作对弗雷格—吉奇问题的讨论关注下面这
样的例子：

（16）或者收拾行李是现在要做的事，或者现在去赶火车已经
　　　太晚了；

（17）即便现在去赶火车也不算太晚；所以，

（18）收拾行李是现在要做的事。

其中，结论（18）[也是（16）的第一个析取支] 表达了一个决定
(decision)。已知它表达一个决定，我们面临着熟悉的问题：

我们……如何解释析取式（16）？并非任何解释都可行：
一个令人满意的解释必须说明福尔摩斯的推理那种明显的有效
性。它必须解释，这种有效性看起来为什么类似于普通的事实

102

---

[1] 吉伯德实际上赞成一种直接的认知主义表征理论。参见 Gibbard（1990，35，
108—110）。一个很好的问题是，吉伯德能否强有力地回应 Kripke（1982）提出
的关于意义的 "怀疑论悖论"。Gibbard（2012）进一步阐述了关于意义的观点。
至于 Gibbard（2012）如何回答这里的问题（1）—（4），我留待读者自己去发
现。Miller（2010b）论证了关于意义的非事实主义是自败的。

　　推理的有效性。（2003，42）

吉伯德依据计划（plans）和对计划的承诺来看待规范性判断；而且，"我们不妨试着说，一种心理状态的推理意义涉及人们达到那种心理状态时所负担的承诺"（2003，45）。那么，当福尔摩斯接受（16），他承诺了什么计划呢？这又如何有助于解释从（16）和（17）到（18）这个推理的有效性？吉伯德写道：

　　　　如果福尔摩斯接受（16），他就排除了如下情况：既（i）否认去赶火车已经太晚，又（ii）拒绝决定收拾行李。通过（17），他否认去赶火车已经太晚。由此，他排除了拒绝决定收拾行李。（2003，45）

前述推理是有效的，因为"对我来说接受前提并拒斥结论是不一致的：我就会做我已经拒绝去做的事情"（ibid.），而且吉伯德认为，这种解释同样适用于只包含描述性主张的例子。考虑：

（19）或者我在阿德莱德，或者我在达尼丁；

（20）我不在达尼丁；所以，

（21）我在阿德莱德。

当接受（19），我排除了如下情况：既（i）拒绝相信我在阿德莱德，又（ii）拒绝相信我在达尼丁。所以，如果我接受前提并且否认结论，我就会产生一个我自己已经承诺不会产生的信念集合。

　　不过，在从（19）和（20）到（21）的推理的例子，我们可以说，接受前提而否认结论将直接包含一个不一致的信念集合，所以，尽管接受前提而否认结论会使我产生一个我计划不会产生的信念集合，这并不是我遭遇的根本缺陷。此外，在从（16）和（17）到（18）的推理的例子，吉伯德提供的解释似乎面临前面 a. 小节提到的布莱克本那种担心。根据这种解释，对于从（16）和（17）到（18）这个逻辑上有效的推理，接受前提却否认结论的人做了某种他计划不去做的事情。但是，如布莱克本所提出的，我们可能怀疑这是否可以足够有力地把握逻辑错误的概念：它似乎更像是多变或不明智的缺陷。[1]

5.5 进阶阅读

本章的核心文本是 Gibbard（1990，尤其是第 1、3、5、7 和 8 章，当然最好是阅读全书）。对吉伯德的规范表达主义的出色讨论，参见 Blackburn（1992a）、Carson（1992）、Hill（1992）和 Railton（1992）。吉伯德在 1992 年的论文中回应了这些批评。吉伯德和批评者的另一次有价值的对话，参见 Sinnott-Armstrong（1993）和 Gibbard（1993）。Blackburn（1992b）、Horwich（1993）、Sturgeon（1995）、Wedgwood（1997）和 Yang（2009）也有助益。Horwich（1993）应该与上一章最后提到的最小主义文献结合起来读。

Gibbard（2003）进一步发展了他 1990 年的理论。特别地，规范接受的概念发展成了计划和对计划的承诺的概念（前面出现的其他概念也得到了相应的发展，例如，"事实—规范世界"变成了"事实—计划世界"）。Schroeder（2010，第 7 章）对吉伯德的观点做了有价值的一般讨论。

---

[1] 公允地说，吉伯德对这一问题有很多论述，但我们这里无法考虑。因此，本节乃至本章的意图都只是让读者开始研究吉伯德丰富而艰深的著作。

第6章

麦凯的"错误论"、古怪性论证与道德虚构主义

6.1 引言

　　前面三章我考察了关于道德判断的非认知主义理论。非认知主义可以看作结合了如下两个主张：（a）关于道德话语语义学的主张，即道德语句不是适真的；（b）关于道德判断表达何种心理状态的主张，即道德判断表达的不是信念，而是某种非认知的情感或倾向。[1]接下来我要考察对道德的认知主义解释，这些理论主张道德判断适合依据真假来评价，并且道德判断确实表达像信念这样的表征性心理状态。我要考虑的第一种认知主义理论是约翰·麦凯（John Mackie）的道德错误论，我也将对理查德·乔伊斯（Richard Joyce）的"变革型虚构主义"（revolutionary fictionalism）进行讨论，并在一个附录里简要地讨论马克·卡尔德隆（Mark Kalderon）的非错误论式的"诠释型虚构主义"（hermeneutic fictionalism）。

---

[1] 为了涵盖布莱克本的准实在论，对非认知主义的这种界定当然需要进行某种修改，也许类似于这样：（i）道德语句不能一开始就假定为适真；并且（ii）道德判断不能一开始就假定为表达信念。参见前一章，以及 Blackburn（1996）。当我把布莱克本的立场称为非认知主义，内心想到的是类似这种更复杂的表述。对（a）和（b）如何可能分离的讨论，参见本章第 6.7 节。

6.2 错误论、认知主义和对道德实在论的拒斥

关于一个特定领域的话语的错误论主张，这种话语的肯定原子语句系统地并且统一地为假。由此，关于道德话语的错误论主张，将道德属性归于行为、对象和事件的语句系统地并且统一地为假。[1]这显然严重背离常识，通常我们会说，这些句子中有些为假，其他的则为真。根据错误论，这是一种误解。如何通过论证支持这种极端的观点？要明白麦凯支持错误论的论证，最好将他的论证看成是一个概念主张和一个本体论主张的结合（Smith，1994a，63—66；Joyce，2001，42）。其概念主张是，我们的道德事实概念是关于一种客观规定（*objectively prescriptive*）的事实的概念，或者等价地说，我们的道德属性概念是关于一种客观规定的属性的概念（我将在下一节解释这个概念）。其本体论主张很简单，即不存在客观规定的事实或属性。其结论是，世界上没有任何东西对应我们的道德概念，没有任何事实或属性使得道德判断为真。我们的道德判断全部为假。由此，我们可以像下面这样来理解错误论：

概念/语义/心理学主张：道德语句具有真值条件，这些真值条件的实现要求存在客观且绝对规定的事实；道德判断表达信念，这些信念的真要求存在客观且绝对规定的事实。

本体论主张：不存在客观且绝对规定的事实。

所以，错误论是一种道德*认知主义*观点，但（依据其本体论主张）不是一种道德实在论。

---

[1] 这里我做出"肯定、原子"的限定是有原因的。错误论者当然会说非原子道德语句（那些包含逻辑算子的语句）可以为真："并非杀人是错误的"即是一例。此后我将把这一限定当作已知的条件略去。

6.3　错误论一例：洛克论颜色

在考察麦凯对概念主张和本体论主张的论证之前，让我们简单地看看洛克在《人类理解论》（Locke，1689）中提出的关于次级属性的错误论，这种错误论无疑给麦凯关于道德的观点提供了一个范本。让我们集中讨论颜色的例子。重构洛克的颜色理论的一种方式是这样的。[1]首先，我们区分绝对（categorical）属性和倾向（dispositional）属性。

> DISP：倾向属性是指将这种属性归于一个对象的语句如果为真，其为真是由于一个反事实条件句为真。

反事实条件句是指主张"如果某种与事实相反的条件实际地满足，那么会发生如此这般的情况"的句子，例如，"如果我出生在英国，那么我会设法隐瞒这一点"。由此，易碎性显然是一种倾向属性，因为将易碎性归于一个对象的语句如果为真，其为真是由于如下这样的反事实条件句为真：如果这个对象从中等高度落下或者受到中等力度的撞击，那么它就会破碎。绝对属性即不属于这种意义上的倾向属性的属性，换言之：

> CAT：绝对属性是指将这种属性归于一个对象的语句为真，并不在于某个反事实条件句为真。

由此，三角形性显然是绝对属性的一个例子，因为"x 是三角形"如果为真，其为真是由于 x 是一个有三条边并且内角和为 180 度的平面图形，这里没有提到任何反事实条件句。[2]

[1] 我无法维护这一主张：这种重构精确地再现了洛克本人在这方面的想法。但这无疑是洛克在趋向错误论的过程中可能接受的一种想法。对洛克的讨论，参见 Mackie（1976，第 1 章）。

[2] 注意，许多哲学家会质疑，相对于彰显属性的方式，属性能否合理地界定为绝对性的或倾向性的。Weir（2001）第 I 部分便是一个例子。我当然无法在这里解决这个问题，也无法考虑如果像韦尔这样的观点是正确的，如何能得到关于颜色和道德的"倾向"论。还要注意的是，我这里所使用的对绝对 / 倾向区分的解释绝非没有争议。例如，参见 Lewis（1997）的讨论。Mumford（1998）是一本关于倾向的名著。

利用上述区分，我们可以将洛克支持颜色错误论的论证表述为由如下两个主张构成：概念 / 现象学主张，即我们的"红色"（redness）概念是关于一种绝对属性的概念，或者说"红色"在我们的经验中呈现为一种绝对属性；以及本体论主张，即实际上不存在"红色"这种绝对属性，世界中没有这种属性的例证。

支持概念 / 现象学主张的论证是什么？只要考虑一下，倾向属性是如何呈现在你的经验中的（Boghossian and Velleman, 1989）。考虑一种倾向属性，比如，当你开灯，睡觉的猫所具有的"醒来并给自己挠痒"的属性。在黑暗中，猫实际上并未给自己挠痒；当你把灯打开，它才开始给自己挠痒。我们对红色的经验跟我们对归于猫的这种属性的经验相似吗？似乎不相似：当我们走进黑暗的房间把灯打开，房间里的物件似乎并不是随着灯亮起来才有了颜色。我们不会认为当我们开灯，桌子才开始变成棕色；我们认为即便在黑暗中，它也是棕色的，开灯只是显露［reveal，与触发（activate）相对］它的棕色。如博戈西昂和维勒曼所说：

> 消除黑暗就像拉开帘子露出物体的颜色，这正如露出物体本身。倘若颜色跟倾向一样……当灯熄灭，颜色就不像是被随后的黑暗所隐藏或遮蔽，而是仿佛停止存在，就像猫再次入睡。但颜色看起来并非如此，或者至少对我们来说不是如此。
> （1989, 86）

如果这样的说法正确（后面我会对此做更多讨论），我们的"红色"概念就是关于一种绝对属性的概念。换言之，我们所看到的颜色（*colours-as-we-see-them*）或者呈现在我们经验中的颜色是绝对的。

以上是一个支持概念主张的论证。那么，支持本体论主张的论证是什么呢？本体论主张是说，世界上不存在"红色"这种绝对属性。对此的论证是，我们无法在世界中找到"红色"这种绝对属性：这会是一种什么样的属性？实际存在于世界的"红色"属性只是一种倾向属性，即正常的观察者在正常的感知条件下倾向于看成红色的那种属性。由此，我们所看到的颜色是绝对的，但世界中不存在绝对的颜色属性，所以世界中不存在我们所看到的颜色，所以，我们将我们所看到的颜色归于世界中物体的语句系统地并且统一地为假。

可以看到，如果我们试图避免接受关于颜色的错误论，主要有两种方式：或者否认概念主张，或者否认本体论主张。要否认概念主张，我们可以指出，我们的"红色"概念实际上是关于一种倾向属性的概念，也许是这一概念：正常的观察者在标准的光照条件下倾向于看成红色。由于某些对象符合这种倾向，意味着存在某些对象，具有我们所设想的"红色"属性，或者说向我们呈现的"红色"属性（redness-as-it-appears-to-us）。那么，将我们的"红色"概念归于对象的某些语句就是真的，这就避免了接受错误论。对错误论的这种倾向论回应，至少必须应对一个问题，即它不符合关于颜色经验的现象学。另一方面，我们可以承认概念／现象学主张，但否认错误论者的本体论主张。我们可以指出，世界中存在"红色"这种绝对属性，也许是一种复杂的物理属性，诸如"具有特定的光谱反射率曲线"之类。不过这种回应面临不少问题，首先，它仍然会面临关于颜色经验现象学的问题。当我看到一个红色的物体，我不会把它看成具有某种复杂的物理属性；从现象学观点来看，这种回应关注的似乎是一种错误的属性。与此相关，认为我们的"红色"概念是关于这类绝对属性的概念，似乎也是错误的。主张将"红色"归于对象的语句具有"x 是红色的当且仅当 x 是 N"形式的真值条件，其中 N 表示某种复杂的物理属性，这不符合我们在各种反事实情况下关于"红色"概念外延的判断。比如，倘若事实最终表明，正常的观察者在标准光照条件下看成红色的所有东西都不具有基本物理属性 N，对此我们会怎么说？如果"x 是红色的当且仅当 x 是 N"正确描述了我们的概念实践，我们会说我们发现不存在红色的事物。但我们不会这么说，而是仍然说存在许多红色的事物，尽管"红色"的概念没有筛显一种有趣的物理品类。

108　　在我看来，认知主义者最有望回应颜色错误论的方式是，接受某种关于颜色概念的倾向论解释，然后设法拒斥这种观点：倾向论解释不符合关于颜色经验的现象学。后面我会回到对这一点的讨论。

6.4　麦凯的概念主张

麦凯的概念主张是，我们的"道德要求"（moral requirement）概念是关于一种客观、绝对规定的要求的概念。这是什么意思？说道德要求是规定，是指它们告诉我们应该如何行动，它们给我们提供行动的理由。由此，说某种东西是道德上良善的，就是说我们应该追求它，我们有理由追求它。而说某种东西是道德上恶劣的，就是说我们不应该追求它，我们有理由不追求它。说道德要求是绝对的规定，是指这些理由在康德绝对命令的意义上是绝对的。[1]道德要求所提供的行动理由，不依赖于这些要求针对的能动者所具有的那些欲望或愿望，通过援用我具有的某种欲望或偏好，无法让我自己免除"折磨无辜者是错误的"这一主张所施加的要求。这有别于例如"上班经常迟到很可能导致丢掉工作"这一主张所施加的要求：通过提出我希望丢掉工作，可以让我自己免除这个主张施加的要求。以这样的方式依赖于欲望和偏好的行动理由，是由康德（1785）所说的假言命令提供的。

所以，我们的"道德要求"概念是关于一种绝对规定的要求的概念。不过，麦凯进一步主张，我们的"道德要求"概念是关于

---

[1]注意，这里"绝对"的用法不同于上一节绝对／倾向区分中的用法。

一种客观、绝对规定的要求的概念。说一个要求是客观的，这是什么意思？对此，麦凯有许多不同说法，这里只列举其中的一些（参见 Mackie, 1973, 第 1 章）。称一个要求是客观的，是指它可以成为知识的对象（24, 31, 33），具有真假（26, 33），可以被感知（31, 33），可以被识别（42），先于和独立我们的偏好和选择（30, 43），是一种外在于我们的偏好和选择的权威来源（32, 34, 43），是世界结构的一部分（12），支持并确证我们的某些偏好和选择（22），能够实际为真（30）或者依据一般逻辑而有效（30），不是由我们选择或决定的某种思考方式所构成（30），外在于心灵（23），是某种我们可以觉知的东西（38），是某种可以内省的东西（39），是某种可以作为前提出现在解释性假说或推理中的东西（39），等等。麦凯显然不认为必须满足所有这些条件才是客观的，例如，关于亚原子粒子的事实，由于在解释性假说中出现，因此可以视为客观，尽管它们无法成为感官亲知的对象。但他的意图是显而易见的：一个事实要成为客观的而非主观的，它所要满足的便是这些条件。[1] 由此，麦凯关于道德的概念主张是，我们的"道德要求"概念是关于一种客观事实的概念，即这种事实至少在刚才列举的其中某种意义上是客观的；而他的本体论主张则是，世界不包含任何这样的事实：既有资格充当道德事实，又能扮演客观事实所特有的某些角色。[2]

109

---

[1] 麦凯说到"客观"和"主观"时，似乎倾向于认为它们是整体式（monolithic）概念。最近学者们对这些概念所包含的复杂性变得更为敏感。这方面，Wright（1992, 1996）、Rosen（1994）、Wiggins（1996）以及 Railton（1996b）即是一些很好的例子。

[2] 我最初阅读麦凯的著作时，把"客观"和"绝对"当作可以互换的和等价的，但现在我认为他意图将两者作为不同的特征。例如，他写道："康德尤其认为绝对命令不仅是绝对的和命令的，而且是客观地如此。"（30）这清楚地表明，客观性是绝对性之外可以赋予事实的另一个特征。

6.5 古怪性论证

论证我们的"道德事实"概念是关于一种客观且绝对规定的要求的概念之后，麦凯接着论证，不存在客观且绝对规定的要求（以后称为"客观价值"）这样的东西。他提出这种主张的理由主要是形而上学和认识论上的。[1] 客观价值的形而上学问题涉及"客观价值的形而上学特性，即它们必须可以内在地引导行为和激发行为"（49）。认识论问题则涉及"这种困难：解释我们如何认知价值实体或特征，以及它们与产生它们的那些特征之间的联系"（49）。

当阐述古怪性论证（the argument from queerness）的形而上学部分，麦凯写道："倘若存在客观价值，那么它们将是一种非常奇怪的实体或关系，跟宇宙中任何其他事物都截然不同。"（38）它们的奇怪之处是什么呢？麦凯认为，如果真的有任何客观价值存在，柏拉图的型相（Forms，这方面还有摩尔的非自然属性）可以让我们对客观价值是什么有一个"鲜明的印象"：

> 善的型相是这样一种东西：对它的认知带给认知者一个目标和一个压倒性的动机；如果某个东西是善的，这就告诉知道这一点的人去追求这个东西，并且驱使他去追求这个东西。一种客观的善会被任何知道它的人所追寻，这不是因为任何这样的偶然事实：这个人或者每个人的天性意欲达到这个目标，而仅仅是因为这个目标以某种方式内在地具有"可追求性"（to-be-pursuedness）。类似地，如果存在关于对错的客观原则，任何一种错误的（可能）行为都会以某种方式内在地具有"不可为性"（not-to-be-doneness）。或者我们应该拥有像克拉克的处

---

[1] 除了古怪性论证，麦凯提出了另一个论证来支持道德怀疑论，即"相对性论证"（argument from relativity）。我在文中集中关注古怪性论证，因为绝大多数的哲学讨论都是针对麦凯的这一论证。不过，对这些问题的充分解释肯定要包括对相对性论证的某种讨论（参见 Railton，1993a）。

境和行为之间那种必然的相称关系之类的东西，以便使一种处 110
境能以某种方式内在地要求做出如此这般的行为。(40)[1]
一种道德事态的实现就是实现一种"内在地要求做出如此这般的行
为"的情况，而我们在世界中发现的事态并不内在地包含这样的要
求，它们本身具有"规范上的惰性"(normatively inert)。由此，世
界不包含道德事态，即由道德属性的实例化所构成的那些情况。

现在，麦凯用一个认识论论证来支持上面的形而上学论证：

> 倘若我们可以发现[客观价值]，这必须是通过某种特殊
> 的道德知觉或直觉的能力，跟我们认知其他所有事物的方式都
> 截然不同。当摩尔谈到非自然属性，以及当直觉主义者谈到
> "道德直觉能力"，他们都承认这些看法。直觉主义早就不受欢
> 迎了，我们确实也不难指出它的不可信之处。不常被强调、但
> 更为重要的一点则是，直觉主义的核心论点是任何价值客观主
> 义最终都会承诺的论点：直觉主义只是以令人难以接受的方式
> 揭示了其他类型的客观主义所掩饰的东西。(38)

简言之，我们关于如何与事态发生认知联系并由此获得关于它们的
知识的通常观念，无法处理这一看法：即这些事态是客观价值。于
是，我们不得不扩展通常的观念，把各种类型的道德知觉和直觉包
括进来。然而这些东西毫无解释力：它们实际上只是我们形成正确
道德判断的那种能力的"占位符"(placeholders，参见第 3.3 节)。

6.6　赖特对错误论的反驳

麦凯的结论是，既然我们通常的道德判断预设客观价值的存

---

[1] 塞缪尔·克拉克(Samuel Clarke，1675—1729)，英国著名的神学家和理性主
　　义者。

在，而实际上不存在这种东西，那么，它们就系统地并且统一地为假。这便是麦凯关于道德判断的"错误论"，有时他又称为"道德怀疑论"：

> 非认知主义分析与自然主义分析，都未能把握通常的道德判断所包含的客观性主张。因此，道德怀疑论必须采取一种错误论的形式，即承认对客观价值的信念深植于通常的道德思想和语言之中，但认为这个根深蒂固的信念是假的。（1973，48—49）

对麦凯支持错误论的论证，主要有两种回应方式：直接反驳它的某个前提或推理，或者间接指出错误论本身包含某种内在的矛盾。

本节我将考察克里斯平·赖特在其近著中提出的一个反对错误论的间接论证。

麦凯声称，关于道德判断的错误论是一种二阶理论，对一阶的道德判断实践没有必然影响（1973，16）。赖特反对错误论的论证一开始就有力地提出了相反的看法：

> ［麦凯的］观点令人深感不安的地方在于，除非进行补充说明，这种观点完全使道德话语沦为自欺欺人（bad faith）。无论我们曾经的想法是什么，一旦哲学教导我们说，这个世界不适合将真理赋予我们在正确、错误或者义务等方面的主张，合理的反应无疑应该是放弃提出这些主张的权利……如果道德判断本质上以真理为目标，而哲学教导我们说无法达到道德真理，那么当我们思考以什么方式处理我们认为具有重大道德意义的问题时，我们如何能认真对待自己呢？（1996，2；另参见1992，9）[1]

赖特认识到，对于道德话语的目的，错误论者可以提出某种解释，即"道德陈述的目的可以视为符合真理之外的某种评价标准，而

---

[1] 注意，在引用的这段话里，赖特还反驳了如 Field（1980 和 1989）提出的关于纯粹数学陈述的错误论。

它们确实可以满足这种标准"（1996，2）。麦凯就有这样一种解释：
简言之，道德话语的目的在于确保社会合作的利益（1973，第 5 章
各处；Joyce，2001，8.0）。假定我们可以从这种解释得出某种不同
于真理的补充标准，这种标准支配着我们形成道德判断的实践。那
么，例如，"诚实是必须的"和"不诚实是允许的"尽管都为假，
它们对满足这种补充标准所做的贡献并不等同，如果得到足够广泛
的接受，前者应该会促进对补充标准的满足，后者则将阻碍对补充
标准的满足。赖特的质疑是，麦凯这样的道德怀疑论者能否可信地
将这种关于道德判断实践的利益的解释，与错误论的核心否定性主
张结合起来：

> 在我们通过道德话语说出的一堆假话中，如果根据某种
> 补充标准，能很好地区分那些可以接受的话语和不可接受的
> 话语，并且这种区分实际上会影响对道德主张的日常讨论和
> 批评，那么，为什么要坚持以遭受"全面错误"（global error）
> 这种指责的方式，来确立关于道德话语的真理，而不是依据对
> 无论何种公认的补充标准的满足来说明这种真理？这个问题也
> 许有一个令人满意的答案。错误论者也许可以论证说，他在日
> 常道德思想中发现的那种迷信是如此之深，以致必须以这样的
> 方式来建立道德真理：其作为对道德真理的一种解释是可以接 112
> 受的。但我不知道这方面有什么行得通的论证。（1996，3；另
> 参见 1992，10）

由此，赖特论证，即便我们承认错误论者最初关于道德真理的怀疑
论具有充分根据，错误论者自己的肯定性主张根本上也是不可靠的。

6.7 乔伊斯的变革型道德虚构主义

尽管理查德·乔伊斯没有明确提到赖特，我们仍然可以这样解

读他在《道德的神话》(*The Myth of Morality*，2001；另参见 2005) 中
提出的虚构主义立场：对于赖特反对麦凯的错误论的间接论证，这
种立场包含着一种回应。本节我将概述乔伊斯的观点，表明它如何
回应赖特的反驳，然后讨论对乔伊斯的虚构主义立场的一些批评。

　　在本章开头（第 6.1 节），实际上在本书的余下部分，我们做
出了如下假设：关于道德陈述语义学的事实主义观点，和关于道德
判断所表达心理状态的认知主义解释密不可分。也就是说，把道德
陈述视为具有适真性的解释，和把道德判断视为表达信念的解释密
不可分：例如，如果陈述"杀人是错误的"具有真值条件杀人是错
误的，那么作为一种约定，"杀人是错误的"这句话语表达"杀人
是错误的"这个信念。类似地，语义学上的非事实主义解释则和非
认知主义观点密不可分，根据前者，"杀人是错误的"不具有真值
条件，而根据后者，这句话语按照约定表达欲望或者其他某种不具
有真假的心理状态。不过，我们仍然可能将道德陈述语义学的问
题，和道德话语按照约定表达何种心理状态的问题清晰地区分开。
乔伊斯便倾向于这样看问题。他写道：

> 我们的道德判断既不为真也不为假的观点，常常被等同
> 于以"非认知主义"著称的元伦理学立场……然而，我倾向于
> 依据断言而非真值来理解非认知主义。断言不是一个语义学范
> 畴，而是句子可以达到的一个目标：同一个句子在有些场合被
> 断言，在其他场合则没有被断言。那么，问题就不在于"a 是
> F"是否是一个断言，而在于它是否典型地被用于做出断言。
> (Joyce，2001，8)

　　确立了这一点，我们就可以认为道德陈述具有一种事实主义
语义学，根据这种语义学它们具有真值条件，但同时主张，它们
并非典型地用于表达这些真值条件得到实现的信念。道德陈述也许
具有真值条件，但它们并非典型地用于断言这些真值条件得到了实
现，而是假装断言（*pretend to assert*）或者假想（*make-believe*）它

们得到了实现。("比尔博·巴金斯生活在霍比屯"的真值条件是比尔博·巴金斯生活在霍比屯，但是当我在朗读《指环王》的过程中说出这个句子，我并非断言比尔博·巴金斯生活在霍比屯，而是假想他生活在霍比屯。)[1] 某种特定的道德虚构主义者，即所谓的"诠释"型道德虚构主义者会认为，像这样的情况准确地说明了我们真实的道德实践。因为根据这种观点，日常的道德实践并不以道德真理为目标，它并不包含麦凯所发现的那种错误。我们必须注意，这不是乔伊斯提出的那种道德虚构主义。乔伊斯论证，我们当前的道德实践本身可以用事实主义词项和认知主义词项进行准确的描述：道德陈述具有真值条件，并且它们典型地用于做出断言和表达道德信念。然而，出于和麦凯提出的那些理由基本类似的一些理由，它们所表达的这些断言和信念系统地并且统一地为假。所以，乔伊斯承认错误论给了我们的实际道德话语一种准确的描述。而认为道德陈述具有真值条件，但并非用于做出断言或者表达道德信念的虚构主义立场，则是提出来作为对我们当前道德实践的一种变革（revision）。由于这种看法认为，虚构主义观点可以用作对我们的实际道德实践的一种变革而非描述，它被称为"变革"型道德虚构主义。[2]

　　乔伊斯的变革型虚构主义吸收了关于实际道德实践的错误论，那么，它如何回应上一节所说的赖特那个反驳？乔伊斯对"补充标

---

[1] 这里做出的区分可以依据语言哲学中意义和语力（force）的区分来解释。考虑一个意义可以明确由真值条件赋予的句子："戴弗斯是苏格兰人。"虽然这个句子事实上通常被断言语力使用，表达"戴弗斯是苏格兰人"这一信念，它在有些情况下能以疑问语力使用（即表达一个问题）。设想当看到戴弗斯穿着英格兰足球队球衣或者莫里斯舞蹈制服，我说了一句"戴弗斯是苏格兰人"，我音调的变化显示我是在询问他是否真的是苏格兰人。这里提到关于小说的要点是，某类具有真值条件的句子可以约定用于施行断言或表达信念之外的语言行为。对语力概念的更多讨论，参见 Miller（2007, 2.7）。

[2] 对诠释型道德虚构主义的讨论，参见本章第 6.10 节。

准"的看法大致和麦凯相同，即虽然所有的肯定原子道德判断都为假，其中有一些这样的道德判断：对它们的普遍接受可以让我们作为群体获得社会合作的利益，而且这种合作可以帮助我们获得物质利益。乔伊斯试图通过质疑赖特的下述说法拒斥他的论证：

> 错误论者也许可以论证说，他在日常道德思想中发现的那种迷信是如此之深，以致只要避开这种迷信对道德真理进行建构，人们就无法认同这是对道德真理的解释。但我不知道这方面有什么行得通的论证。

根据乔伊斯的观点，由麦凯发现的日常道德思想中的那种迷信成分，即道德规范的绝对性，是日常道德思想的一个"不容商榷"（non-negotiable）的部分：

114

> 倘若我们从话语中消除绝对命令以及蕴涵它们的所有东西，那么无论留下的是什么，都不能再视为一种道德话语，即无法发挥道德话语的作用。任何忽略绝对命令的价值系统，都将缺乏我们要求道德具有的那种权威性，而任何无法确保这种权威性的规定集合，都完全不能算作"道德"。（Joyce，2001，176—177）

乔伊斯令人信服地论证，我们平时对人和行为的道德评价无关他们的欲望和兴趣。例如，当我们从道德上谴责一个杀人者，这种谴责的效力独立于对杀人者的欲望的相关考量，我们的道德谴责不考虑这些，也不考虑杀人行为是否破坏了杀人者的欲望和兴趣。设想一个杀人者真诚希望自己被抓捕和惩罚：杀人行为满足了杀人者的欲望，但这一事实完全不会让他免受我们的道德谴责。赖特需要论证的是，我们道德实践的这个面向"可以商榷"，即消除这个面向，留下的东西仍然可以认为是一种道德实践：乔伊斯声称这是不可能的，在我看来这很有说服力。无论如何，支持赖特对麦凯的那种反驳的人现在有义务表明，绝对性是日常道德判断的一个可有可无的特征。

那么，得出结论认为日常道德实践交流的是系统且统一为假的断言或信念之后，乔伊斯如何回应才能平息这种担心：这种实践的参与者是在 "自欺欺人"？根据乔伊斯的观点，当发现道德事实不存在，人们不适用无视他们的欲望或兴趣的道德上的 "应该"，对此主要有四种反应方式。

首先，我们可以直接决定继续以前的做法，在某种程度上忽略错误论论证得出的结论。乔伊斯认为这种选择 "不值一辩"（2005，299）。他写道：

> 即便我们能以某种方式继续相信［道德命题］，我们无疑也不应该这么做；因为当某种程度上知道信念是假的，还做出支持人们拥有假信念的推荐，这不太可能是好的建议……采取这样的做法显然可能导致负面结果。（2005，287，299）

乔伊斯提出这样的置信原则（doxastic policy）：当且仅当 p 为真，人们才应该相信 p（2005，303—304），实际上对任何能动者群体来说，这种 "符合批判性探究" 的置信原则都是最佳原则。[1] 即便我们能以某种方式从思想中排除错误论的结论，并继续相信道德命题，这么做也会牺牲批判性探究的价值，这在乔伊斯看来是一种 "灾难性" 的后果（2005，299）。

其次，我们哲学家可以选择一种 "宣传策略"（propagandism）：我们自己内部可以公认道德判断为假，但要 "对这点秘而不宣，并鼓励普通民众继续保持他们那些真诚的（假）道德信念"（2005，299）。乔伊斯对这种选择一笔带过，指出它无异于 "传播操纵性谎言"（ibid.）。显而易见，错误论者对这种选择的道德反感并非目前解释的要点所在，因为根据乔伊斯这样的错误论者，"我们应该不传播操纵性谎言" 的陈述是假的。乔伊斯显然意识到这一点，他对

115

---

[1] 成真是否真正构成信念的规范，有争议。参见 Bykvist and Hattiangadi（2007）的讨论。

这种选择的拒斥转而依据它"最终会导致恶果"。促进传播这种对捏造的假象的错误信念，会产生社会混乱，并造成人们不信任正常的信念形成机制。如此大规模的欺骗有引发一个社会的认识论崩塌的危险。[1]

排除了上述两种选择，只剩下两种可能：我们或者彻底消除道德话语，或者决定继续使用它，尽管我们知道道德陈述统一地为假。为了证明后一种"虚构主义"回应优于前一种消除主义回应，乔伊斯需要确定道德话语在某些方面的工具价值，然后论证根据工具价值，虚构主义回应比消除主义更好。如前面所指出的，当我们要确定赖特所寻求的"补充标准"，道德判断的价值体现在那些可接受的道德判断可以促进社会合作，并由此有助于保证来自社会合作的利益。所以，为什么不直接彻底消除道德话语，用另一种明确依据社会合作的审慎价值来进行表述的话语取代它？根据乔伊斯的观点，这是不可取的，因为道德思考有助于避免"不自制的危害"（akratic sabotage），即倾向于为了直接而诱人的短期利益牺牲（"遥远而模糊"的）长远利益。设想当我发现哲学系过道里有一只装满现金的钱包，我判断把钱包交给保安而非占为己有是符合我的长远自我利益的；但意志薄弱、漠视他人以及品德败坏等因素可能导致我认为，理性的选择是为了短期利益把钱拿走。在乔伊斯看来，道德判断的实践功能就在于防止人们倾向于将这类短视的选择理性化：

> 道德信念的一项重要价值是它们可以用于……补充和加强审慎推理的结果。当一个人相信某种他看重的行为是道德上要求的，即无论他愿意与否都必须施行这种行为，那么他进行理性计算（rationalization）的可能性就减少了。如果这个人相信某种他无可逃避的权威要求施行这种行为，如果他深信它具有

---

[1] 这方面乔伊斯赞成并援引了 Garner（1993）。

一种"必做性"（must-be-doneness，即让麦凯感到棘手的道德的绝对性），如果他相信倘若不施行这种行为，不仅对自己无益，更会让自己遭到谴责与排斥，那么他很可能会施行这种行为。绝对命令的独特价值在于它们抑制计算，鉴于我们的审慎计算很容易受许多干扰因素的左右，这种价值很重要。道德信念正是以这种方式用于加强自制（self-control），以避免实践非理性。（2005，301）

由此，关键问题在于，当我们对道德命题持一种不相信的态度，我们能否避免因放弃道德思考而产生的某些代价，并保留道德思考带来的某些好处，换言之，通过追随道德虚构主义者，将道德视作一种"有用的虚构"，我们能避免这些代价并保留这些好处吗？

回答这个问题之前，我们需要更充分地了解成为一名道德虚构主义者意味着什么。乔伊斯写道：

> 对某类话语采取虚构主义立场，是指相信这种话语蕴涵或者包含一种错误的理论（即找不到免于错误的修正理论），但至少在许多语境中继续使用这种话语，就好像不存在错误，因为这么做是有用的。（2001，185）

设想我们这些哲学家完全被麦凯反对客观规定性和绝对性的论证说服，因而接受了关于道德判断的错误论。并且设想在哲学研究室之外，我们选择像被麦凯式论证说服之前一样继续我们的道德实践。鉴于"对 p 进行虚构就是'接受' p 同时不相信 p"（2001，189），我们能说自己是道德虚构主义者吗？

乔伊斯的策略在这里的关键概念是"批判性语境"（critical contexts），在这些语境中，我们尽最大可能地保持"专注、反思与批判"（2005，290）。在这些语境中，我们认真考虑各种强有力的怀疑论，悉心审查我们在日常生活中做出的各种假设（我们进行批判性思考时会这般审查和质疑这些假设，进行日常生活中的思考时则不会如此）。让我们接受这一条件：当一个能动者实际处于一个批判性语境时否认了理论 T 的各种命题，尽管在非批判性语境中他接受这些命题，那么，他对它们的这种接受并不表达相信 T 的命题；毋宁说，他是假装相信它们，或者对它们进行假想，简言之，他把 T 视作一种虚构（fiction）。这便是乔伊斯的错误论立场：在哲学研究室这样典型的批判性语境，他拒斥道德命题，认为它们为假，而在研究室之外，他像以往一样从事道德实践，当他没有做自己认为应该做的事，会感到内疚，并告诉琼斯应该归还钱包，不管这么做是否符合琼斯的欲望和兴趣。

如前所述，乔伊斯并不认为错误论者所处的"使用但不相信道德话语"的情况，准确描述了不懂哲学的普通人的道德实践；而是说"这提出了一个群体对错误话语的态度所能做出的一种改变"（2001，186）。但一个群体应该做出那种改变吗？显然，这里的"应该"不是道德上的"应该"：这里问的是根据一种工具主义的观点，人们普遍地（即不仅仅是"具有修正品性的哲学家们"）采取乔伊斯这样的错误论者的态度是否有益。

从事假想或者假装断言道德命题之类的活动，如何能具有真正的道德信念所具有的那种实践效力（以及实践利益）？乔伊斯论证，通过进行文学虚构，我们已经熟悉这种现象："看电影、读小说抑或直接展开想象，可以引起真实的恐惧、悲伤、厌恶、愤怒，等等"（2005，302）。然而，对一个我知道为假的命题的假装相信，如何能像真正的道德信念那样稳定地影响我的行为？设想由于饮食不当和喜欢饮酒，我的新陈代谢导致我过度发胖，除非我经常运动。我发现很难在早晨 6 点起床，而且我上次实行的健身计划在几周后就停止了，因为我常常经受不住回到温暖的被窝多睡一会儿的诱惑。在完全清楚前车之鉴，并对自己变粗的腰围有些吃惊的情况下，我决定接受这样的规则：不管怎么样，你必须早晨 6 点起床并遵守健身计划。现在考虑这个命题 P：亚历克斯应该毫无例外地在每天早晨 6 点起床并遵守健身计划，否则他就会以一种不可接受的速度发胖。现在，我们可以合理地认为，为了避免发胖，我不必每天都这么做：（比如）每周做 3 天就够了。当我完全批判地考虑这个问题，我意识到这一点：我知道命题 P 为假。不过，出于实用方面的理由，我决定"接受"P，并且仿佛 P 为真一样安排我的日程。所以，在寒冷的早晨，当被窝显得如此诱人，并且妻子叫我继续睡觉，我告诉她：我不能再睡了，我必须起床出去晨跑。在这个例子中，尽管我不相信 P（至少我曾在一个批判性语境中判断 P 为假，而且如果我再次处于一个批判性语境，我仍然倾向于判断它为假），而假装相信 P，我对 P 所采取的假装相信的态度有助于防止意志薄弱和"不自制的危害"。尽管我不相信 P 为真并转而对 P 采取一种虚构主义态度，我仍然能得到真正相信 P 为真所能得到的好处。

本质上，这就是变革型虚构主义者所赞成的对道德的理解方式，虽然道德的情形可能不包含上述例子中的自觉选择（conscious choice）因素。像上面那样的防止意志薄弱的策略，就是乔伊斯所说的"先行承诺"（precommitments）。在道德的例子中，对根据道德行事的先行承诺最有可能从父母那里获得，而且几乎所有情况下都需要灌输道德信念。但这完全不会妨碍头脑清楚的思考者，在确信"绝对义务"是有问题的哲学概念之后，坚持将这些先行承诺当作有用的虚构。这实际上就是乔伊斯这样的变革型虚构主义者采取的做法。

在接着讨论变革型虚构主义可能面临的一些问题之前，值得一提的是，尽管如本节开头所说，道德虚构主义者所主张的立场既接受事实主义又接受非认知主义，这种观点的非认知主义成分并不会让它像此前那些非认知主义那样，深受弗雷格—吉奇问题的困扰。由于句子"杀人是错误的"和"让弟弟杀人是错误的"都有真值条件，下述推理的有效性

（1）杀人是错误的。

（2）如果杀人是错误的，那么让弟弟杀人是错误的。

所以，

（3）让弟弟杀人是错误的

就能通过标准方式来解释，即依据（1）和（2）的真值条件都满足与（3）的真值条件不满足之间逻辑上不一致。至于接受变革型虚构主义方案之后，句子"杀人是错误的"通常以非断言的方式使用，而非用于断言其真值条件得到实现，这样的事实完全不会导致从（1）和（2）到（3）的推理犯偷换概念的谬误。[1]

　　乔伊斯提出的变革型虚构主义观点有多大说服力？在本节的余下部分，我将尝试讨论一些批评。如我们在前面所看到的，根据乔伊斯的观点，对命题 p 采取一种虚构主义立场"就是'接受'p 同时不相信 p"（2001，189），而"对某个论点 T 进行虚构就是在某些情况下倾向于赞成 T 同时不相信 T"（2001，199）。设想一个叫"博伊斯"的哲学家，在自己的研究中以及哲学研究室里，他花费了大量时间思考麦凯的古怪性论证，并与同事们进行讨论，最终确信我们的肯定原子道德判断系统地并且统一地为假。不过，在研究和研究室之外，博伊斯堪称道德正直的模范。当发现员工餐厅的桌子上有一只装满现金的钱包，他抑制住任何想把钱包装入自己口袋的诱惑，判断"不把钱包交给保安是错误的"；即便信守诺言会给他带来一些不便，他仍然抑制住任何违背诺言的倾向，判断"没有合适理由的情况下不信守诺言是错误的"。由此，博伊斯在"批判性语境"中判断"归还钱包是一种义务"和"不要仅仅因为不便就违背诺言是一种义务"为假，尽管在非批判性语境中他会说两者都为真。根据乔伊斯的观点，虽然存在后面这种情况，按照博伊斯在哲学课堂对两个道德陈述的说法，他确实相信它们为假。然而，对博伊斯的信念状态的这种描述所基于的一般原则，即如果博伊斯

---

[1] 不过，参见本章第6.10节，诠释型虚构主义者在（那里所称的）FG2 上面临的问题，也会遇到变革型虚构主义者推荐我们接受的立场。

在批判性语境中倾向于赞成 p，那么即便他在非批判性语境中"接受"p，他实际上也不相信 p，显然不能令人满意。这一原则之所以不能令人满意，是因为它视作不可能而加以排除的一种情况，看起来是完全可能的，即一个能动者在批判性语境中相信一件事情，而在非批判性语境中相信相反的事情。毕竟众所周知，一个人的信念至少有时候可以随着语境的改变而改变。的确，如果存在信念改进（doxastic progress）这样的东西，即能动者确实相信的东西朝着真理的方向逐渐发展，那么情况必定如此。倘若我们要依据一个能动者赞成或反对命题的倾向来刻画他的信念，决定能动者在语境 C 中的信念（即便是他在那个语境中"确实"相信的东西）的必定是他在那个语境中如何倾向于赞成或反对。既然在博伊斯从员工餐厅购买午餐的语境中，他倾向于赞成"归还钱包是一种义务"，那么这便是他在那个语境中所相信的东西，虽然他在那周后来的元伦理学研讨课上相信完全不同的东西。而且将情况描述为博伊斯在员工餐厅的语境中相信归还钱包是一种义务，也更符合常识：如乔伊斯本人所承认的，"在言说的当时（博伊斯）似乎没有从事一种假装行为"（2005，291—292）。那么，除非做出进一步说明，这里自然的看法是，对博伊斯在这种语境中似乎没有从事假装行为的最佳解释，便是他确实没有从事假装行为。所以，由于忽视了信念（哪怕是"真实"信念）可以随着语境的改变而改变这一事实，乔伊斯关于对某种理论或命题采取虚构主义立场是怎么回事的描述，最客气地说也是非常不完整的。[1]"仅仅凭借一个人［在特定语境中］的行为、话语和思想，无法识别他［在那个语境中］相信什么"的

[1] 乔伊斯甚至承认"当在普通语境中问他［博伊斯］是否在断言［归还钱包是一种义务］，很可能得到肯定的回答"（2005，292）。至于有人担心这表明博伊斯确实相信归还钱包是一种义务，他回应称："'是的，我是在断言［归还钱包是一种义务］'这个主张也许就是虚构的另一个部分"（ibid.），在这种担心的语境里，这显然是乞题的。

观点（2001，192，楷体部分是后加的）给信念概念所增加的东西，似乎超出了相信者倾向于言说、思考和践行的东西，因此，其本身需要得到细化和辩护。

也许乔伊斯可以给出所需的细化和辩护。但即便抛开上述担心，乔伊斯的解释还面临其他问题。当我们讨论能动者是否确实相信某个道德命题，真正的标准不是他们在哲学课堂上怎么说，而是当面临这个道德命题具有现实重要性（actually matters）的实际情况时，他们倾向于怎么做。的确，道德例子中最理想的情况是这个道德命题不仅重要，而且根据"正确"的道德判断行动与能动者的短期利益（或眼前利益）之间存在某种冲突。设想博伊斯负债累累，为了不让自己的车被收回，他必须在下午2点之前偿还100英镑；尽管如此，当看到桌子上的钱包（我们假定他完全可以不受惩罚地占为己有），博伊斯判断把钱包归还是一种义务，并确实这么做了。难道我们真的认为，由于博伊斯在研讨课上关于麦凯的说法，他并非真的相信归还丢失的钱包是一种义务？对前述情况采取这种解释的根据何在？这样描述博伊斯的真实道德信念，充其量是特设和缺乏理由的。况且，我们对乔伊斯的解释提出的第一个问题又出现了：即便博伊斯在研究室确实相信某件事，对情况的自然描述却是，他在餐厅的场景相信另外一件事。那么跟前面一样，乔伊斯对虚构主义立场的说明，无法令人信服。

第三个问题涉及变革型虚构主义者所提倡的"变革"的本质。如我们在前面所见，变革型虚构主义者完全致力于"批判性探究"，即尽可能地采取措施确保信念为真。乔伊斯写道：

> 这不仅是因为一组真信念很可能比一组假信念更有用，还因为追求真理的原则、力求满足对真理的普遍［从言（*de dicto*）］欲望的原则——我们可以简单地称为"批判性探究"的东西，是最佳的置信原则。如查尔斯·皮尔士所正确主张的，任何其他东西都会导致"理智活力的迅速衰退"（2001，179）。

正是这种避免"理智活力衰退"的愿望，促使变革型虚构主义主张变革。既然无论基于实用方面还是认知方面，坚持假的道德信念都是糟糕的原则，那么对我们来说，最佳原则就是避免假的道德信念。通过在哲学课堂上肯定错误论，并且在哲学课堂外按照某些至多"仿佛"为真的道德信念行动，我们避免了理智衰弱，如乔伊斯明确指出的，这里的"我们"指"话语的使用者们，而不是具有修正品性的哲学家们"（2001，186）。

可见，变革型虚构主义者推荐给我们的方案涉及的范围很广，包括道德言谈的所有参与者，而非仅仅是哲学家。我们在何种程度上能认真对待这种方案？鉴于根据虚构主义者，背离"批判性探究"造成的后果具有极为负面的潜在影响，鉴于虚构主义者提出的方案适用于道德实践中的普通参与者，我们会期待变革型虚构主义者在落实这种方案上迈出切实的步伐。也许用不着发起一场致力于倡导错误论和虚构主义思想的运动，但至少要采取可行的举措，促进其在规范性方面的影响。然而就目前来看，错误论者们在这方面无所作为。而且对于这样的切实举措可以获得成功的想法，乔伊斯本人泼了冷水："我真的期望通常的言说者会调整他们对一种有问题的话语的态度吗？当然不。"（2005，298）当一种方案的支持者们完全不付诸行动，说服大多数能动者接受这种方案，我们会认真地对待它并认为它真正值得重视吗？不会；而且这些支持者平静地面对普通能动者完全无视这种方案的事实，这表明变革型虚构主义给这种方案冠上的（使用乔伊斯的说法）"极端"（radical）之名，其实是徒有其表罢了。

6.8　回应古怪性论证

结束对变革型虚构主义的讨论，现在让我们看看能否对古怪性论证提出一种直接回应。首先，让我们试着进一步澄清将价值视为客观且绝对的规定是指什么。麦凯通过前面所援引的对柏拉图式善的型相的讨论，在这方面的看法最为清晰。对善的认识给能动者提供了"目标"与"动机"。由此，一种客观且绝对规定的事实，可以告诉一个了解它的能动者应该如何行动（它可以引导他），并确保他实际具有这般行动的动机：这种事实能以某种方式内在地具有"可追求性"（to-be-pursuedness）。现在麦凯的形而上学论证是基于这种观点："普通"的事态，即我们可以毫无疑问地确定其存在的事态，不具有这些特征。以"桌子是长方形的"这一事实为例。我们知道这一事实，但它显然并不告诉我们应该如何行动（它不引导我们），更谈不上驱使我们以某种方式行动。

122　　麦凯的形而上学论点可信吗？在我看来，当麦凯指出"道德客观主义者的最好做法不是回避问题，而是寻找难友（companions in guilt）"（39），他是对的。如果我们可以找到某些我们先前倾向于认为哲学上不成问题的事态，而这些事态具有的特征类似于客观且绝对规定的事实所具有的那些特征，那么，麦凯的论证的效力就会大大削弱。[1]很有意思的是，第6.3节讨论认为适用另一种错误论的一个领域，也许提供了一个例子，即颜色的例子。首先要注意的是，由于"应该蕴涵能够"（即一项规范性要求绝不能适用于不可能遵守它的能动者），客观价值的相信者不会认为，任何了解客观价值的人都将由此受引导以特定方式行动，并具有如此行动的动机，例如，一只猴子不会被包括在规范性要求的范围内，它也不会具有按规范性要求规定的方式去行动的动机。所以，我们必须对牵涉到的能动者施加某些条件，关于目标与动机的解释只适用于合适的（suitable）能动者。那么，什么是"合适的"能动者呢？显然，我们不能将合适的能动者定义为"那些受客观价值的正确引导和驱

---

[1] Lillehammer（2007）是探讨"寻找难友"式论证的佳作。

使的人",因为这完全使关于目标和动机的主张变得琐碎。眼下,让我们暂且认为合适性需要满足某种条件 C,这种条件能以非琐碎的方式得到说明。那么,"存在客观价值"的主张将包含这种主张:满足条件 C 的能动者既受到引导以某种方式行动,又受到驱使采取相应的行动。

现在让我们考虑"红色"这个例子。从表面上看,"一个对象是红色的"这一事实具有和客观价值类似的属性。首先,亲知这个对象的合适主体将有理由判断它是红色的,并且倾向于把它看成是红色的。仿照麦凯的说法,我们可以说"这个对象是红色的"这一事实,以某种方式内在地具有"可看成红色性"(to-be-seen-as-red)。一个对象的红色与它被一个合适的主体看成红色之间存在一种内在联系,正如一个对象客观上的善与一个合适的能动者受驱使去追求它之间具有一种内在联系。[1](不过注意,在这个例子中我们也必须对合适性指什么,给出某种非琐碎的解释,我们将在后面讨论这一点。)由此,倘若古怪性论证的形而上学部分只是说,世界上似乎不存在任何事实可以像客观价值那样和人类活动保持一种内在联系,那么通过考虑关于颜色的事实似乎也具有这种属性,这个论证显然就被削弱了。我们无疑不希望说颜色在形而上学上是古怪的。对于我们可以假定世界包含哪些种类的事实,麦凯的哲学观点很可能有些太过狭隘了。

关于幽默(humor)的事实提供了另一个例子,这个例子也许比较有争议。"一个笑话是好笑的"这一事实具有的属性,似乎也

[1] 注意,我这里关于"红色"和"可看成红色性"的说法,表面上不能一般地适用于所有种类的属性。例如,它似乎不适用于"方形"这样的传统初级性质。虽然"一个物体是方形的"这一事实,让我有理由判断它是方形的,"一个物体是方形的"这一事实,并未以某种方式内在地具有"可判断为方形性"。"方形"和"可判断为方形性"之间的联系不是内在的,因为"一个物体是方形的"和"它被合适条件下的一个合适的主体判断为方形"之间,不存在非琐碎的先天联系。参见本书第 7 章。

类似于客观价值所具有的那些属性。首先，听到一个好笑的笑话的合适主体，尤其是具有幽默感的人，一方面将有理由对这个笑话感到好笑，另一方面则倾向于发现它是好笑的。"一个笑话是好笑的"这一事实，以某种方式内在地具有"可发现好笑性"（to-be-found-amusing）。一个笑话的好笑与它被一个合适的能动者发现好笑之间存在一种内在联系。我们同样需要对合适的主体指什么进行某种非琐碎的说明，这种说明不可以是"倾向于发现好笑的笑话好笑的人"。

我们如何解释红色与合适的条件下合适的主体倾向于看成红色之间的内在联系？一种解释方式说，我们的"红色"概念是"一种对合适条件下的合适主体呈现出红色的倾向"的概念。我们如何解释好笑与合适的主体倾向于感到好笑之间的内在联系？一种解释方式说，我们的"好笑"概念是"一种使合适的主体感到好笑的倾向"的概念。这表明，着手回应古怪性论证的一种方式是，提出一种关于道德价值的倾向论，即主张道德良善性的概念是"一种被合适的条件下合适的能动者判断为良善的倾向"的概念。所以，我们必须提出的一个问题是：对道德价值的倾向论解释可信吗？回答这个问题之前，我们需要了解倾向论解释必须满足哪些一般的限制条件才算可信。这方面最容易的做法，便是集中讨论关于颜色的倾向论。

6.9　倾向论作为对颜色错误论的一种回应

回想一下，在颜色的例子中，支持错误论的论证是这样的。我们的"红色"概念是关于一种绝对属性的概念（或者等价地说，"红色"的属性在颜色经验中呈现为一种绝对属性；关于"红色"的现象学将其呈现为绝对的；我们所看到的红色是一种绝对属性）。但世界上不存在"红色"的绝对属性，存在的只是物体所具有的呈现出红色的倾向，以及这些倾向所基于的绝对物理属性，而两者都无法可信地等同于"红色"的属性。由此，世界上没有任何东西具有"我们所看到的红色"这一属性。

　　要拒斥这个支持错误论的论证，一种方式是否认第一个前提，即否认我们的"红色"概念是关于一种绝对属性的概念。我们可以转而主张，我们的"红色"概念是关于一种倾向属性的概念，即"倾向于对标准条件下的正常观察者呈现出红色"这种属性。

　　我们知道，对此的主要反驳是现象学上的，倘若我们的"红色"概念是关于一种倾向的概念，那么当我把灯打开，我桌上的电话似乎随着灯亮起来才有了颜色，才被触发了颜色。然而，这不是颜色的显示方式：在我看来，桌上的电话一直是红色的，而开灯只是显露出它的红色（Boghossian and Velleman，1989）。这是一个好的论证吗？我认为它是基于一种误解。当倾向没有实际显示出来的时候，物体并非就停止具有这些倾向了：易碎的玻璃即便从未真的掉落或受到撞击，仍然是易碎的。所以，关于颜色的倾向论跟这种主张是相容的：黑暗中的物体仍然具有颜色。我们可以认为，倾向的显示表明物体一直具有倾向，例如，我们可以认为"当我们开灯，这个物体向我们呈现出红色"的事实表明，这个物体即便在黑暗中也具有"看起来是红色的"这一倾向，而根据倾向论解释，这就相当于说它在黑暗中是红色的。[1]

　　通过比较红色与恶心，我们或许能更好地处理现象学问题。比较你对一个红色邮筒的经验和对一块腐肉的经验。当感到邮筒是

[1] 我应该设法消除这种印象：我不公平地对待了博戈西昂和维勒曼，将关于倾向的本质的一个如此低级的错误归在他们身上。但他们为什么会反对这种观念呢，一个红色物体显示出"看起来红色"的倾向，这构成它的红色显露而非触发它自己的一种方式？另外，设想他们的不满是，如果我们的颜色概念是关于倾向的概念，那么我们对这些倾向的"休眠"与"触发"应该有不同的经验，而实际上不存在这样的差异。对此，倾向论者可以回应说，由于相关的倾向是"看起来红色"的倾向，当我们开灯，我们实际上确实经验到了这一（原本休眠的）倾向的触发。

红色的，你的注意力朝向外部，如迈克尔·史密斯所说，"完全离开经验的内在性质，转而集中在我们经验的对象上面"（Smith，1993a，244）。而当感到腐肉是恶心的，你的注意力很大程度上朝向内部，并且你的注意力只在这种程度上朝向外部的对象："你仅仅把它作为内心的显著体验的一个原因。"（ibid.）"红色"在哪里？在外部对象上。"恶心"在哪里？在我内心里。诚然，你的注意力也会向外集中在腐肉上面，但你向外的注意力完全不是指向"恶心"：你向外集中的注意力完全指向生蛆、紫红色、恶臭，等等。[1]史密斯将这一现象学事实总结为：与"恶心"概念不同，"红色"概念是关于一种在那里等待被经验的（*there to be experienced*）属性的概念。

现在的问题是，对"红色"的倾向论解释可否容纳或解释上述现象学事实。史密斯认为可以：在关于颜色的解释中，对合适条件的说明实际上非常丰富，它们包含诸多考量，我们可以诉诸这些考量来修正我们就"一个给定对象是红色的"所获得的任何证据：照明条件差、用红色灯光照射、视力不济，等等。而在"恶心"的例子，"合适的条件"实际上非常贫乏：我们无法诉诸一系列考量；倘若某个东西让你感到恶心，那么它就是恶心的，仅此而已。所以，依据对合适的条件的丰富理解，倾向论解释可以说明，为什么我们的"红色"概念是关于某种在那里等待被经验的东西的概念，"恶心"概念则不是如此。

由此看来，倾向论解释似乎最终可以给颜色经验现象学提供一种可信的解释。现在要注意的是，在现象学方面，我们的基本道德概念更类似于"红色"概念而非"恶心"概念：当我们判断"杀人是错误的"，我们的注意力关注的是外部，即杀人行为本身的各种特征（参见 Smith，1993a，242—247）。这表明，如果我们能提出

---

[1] 对腐肉的这种生动描述，选自马克·约翰斯顿（Mark Johnston）一篇尚未发表的论文。

一种关于道德价值的倾向论解释，那么既能回应古怪性论证的形而上学观点，又能合理说明道德经验现象学，可谓一举两得。但是，关于道德价值的倾向论在多大程度上是可信的？它能回应古怪性论证的认识论观点吗？这些是我在下一章要探讨的问题。在那之前，让我们先对"诠释型虚构主义"进行一些讨论。

6.10　附录：卡尔德隆的诠释型道德虚构主义[1]

如我们在第 6.7 节所指出的，就关于道德判断的虚构主义解释而言，近期讨论的出发点是这种主张：那些与道德实在论对立的观点往往将心理学论题和语义学论题混为一谈。尤其是非认知主义解释，认为道德判断表达感受、情感或类似欲望的状态，并接受对道德语言的非事实主义解释，据此道德谓词不指称属性，而道德语句不表征特殊的道德事态，或者表达特殊的道德命题。和乔伊斯一样，马克·卡尔德隆利用这一事实，提出了对道德判断的一种新解释：我们对道德判断采取非认知主义解释，据此它们表达类似欲望的状态；但与这种关于道德判断的非认知主义观点相结合的是一种事实主义观点，据此道德谓词代表道德属性，而道德语句确实表征特殊的道德事态，并且表达特殊的道德命题。

不过，乔伊斯的变革型道德虚构主义认为，我们的实际道德实践是认知主义式和事实主义式的，因此完全是错误的，并把非认知主义式的事实主义作为对实际道德实践的一种变革推荐给我们；卡尔德隆的"诠释型虚构主义"则主张，非认知主义式的事实主义已经准确描述了我们的实际道德实践。[2]

126

---

[1] 初次阅读本书的读者不妨跳过这一节，等读了第 10 章之后再回到这里。
[2] 虽然卡尔德隆的观点不包含错误论，我们在本章对它进行讨论似乎最为合适。

卡尔德隆支持诠释型道德虚构主义的论证方式是：（i）论证支持非认知主义；（ii）论证非认知主义"没有前途，因为它永远无法摆脱弗雷格—吉奇问题的困扰"（Kalderon，2008b，37），以及（iii）提出一种正面解释，说明关于道德判断的非认知主义观点如何能与一种事实主义道德语义学相结合。卡尔德隆的解释深入而巧妙，值得充分讨论，但这里无法做到这点；我在本节将只限于反驳卡尔德隆的这一看法：诠释型道德虚构主义能够确保非认知主义的优势，同时可以避免使非事实主义道德语义学陷于无效的弗雷格—吉奇问题。

当一个道德言谈的参与者判断"杀人是错误的"，如果他不是在断言"杀人是错误的"或者表达信念"杀人是错误的"，那么他是在做什么呢？根据虚构主义，我们应该认为这样的判断做出的是一个准断言（*quasi-assertion*）而非断言。至于准断言是什么，可以有各种解释。按照其中一种观点，即"元语言观点"，道德判断类似于关于虚构内容的判断。例如，当某人在讨论梅尔维尔（Mellille）的《白鲸记》（*Moby Dick*）时，说"亚哈在第一次遇到白鲸之后变得疯狂"，

> 他显然做出了一个关于《白鲸记》[一书]内容的断言：他只是断言，根据《白鲸记》，亚哈在第一次遇到白鲸之后变得疯狂。（Kalderon，2005a，121）

类似地，道德虚构主义者可以认为，当一个道德言谈的参与者说出"杀人是错误的"这个句子，他只是断言根据现行的道德规范，杀人是错误的。这解释了这种观点为什么可以称作虚构主义，但必须注意的是，这不是卡尔德隆提出的那种虚构主义。非认知主义者认为，言说一个道德语句并不表达对一个道德命题的信念，而这也许是因为道德判断表达对非道德命题（就像根据刚刚提到的元语言观点）的信念，或者是因为道德判断不表达对任何命题的信念。至少初看起来，卡尔德隆支持的似乎是后一种关于准断言的"非断言论"：

> 道德承诺[道德判断]不仅是非认知的，而且内在地包含

　　　　某种情感，即一种引导注意力（directed attention）意义上的
　　　　欲望。（Kalderon，2005a，129）
我们马上会论及"引导注意力意义上的欲望"，但眼下我们要追问
的是，为什么卡尔德隆认为这种诠释型虚构主义可以避免弗雷格——127
吉奇问题，并且在此过程中，我们将评判卡尔德隆和马蒂·埃克隆
（Matti Eklund）关于该问题的争论。

　　为了清晰把握这个问题，让我们补充一些前面第 3 和 4 章对弗
雷格——吉奇问题的描述。考虑如下推理：

　　（1）如果撒谎是错误的，那么让弟弟撒谎是错误的。

　　（2）撒谎是错误的。

所以，

　　（3）让弟弟撒谎是错误的。

对一种与非事实主义道德语义学相结合的标准非认知主义观点来
说，这会引发什么问题？

　　第一个问题（称为 FG1）是，如果上述推理逻辑上有效，前
提（1）和（2）与结论（3）之间必须具有一种语义蕴涵（semantic
entailment）关系。对此认知主义者不难做出解释，由于（1）和
（2）都表达命题，语义蕴涵关系的成立系基于这一事实：（1）和
（2）表达的命题语义上蕴涵（3）表达的命题，即如果前两个命题
为真，那么结论也必定为真。然而，由于非事实主义者主张推理的
前提与结论不表达具有真值的命题，他需要以其他方式来解释推理
的有效性。这绝非易事：我们需要解释"撒谎是错误的"在（2）
中的意义，这种解释又能说明"撒谎是错误的"作为前件对条件句
（1）的意义的贡献，否则，上述推理就会犯偷换概念的谬误。

　　第二个问题（称为 FG2）涉及的不是句子（1）、（2）和（3）
之间的关系，而是使用这些句子进行推理的某人所具有的心理状态
之间的关系，这时我们不把推理看作一组句子，而是看作一系列话
语或言语行为。认知主义者同样不难解释以（1）和（2）为前提、

以（3）为结论的推理的逻辑有效性，由于话语（2）表达信念"撒谎是错误的"，而话语（1）表达信念"如果撒谎是错误的，那么让弟弟撒谎是错误的"，接受话语（1）和（2）所表达的信念却拒斥话语（3）所表达信念的人，具有一组逻辑上不一致的信念。由此，对接受（1）和（2）却拒斥（3）的人所具有的心理状态，非认知主义需要给我们提供另外一种解释。这对非认知主义者来说绝非易事，由于话语（2）表达一种非认知态度，我们必须依据这种非认知态度，说明"撒谎是错误的"作为（1）的前件对（1）所表达的心理状态的贡献，否则，上述推理就会犯偷换概念的谬误。

非认知主义式的非事实主义如何处理 FG1 和 FG2？在我看来，例如，布莱克本就没有直接回应 FG1。毋宁说，他试图对 FG2 进行回应，由此给出一种激进形式的准实在论，其最终结论是道德语句表达道德命题：一旦证明这种激进形式的准实在论是正确的，准实在论者完全可以运用标准的认知主义解释，认为道德语句表达道德命题，并由此绕过 FG1。

论述至此，我们就可以追问，卡尔德隆的诠释型虚构主义是否真的如他所宣称的，避开了弗雷格—吉奇问题。卡尔德隆指出，由于他的道德语义学观点完全是事实主义的，就不存在 FG1 的问题："不存在蕴涵问题——虚构主义者认为道德语句确实具有实在论者归于它们的那种真值条件内容，这种真值条件内容显然决定了相关的蕴涵关系"（Kalderon，2008c，138）。但马蒂·埃克隆发现这种回应是不充分的：

> 人们也许会合理地担心，所谓的虚构主义进路实际上完全无助于解决弗雷格—吉奇问题。对实际做出这个推理的人来说，这是一个好的推理。但要让这点成立，推理者通过前提语句所实际表达的东西，必须给接受她通过结论语句所实际表达的东西提供充分的理由。由于根据虚构主义观点，推理者实际表达的东西不同于她言说的语句在语义上所表达的东西，那

么，仅仅指出语句（1）和（2）在字面上表达的命题如何蕴涵着语句（3）在字面上表达的命题，对虚构主义者来说是不够的。卡尔德隆这样的道德虚构主义者面临的问题是，如何解释才能不违背这一事实：实际做出的推理是有效的。而这本质上似乎与传统非认知主义者面临的问题没有差别，即说明相关语句的意义是什么，同时不违背这种印象：相关推理是有效的。（Eklund，2011，4.6）

可见，埃克隆实际上是指出，尽管卡尔德隆回应了 FG1，他对 FG2 仍然缺乏回应，并担心卡尔德隆也许会发现，他认为可以取代标准非认知主义的诠释型虚构主义，并不比前者更容易回应 FG2。

　　卡尔德隆令人信服地解决了 FG2 吗？我认为他没有，而且这里埃克隆低估了卡尔德隆面临的问题。设想一个能动者接受上述推理的前提（2）。根据卡尔德隆的观点，这样的能动者"似乎拥有不撒谎的理由，并倾向于取消那些不重要的考量，而且即便这些考量是重要的，他也倾向于将它们作为支持以其他方式行动的理由而进行抑制乃至排除"（2008b，39）。当判断如此这般是正确的，表达了"引导注意力意义上的欲望"，而"引导注意力意义上的欲望意味着倾向于关注欲望的对象，并对欲望的对象表示赞成"（2008c，139）。关于错误性的判断同样如此，只是对对象表示的是反对。称前者为引导注意力意义上的肯定欲望，称后者为引导注意力意义上的否定欲望。由此，接受（2）的言说者对撒谎有一个引导注意力意义上的否定欲望。类似地，接受（3）的言说者对让弟弟撒谎有一个引导注意力意义上的否定欲望，拒斥（3）的言说者则没有这种态度。

　　如何解释条件式前提（1）？卡尔德隆写道：

　　　　接受条件式主张所包含的态度，可以自然地视作一种构成言说者的情感性敏感性的高阶功能状态；具体而言，即视作这样一种倾向：当具有接受前件所包含的情感，也具有接受后件所包含的情感……它也包含着对这种情感性敏感性的接受。
（2008b，39）

由此，言说条件式前提（1）表达的是，对这种情感性敏感性的引导注意力意义上的肯定欲望：对撒谎有引导注意力意义上的否定欲望，并且对让弟弟撒谎有引导注意力意义上的否定欲望。卡尔德隆正是据此来对 FG2 进行回应。对于接受（1）和（2）的言说者，他写道：

> 给定这些承诺，合理的情况是，他应该有接受"让弟弟撒谎是错误的"所包含的对让弟弟撒谎的情感性态度。给定这些态度的性质与内容，以及它们如何影响一个人道德敏感性的结构，初步看来，道德推理的合理性是可信的。（2008b，40）

埃克隆（2008，709）指出，卡尔德隆的这种解释类似于布莱克本（1984）对道德假言推理的解释。事实上，卡尔德隆对 FG2 的处理同样面临赖特和黑尔针对布莱克本提出的问题（参见前面第 4 章）。根据卡尔德隆的解释，接受（1）和（2）却否认（3）的人具有一种道德缺陷：他们不具有一种引导注意力意义上的否定欲望组合，而他们对这种组合具有引导注意力意义上的肯定欲望。这样的言说者违反了"做你赞成的事"这一道德命令。他们的缺陷有别于接受非道德假言推理前提却否认其结论的人所具有的缺陷。所以，卡尔德隆无法确保以话语（1）和（2）为前提、以话语（3）为结论的推理的逻辑有效性，因此他未能令人满意地回应 FG2。

那么，尽管卡尔德隆绕过了 FG1，就 FG2 而言，他的处境并不比标准的非事实主义版本的非认知主义更有利。

实际上，我们可以运用上述看法，进一步对卡尔德隆提出一个问题。设想琼斯说"撒谎是错误的"并由此做出一个道德判断，或许就是"撒谎是错误的"这个道德判断。我们可以追问：是什么使得这个判断具有特定的道德内容？

一种回答可能是，因为"错误"代表"是错误的"这一道德属性，所以这是一个道德判断。但是，至少有两方面的理由可以表明，这种回答对卡尔德隆来说没有用处。首先，组合性（compositionality）考量不仅适用于由本身具有语义属性的成分所构成的句子，也适用于话语和对句子的使用：我们毕竟要诉诸组合性来解释我们如何能理解一个从未使用过的句子。如我们在前面所看到的，卡尔德隆的道德虚构主义承诺依据对"引导注意力意义上的欲望"的表达来解释道德话语的内容。所以，如果他援用"'错误'代表一种道德属性"的观点，解释是什么赋予道德判断特定的道德内容，他对"道德内容由什么构成"的解释将背离他对"道德话语的内容如何由其成分的内容所决定"的解释。这是有问题的：我们当然有权期待，道德内容的决定因素有助于说明，复杂的道德内容（即复杂道德话语的内容）如何是其成分的道德内容的一个函项。其次，由于在解释是什么使得道德判断成其为道德判断时没有提到非认知态度，我们不清楚卡尔德隆那种非认知主义如何能依据这种建议把握这一观念：人们一开始能够做出道德判断的一个限制条件是，他们具有某种非认知态度。也就是说，我们不清楚卡尔德隆这样的道德虚构主义者如何能视作动机内在主义者。现在，虽然卡尔德隆多次提到动机内在主义，他对自己是接受它还是拒斥它颇为闪烁其辞。不过，鉴于动机内在主义是非认知主义者之所以是非认知主义者的传统理由之一，对卡尔德隆来说，"道德虚构主义实际上并不蕴涵动机内在主义"这一结果显然不可接受。[1]

　　让我们转而设想，使琼斯的判断成为道德判断的是这一事实：他的话语表达一个"引导注意力意义上的欲望"。那么，自然不会产生"不蕴涵动机内在主义"的问题，也不会产生和第一个建议在

[1] 亦参见 Kalderon（2005a，8—9）。卡尔德隆（2008b，34—37）中的评论尤其跟这里的讨论相关。如果像他所说，基于他的"不妥协论证"（argument from intransigence）的非认知主义内在地不稳固，那么对道德虚构主义来说，更有必要坚持动机内在主义和关于动机的休谟主义。

组合性方面所面临的类似问题：话语的特定道德内容的决定因素，即引导注意力意义上的欲望，确实可以用于解释复杂话语的内容如何由其成分的内容所决定。然而，这却更加凸显了前面提到的关于 FG2 的主要问题：对这种组合性如何运作的解释，并不比标准非事实主义版本的非认知主义的解释更加可信。

对卡尔德隆这样的道德虚构主义者来说，要解释是什么使得道德判断具有特定的道德内容，还有什么其他办法吗？迄至目前，我们把卡尔德隆这样的道德虚构主义者看作纯粹的非认知主义者，即认为一个道德判断只表达一个引导注意力意义上的欲望。但这也许是一种过分简化。卡尔德隆在一些地方提出，道德判断可以同时表达认知与非认知的心理状态。例如：

> 道德承诺不仅包含真正以命题为内容的思想或观念，对相关情形所涉及的道德上显著的事实进行表征，重要的是，它还包含对道德理由的一种现象学上的清晰意识，这些理由显然可以在真正的内容所表征的那种情形中获得。所以，*根据这里所赞成的这种道德虚构主义，道德承诺是一种混合承诺，其本身包含认知与非认知态度的综合体*。（2005a，129，楷体部分是后加的）

另外，在批评麦克道尔对非认知主义的"解缠"（disentangling）反驳时，卡尔德隆写道，根据他的看法：

> 引导注意力意义上的欲望是一种混合状态，它是一种包含思想和观念的非认知态度，这些思想和观念涉及相关情形的道德上显著的特征。但这些态度并非清晰可辨，因此无法单独得到确定。（2005a，49）

那么，将道德判断视为表达这样的"混合"状态，也许能帮助卡尔德隆处理 FG2：接受道德假言推理的前提却否认其结论的人，其心理状态也许包含一种完全不一致的信念。但我们不清楚的是，这种建议如何区别于麦克道尔本人支持的那种反休谟式观点，根据这种观点，存在具有内在激发性的信念。跟上面一样，鉴于卡尔德隆对休谟主义态度暧昧，这也许不算一个严重的问题，但正如上面我们关于动机内在主义的评论所指出的，这显然标志着对非认知主义的传统承诺的背离（非认知主义基于动机内在主义和休谟式的动机论，得出非认知主义结论）。的确，我们不再清楚，卡尔德隆的诠释型道德虚构主义究竟为什么可以算作一种非认知主义。[1]

由此，卡尔德隆给出一种避开弗雷格—吉奇问题的虚构主义，同时主张非认知主义的传统论点的做法，面临某些严重的挑战。

6.11 进阶阅读

本章的经典文本是 Mackie（1973），尤其是第 1 和 5 章。关于麦凯如何看待洛克对颜色以及初级属性和次级属性的讨论，参见 Mackie（1976，第 1 章）。对那些不熟悉洛克观点的读者来说，Lowe（1995）是一本不错的导论。围绕麦凯的著作所进行的颇有难度但很有价值的对话，参见 McDowell（1998，第 7 篇文章）和 Blackburn（1993a，第 8 篇文章）。Smith（1993a，以及 Campbell，1993；Smith，1993b）对这一争论做了极为清晰的评论。赖特对麦凯的看法，参见 Wright（1992，第 1 章；1996 年的开篇部分），这方面的批判性讨论，参见 Miller（2002）。近年对错误论的讨论由乔伊斯的"变革型虚构主义"所激发，参见 Joyce（2001 和 2005）。要了解另外一种变革型虚构主义，参见 Nolan，Restall and West（2005）。要了解对道德错误论的一种最新批评，参见 Suikkanen（2012）。Kirchin and Joyce（2010）是一本关于麦凯的错误论的论

---

[1] 参见 Eklund（2008，711）。就此而言，还难以区分道德虚构主义与 Ridge（2006a）阐述的那种"合一表达主义"（Ecumenical Expressivism）。

文集。Eklund（2011）对虚构主义做了有价值的全面评述。

要了解诠释型道德虚构主义，参见 Kalderon（2005a），这部著作清晰而雄辩，另可参见 Kalderon（2008a，b，c）。要了解相关批评，参见 Eklund（2008 和 2011），以及 2008 年《哲学图书》（*Philosophical Books*）研讨会上的其他论文。

第7章

对道德性质的判断依赖解释

7.1　引言

在第1章，我区分了强认知主义与弱认知主义。强认知主义理论认为，道德判断（a）是适真的，并且（b）可以是认知地通达某些事实所得到的结果，这些事实使它们为真。弱认知主义理论则主张，道德判断（a）是适真的，然而（b）不可能是认知地通达道德属性和事态所得到的结果。上一章最后我得出了这样的结论：如果我们可以提出一种关于道德价值的倾向论，或许就能回应麦凯古怪性论证的形而上学观点，并同时提供一种符合道德经验现象学的理论。本章我将考察关于道德性质的倾向论所能采取的一种具体形式，即对道德性质的判断依赖［judgement-dependent，或"最佳意见"（best opinion）］解释，其含义我到后面再行说明。我们将看到，判断依赖解释是一种弱认知主义解释。这点为什么重要？因为这意味着，如果我们能对道德性质给出一种可信的判断依赖解释，我们就能成功回应麦凯古怪性论证的认识论观点。倘若我们将形成正确的道德判断视为使自己和某些独立的道德事态处于认知联系，那么如麦凯所言，我们就需要解释，我们据以实现相应认知联系的那种认知能力是何性质以及如何运作。而这似乎接近于不可信地假定一种关于道德事实的直觉主义认识论。不过，倘若我们可以就道德事实认识论给出一种弱认知主义解释，便不难避开这个问

134 题：因为根据弱认知主义解释，形成正确的道德判断不是认知地接触道德事态的结果，所以没有义务说明这种联系赖以建立的那种认知机制的性质与运作方式，我们也就无需假定摩尔式的道德直觉能力。那么，究竟什么是关于道德事实的判断依赖解释，这种解释又如何能提供一种不依赖于认知联系概念的道德认识论呢？

7.2 判断依赖与判断独立

我先概述克里斯平·赖特的"判断依赖"概念，接着简单说明这个概念如何应用于形状和颜色的例子。然后，我将讨论是否可能提出一种关于道德价值的判断依赖解释。

设想我们正在考虑特定的一类话语 D，用"F"表示这类话语中一个典型的核心谓词，这个谓词代表"F 性"（F-ness）这种属性。考虑就这类话语而言，在认知上理想（cognitively ideal）的条件下，其言说者形成的意见，称这些意见为最佳意见，称这种认知上理想的条件为 C—条件。假定我们发现，言说者形成的最佳意见和关于 F 性的实例化的事实是共变的（co-vary）。赖特指出，我们可以采取两种方式来解释这种共变性。一方面，我们可以认为，最佳意见充其量只起一种追踪（tracking）作用：最佳意见只是可以非常好地追踪独立构成的真值赋予（truth-conferring）事态，或者可以非常好地使我们和这些事态处于认知联系。在这样的情况下，最佳意见仅仅起一种反映外延（extension-reflecting）的作用，即只用于反映 D 的核心谓词的外延，而这些外延是独立于最佳意见确定的。另一方面，我们可以试着通过赋予最佳意见一种完全不同的作用，解释最佳意见和事实的共变性。我们不再认为最佳意见只是追踪关于 D 的核心谓词外延的那些事实，而是认为它们本身确定这些外延。据此，最佳意见并非仅仅用于追踪独立构成的、确定 D

的核心谓词外延的事态；毋宁说，最佳意见用于确定这些外延，从而起一种确定外延（extension-determining）的作用。如果能用这后一种方式解释最佳意见和关于一类话语的核心谓词应用的事实的共变性，我们就说相关领域的主题是判断依赖的；如果只能采取前一种解释，就说相关主题是判断独立的。（不难看到，对例如"红色"的判断依赖解释，为什么大体上可以算作一种关于"红色"的倾向论：主张我们的"红色"概念是"合适条件下向正常观察者呈现的一种倾向"的概念，也就是主张，我们在认知理想条件下形成意见的倾向确定了"红色"的外延，即"红色"可以正确适用的那类对象，或者具有"红色"属性的那类事物。类似地，应该不难明白，判断依赖解释为什么是反实在论的：根据判断依赖解释，关于"红色"的判断有时为真，然而它们的真本质上依赖于关于人类意见的事实。）[1]

　　我们如何确定某类话语的主题是判断依赖还是判断独立？赖特的讨论进一步提出了他所说的临时关系式（provisional equations）。这些关系式具有如下形式：

　　（PE）（∀x）（C →（合适主体 S 判断 Fx，当且仅当 Fx））

其中"C"指对形成判断"x 是 F"来说认知上理想的那些条件（C—条件）。于是我们可以说，"F 性"这种属性是判断依赖的，当且仅当临时关系式满足下面四个条件：

　　（1）先天性（A Prioricity）条件：临时关系式必须先天为真，即最佳意见与真理必须具有一种先天共变性。

对这一条件的证成是，"倘若'[一类概念]的外延受到……最佳意见……的限制'确实是真理，那么，这种真理只需通过分析地反思那些概念就能得到，从而可以作为先天知识得到"（Wright，1992，

---

[1] 这里我有意掩盖了一些细节。赖特本人不会希望将判断依赖解释看成倾向论解释，参见 Wright（1992）第 3 章的附录。但这对我们当前的目标来说无关紧要。

117）。这是因为判断依赖论题主张，就相关的一类话语而言，最佳意见是真理的概念基础（*conceptual ground*）。

（2）实质性（*Substantiality*）条件：对 C—条件的说明必须是非琐碎的，即它们绝不能描述为主体形成关于"什么东西是 F"的正确意见所需的"任意"条件。

对这一条件的证成是，如果没有这一条件，任何属性最终都是判断依赖的，因为对任何谓词"G"来说，这都将先天为真：倘若我们关于"x 是否是 G"的判断，是在确保这些判断正确的"任意"条件下形成的，它们就会和关于"G 性"实例化的事实共变。因此，我们需要这个条件，否则就完全无法区分判断依赖的主题与判断独立的主题。

（3）独立性（*Independence*）条件：C—条件在一个给定例子中是否得到满足的问题，必须逻辑上独立于我们试图以"确定外延"来进行解释的那些真理，即一个意见在一个给定的例子中是否是最佳意见，绝不能预设某种逻辑上先行确定的 F 的外延。

对这一条件的证成是，如果当说明什么条件下可以形成关于"F性"的最佳意见，我们必须假定关于 F 的外延的某些事实，那么，我们就无法认为最佳意见以某种方式构成了关于"F性"的事实，因为这样一来，"一个给定意见是否是最佳意见"的问题已经预设某些逻辑上先行确定的事实，而我们恰恰要主张这些事实是由最佳意见构成的。

（4）极致性（*Extremal*）条件：对于先天共变性，必须不存在任何更好的解释方式，即除了赋予最佳意见一种确定外延的作用，对于先天共变性，没有更好的解释可以满足以上（1）、（2）和（3）三个条件。

对这一条件的证成是，如果没有这一条件，上述条件（1）—（3）就会与这种观点相容：存在"这样的事态，对它们的确立完全不涉及关于获得最佳意见的事实，尽管我们先天地不可能误识它们"（Wright，1992，123）。

当我们能表明条件（1）—（4）可以悉数得到满足，就可以赋予最佳意见一种确定外延的作用。而倘若这些条件无法全部满足，最佳意见至多只能被赋予一种反映外延的作用。

现在我要讨论的是，依据刚刚给出的检验方法，颜色和形状属于判断依赖还是判断独立。

7.3　颜色是判断依赖的

对于将颜色归于宏观物体的话语，我们可以找到一个满足条件（1）—（4）的临时关系式吗？赖特论证，我们可以通过表明一个满足独立性与极致性条件、实质并且先天的临时关系式为真，解释 C—条件以及什么是合适的主体。以"红色"为例，相应的临时关系式是：

RED：（∀x）（C →（合适主体 S 判断 x 是红色的，当且仅当 x 是红色的））

赖特认为，这里的 C—条件大致可以这样表述："S 知道 x 是哪个物体，并且是在正常的感知条件下清楚地、自觉地观察它；并且是全神贯注地观察；并且感知能力正常，也没有任何其他认知障碍；并且确信所有这些条件都满足。"（Wright，1988a，15）关键在于，我们可以给这里所说的"正常性"（normality）一种统计学解释。例如，"正常感知功能"的概念可以描述为："人类实际上典型地具有的一种感知功能。"类似地，"正常感知条件"可以描述为："多云夏日的中午在户外非阴影处所能实际得到的那种典型的光照条件。"（Wright，1988a，16）当 C—条件可以这样描述，RED 显然先天地成立。我们知道对评价赋予颜色的话语来说，刚刚描述的就是最理想条件；这种知识不是后天的：理解"红色"概念的人不必诉诸经验就知道它们是最理想的。此外，这般说明的 C—条件显然满足实质性与独立性条件，因为这些说明完全不琐碎，而且当回答"C—条件是否实现"的问题，这些说明看起来并不蕴涵着逻辑上先行假定了"红色"的外延。鉴于对条件（1）—（3）在这个例子中为什么成立，除了解释为通过视觉确定的最佳意见起一种确定外延的作用，没有其他更好的解释，极致性条件（4）看起来也得到了满足。由此，结论便是"红色"是判断依赖的，关于"红色"的最佳意见可以用于确定谓词"红色"的外延。或者换言之，关于"红色"的倾向论解释是可信的。

下一节我将说明，根据赖特的观点，为什么关于形状的倾向论解释是不可信的，即我们为什么不能认为关于形状的事实是由最佳意见确定的。

7.4　形状不是判断依赖的

以"方形"为例，相应的临时关系式是：

SQUARE：（∀x）（C →（合适主体 S 判断 x 是方形的，当且仅当 x 是方形的））

对通过视觉判定形状来说，其最理想条件可以初步表述为："S 知道 x 是哪个物体，并且是在正常感知条件下依据足够多样的情况来清楚地、自觉地观察它，并且是全神贯注地观察，并且感知能力正常，也没有任何其他认知障碍，并且确信所有这些条件都满足。"（Wright，1988a，17）

然而，根据赖特的观点，出于两个重要理由，可以认为临时关系式 SQUARE 不满足判断依赖的条件（1）—（4）。

形状的例子中为什么无法这样说明 C—条件，第一个理由是，这里要得到一个最理想的判断，需要从不同位置进行多次观察。（这

138

不同于颜色的例子，由于我们在判断比如"某个物体是否是红色的"时，不必校正视角，通过一次观察就足以做出最理想的判断。）当我们判定方形，如果要诉诸发生在不同时间的观察，我们就需要以某种方式确保相关物体在不同观察之间没有产生变形，也就是说，C—条件需要包含某个限制条件，说明相关物体的形状在相关时段内是固定的。然而赖特认为，包含这种限制条件意味着：

> 要求 C—条件包含某种成分，它的一个先天后果是：在主体的观察过程中，在任意时间对 x 的形状来说为真的东西，在相关时段内的任何其他时间也为真。由此，要正确说明 x 在那个时段内的形状，需要诉诸某个独立的决定条件，即独立于主体形成的意见。（1989，248）

我们必须依赖的一个事实是，x 的形状在观察期间的每个时刻 t 都是固定的。但这一事实是由什么决定的？这里我们不能诉诸最佳意见，因为我们正在试图建立确定形状真理的最佳意见。可另一方面，如果是最佳意见之外的东西决定了关于形状固定性的事实，最佳意见就无法再视作起一种确定外延的作用。由此可见，如果说明形状判断的最理想条件要求进行时间上连续的观察，就必定违背独立性条件：一个给定的意见是否是最佳意见，将预设逻辑上先行确定形状谓词的外延。

况且，即便有计划地让若干处于不同位置的观察者，从不同视角同时进行关于形状的判断，然后通过比较这些判断来避免形状在时间中的固定性问题，根据赖特的观点，"方形是判断依赖的"这一看法还面临一个更基本的问题。因为即便我们能以在满足独立性条件方面不成问题的方式，说明最理想的判定条件，赖特认为由此得到的临时关系式也必定违背先天性条件。这里的问题是，另有一个关于"方形"的标准双条件式，毫无疑问是先天的：

SQUARE*：（∀x）（x 是方形的，当且仅当（如果正确测量 x 的四条边和四个内角，并且测量过程中 x 的形状或大小不发生

改变，那么就可以确定这些边等长，而这些角都是直角））

现在赖特进行了如下论证。如果原先的临时关系式 SQUARE 也先天为真，那么将 SQUARE* 的右边部分替换为 SQUARE 的右边部分，得到的结果 SQUARE** 也应该是一个先天为真的双条件式。[1] 即：

SQUARE**：（∀x）（C →（合适主体 S 判断 x 是方形的，当且仅当如果正确测量 x 的四条边和四个内角，并且测量过程中 x 的形状或大小不发生改变，那么就可以确定这些边等长，而这些角都是直角））

然而，SQUARE** 不是一个先天真理。如赖特所论证的：

这并非先天为真：当按照标准双条件式所表述的那些更精细的并且恰当的操作技术来评判，我们主要基于视觉观察做出的关于近似形状的（最佳）判断常常是"成功"的。这并非先天的：我们实际生活的世界允许对近似形状做出感知上的可靠评判，而不是一个例如光子的传播路径深受扭曲力影响的世界。（1988a，20；另参见 1989，249）

所以，即便可以提出一个满足独立性条件（也许通过让若干观察者相互合作）的关于"方形"的临时关系式，这个关系式也不是先天真理。由于这些考量并未利用专门与"方形"相关的特殊事实，意味着一般而言，形状谓词的外延不能视为由最佳意见确定：形状不能视为是判断依赖的，关于形状的倾向论解释似乎是不可能的。

7.5 道德性质不是判断依赖的

道德性质是判断依赖的吗？考虑一个典型的道德谓词"麻木不

---

[1] 这里赖特的假定是，在先天语境内替换先天的等价项可以保留先天性。

仁"（culpably insensitive）。对于评价赋予"麻木不仁性"的话语，
我们能解释其认知理想条件，以确保相应的临时关系式满足判断依
赖的各项条件吗？这里的临时关系式具有如下形式：

> MORAL：（∀x）（C →（合适主体 S 判断 x 是麻木不仁的，当
> 且仅当 x 是麻木不仁的））

赖特提出，这里对 C—条件的描述大致如下（其中，琼斯是公
认发表了麻木不仁的言论的人）：

> 　　S 审查了言论语境中的动机、后果以及对琼斯来说可预
> 见的后果；并且这么做时没有出现非道德事实或逻辑方面的
> 错误，道德方面也做了通盘考量；S 给予这一切最充分的注
> 意，因此在他考量的任何相关方面都没有错误或疏漏；S 是一
> 个道德上合适的主体，即接受正确的道德原则，或者具有正
> 确的道德直觉或情感，等等；S 确信这些条件都得到了满足。
> （Wright, 1988a, 22—23）

关于道德合适性的条件看起来确实不可或缺：例如，如果 S 本人
完全麻木不仁或者具有其他某种道德缺陷，S 关于"一种特定行为
是否麻木不仁"的判断就无法可靠地说明这种行为的道德地位。那
么，我们现在显然面临一个与满足独立性条件相关的问题：即便
根据对 C—条件的这种（大致）描述，MORAL 是先天的而且"并
非完全非实质"，诉诸道德合适性的概念将导致违背独立性条件。
MORAL 中 C—条件的实现与否，并不独立于道德概念的外延，
因为"S 是否道德上合适"本身是一个实质性的道德问题。迈克
尔·史密斯下面这段话提出了类似的观点：

> 　　[对于是什么构成了道德例子中的合适性]，除了回答
> ["合适"主体]是那些接受正确道德原则的人，并且"合适"
> 条件是我们可以正确应用这些原则的条件，还有任何其他回答
> 显然有望给赋予价值的话语提供真值条件吗？倘若没有，那么
> "我们已经对价值给出了一种分析"的看法纯属臆想。（1993a,

247)[1]

赖特和史密斯提出的关于满足独立性条件的困难表明，我们难以找到一种可信的关于道德性质或道德价值的判断依赖解释。事实上，我现在要指出的是，即便我们能找到一种关于道德价值的倾向论，可以避免赖特和史密斯提出的问题，它仍然无法平息麦凯古怪性论证背后那种基本担心。

7.6 判断依赖与绝对性

上面的讨论告诉我们什么？一种可信的关于价值的倾向论或者判断依赖解释看起来承诺，要解决麦凯古怪性论证提出的认识论问题和形而上学问题，并对道德经验现象学提供某种解释。前一章我们讨论了这种观点：关于颜色的倾向论或者判断依赖理论中提到的颜色属性和理想的人类反应之间那种内在联系，可以削弱洛克式的颜色错误论论证的效力。这表明一种关于道德价值的倾向论或者判断依赖理论，或许有助于削弱麦凯错误论的古怪性论证的效力。但实际上，这样的承诺只是错觉。不同于我们的颜色概念，我们的道德事实概念是关于行动的绝对理由的概念。所以，如果存在

[1] 史密斯也许更关注关系式的琐碎性问题，而非它对独立性条件的违反。也许关系式实际上违反了两个条件。一个有趣的问题是，关于麻木不仁的判断依赖解释的维护者能否这样取得进展：摒弃以导致琐碎性的方式援引引发刚刚所说这些问题的"道德合适性"，转而以他所赞成的规范性伦理理论包含的某种解释，来说明是什么构成了道德合适的主体。这个问题显然需要进一步的讨论。另一个疑问是，对道德领域这样大体上适用融贯主义认识论的领域来说，施加独立性条件是否正当：给定一种融贯主义认识论，人们可以期待关于道德属性外延的事实和关于能动者的道德合适性的事实，无论如何都是相互依赖的。这表明对适用融贯主义认识论的领域来说，如果我们以赖特采用的方式，提出关于属性的心灵依赖的形而上学问题，相比赖特所援用的只做了简单表述的独立性条件，我们需要对该条件进行适当修改来得到一个类似的（或者一般化的）条件。我希望在未来的著作中对这个问题进行研究。

道德事实，它们必须能以特定方式给能动者提供行动理由，即独立
于关于能动者的欲望或情感面向的事实。也就是说，道德要求适用
于理性人（rational beings）本身。但无论一个能动者有多么理性，
他都没有理由判断"成熟的樱桃是红色的"，除非他有讲真话的欲
望，或者具有某个目的，通过将谓词"红色"应用于它外延中的对
象可以促成这个目的。[1] 而且，在颜色与幽默的例子中，判断的
合适性远远超出了我们期待在理性人身上发现的东西，一个例子中
我们需要某种特定的视觉能力，而另一个例子中我们需要一种"幽
默感"，这更大程度上属于能动者的情感面向而非理性面向。所以，
我们从颜色的例子中熟知的那种倾向论，或判断依赖理论所假定的
属性与反应之间的内在联系，似乎无法让一种类似的道德价值倾向
论成功拒斥古怪性论证。由此，即便我们解决了关于满足独立性条
件的问题，仍然缺乏有力反驳古怪性论证的基础。[2]

　　上面的结论，即道德价值倾向论是不可信的，并且它完全无法
容纳"绝对的行动理由"的概念，是否意味着我们完全没有希望令
人信服地回应古怪性论证？在接下来的三章，我将考察回应这一问
题的若干可能方向。第 8 章讨论"康奈尔派实在论者"支持的非还
原论自然主义式认知主义，第 9 章讨论某些还原论版本的自然主义
式认知主义，第 10 章则讨论约翰·麦克道尔在其著作中维护的当
代非自然主义式认知主义。

142

7.7　进阶阅读

　　赖特的"判断依赖"概念在近期文献中得到了广泛讨论。赖

---

[1] 参见 Heal（1988）。
[2] 除非我们认为，一个人要看到独立于其情感本性而适用于能动者的客观要求，
　　他的情感本性必须具备某种形态。约翰·麦克道尔似乎提出了类似这样的观点，
　　参见后面第 10 章的讨论。

特的观点，特别参见 Wright（1988a，1989，以及 Wright，1992，第 3 章附录）。赖特的"判断依赖"概念只是发展道德性质倾向论的一种可能途径。其他途径，参见 1989 年《亚里士多德学会会刊》（*Proceedings of the Aristotelian Society*）增补卷中，迈克尔·史密斯、大卫·刘易斯（David Lewis）和马克·约翰斯顿关于"价值倾向论"的论文。Hood（2010）探讨了这种想法：赖特关于意图（intention）的判断依赖理论，或许有助于平息对道德性质判断依赖理论的一些担心。

与赖特的"判断依赖"概念具有密切联系的一个概念是"反应依赖"（response-dependence）。这个概念同样得到了广泛讨论。尤其可以参见 Pettit（1991）、Blackburn（1993c）、Johnston（1993a，1993b 和 1998）以及 Menzies（ed.）（1991）中收录的论文、Casati and Tappollet（eds）（1998）中收录的论文和 Menzies（ed.）（1998）中收录的论文。Gundersen（2007）对各种不同的反应依赖做了有价值的概述。Divers and Miller（1999）试图将"反应依赖"的观念应用于简单算术的例子。倘若如赖特所论证，道德反实在论不能根据判断依赖解释来阐述，那么应该如何阐述？赖特本人对这个问题的回答，参见 Wright（1992，尤其是第 199—201 页）。

认知通达与判断依赖之间的关系问题比本章开头所说的更复杂；实际上，一个属性的判断依赖可以和这种看法相容：最理想的判断追踪或者认知地通达关于其外延的事实。参见 Miller（2012b，尤其是 §2）。

本书没有进行讨论的一位哲学家是克里斯蒂娜·科斯嘉（Christine Korsgaard）。Surgener（2012）探讨了她提出的建构主义（constructivism）能否视为一种元伦理判断依赖理论。其他将科斯嘉置于元伦理学语境的有益尝试，可以在 Hussein and Shah（2006，2013）中看到。

第8章

自然主义之一：康奈尔派实在论

8.1 引言

强认知主义理论主张（a）道德判断是适真的，并且（b）做出正确道德判断的人与某种独立构成的事态具有认知联系。弱认知主义理论则认为（a）道德判断是适真的，然而（b）做出正确道德判断的人并非与某种独立构成的事态具有认知联系。上一章我考察了一种弱认知主义，即关于道德真理的"最佳意见"解释。接下来的三章，我将审视一些当代版本的强认知主义。回想第 2 和 3 章，我已经讨论过一种强认知主义理论，即摩尔式的直觉主义。那是一种非自然主义式的强认知主义，因为摩尔式的直觉主义认为，道德性质是非自然并且无因果效力。我已经说明，这种非自然主义版本的强认知主义非常不可信，如今几乎无人接受。不过，是否可能发展一种自然主义版本的强认知主义？这样的理论主要可以采取两种形式。将**自然**属性（用大写字母"N"表示）界定为构成自然科学和社会科学（包括心理学，但不包括伦理学）的主题的那些属性。[1]那么，一种强认知主义理论可以是还原论式的，将道德属性等同于**自然**属性；也可以是非还原论式的，主张道德属性本身是

---

[1] 这里我说"自然"属性而不说"非道德"属性，是为了避免导致还原论根据定义为假：道德属性当然不可能等同于非道德属性。在不涉及这一点的地方我将放弃这种做法。

独立、不可还原的自然属性（因此，自然属性的完整清单不仅包括**自然**属性，还包括道德属性）。还原论由吉尔伯特·哈曼（Gilbert Harman，1975，1977）、理查德·勃兰特（1979）、大卫·刘易斯（1989）、彼得·雷尔顿（1986a，1986b，1989）以及弗兰克·杰克逊（Frank Jackson）和菲利普·佩蒂特（Philip Pettit，1995）等人所发展。我将在下一章讨论若干还原论观点。本章关注的是非还原论自然主义式认知主义，主要由尼古拉斯·斯特金［参见其1986a，1986b，1988，1992；另外参见博伊德（1988）、布林克（1989）以及塞尔-麦科德（Sayre-McCord，1988）］所发展。这些哲学家与康奈尔大学（Cornell University）联系甚密，所以他们的观点以"康奈尔派实在论"著称于世。

介绍康奈尔派实在论之前，需要对还原论和非还原论之间的区分略作说明。依随达沃尔、吉伯德和雷尔顿（1992，174），我认为还原论是这样的理论，即主张道德词汇可以依据**自然**词汇进行分析，或者道德属性综合地等同于**自然**属性。与此相对，非还原论既不认为道德词项和**自然**词项之间有任何有趣的分析关系，也不认为道德属性综合地等同于**自然**属性。正如我们将要看到的，非还原论者转而主张，道德属性由**自然**属性构成、随附于**自然**属性或者由**自然**属性多重实现，所以尽管这种观点认为道德属性无法直接还原为**自然**属性，它仍然算一种自然主义。我们可以通过考虑正确性（*rightness*）这种道德属性来阐述这一点。不难想象，我们的行为能以无数种方式成为道德上正确的行为。非还原论自然主义式认知主义者认为，对于任何一种道德上正确的行为，其正确性都等同于**自然**属性（例如，归还钱财、帮助他人等）。但他们并不认为，所有这些道德上正确的行为都具有一种或一组共同的**自然**属性，并且道德正确性可以还原为这种或这组**自然**属性。如达沃尔、吉伯德和雷尔顿所说：

> 通过类比自然科学和社会科学，［康奈尔派实在论者］试

图论证道德属性既不可还原，又具有解释效力。例如，人们
可以论证，诸如"酸"、"催化剂"、"基因"、"有机体"之类
的化学或生物"自然品类"，并非明确可以还原为物理自然品
类，但它们仍然可以在合理的科学解释中发挥作用。（1992，
169—170）

心灵哲学中的功能主义理论同样完全否认，"疼痛"这样的心
理类型可以还原为"处于 C—纤维激发状态"这样的神经生理类
型：由于许多缺少 C—纤维的生物仍然会疼痛，疼痛状态尽管无法
还原为某种神经生理类型，却可以由神经生理类型多重实现（参见
Burwood，Gilbert and Lennon，1999，第 2 章）。[1]关于道德类型
或属性与它们所随附的**自然**类型或属性之间的关系，康奈尔派实在
论提出了类似的观点。

8.2 哈曼的挑战

最便于了解康奈尔派实在论的方式，也许是考察吉尔伯特·哈
曼（1977）对道德实在论提出的一个挑战。康奈尔派实在论者主
张，道德属性和事实就像物理、化学或生物事实一样，都可以视为
世界自然结构的一部分，因为它们都可以在解释性理论中发挥作
用。换言之，这里的假设是，只要我们关于世界整体的最佳解释性
理论需要，我们就可以正当地假定某种事实或属性。[2]由此例如，
物理事实起到了这种解释作用。考虑一下，物理学家相信某个云室
中有质子，对这一事实的解释是云室中确实有质子。关于质子的事

---

[1]标准观点是多重实现阻碍还原，本章我将依循标准观点。但对标准观点存在严
重质疑。参见 Leiter and Miller（1998，特别是第 171—173 页）。

[2]我的说法大致是，一种解释是"最佳"解释，当无法利用它会导致真正的解释
损失。在这种意义上，两种不同的解释都可能算作"最佳"解释。

实不仅可以解释关于信念的事实，也可以解释其他事实：例如，云室中有质子可以解释，云室中的某些电子为什么具有特定的运动方式。因此，当我们说明自然世界中存在什么，就可以正当地把这种事实包括在内。哈曼论证，道德事实和道德属性绝不能被赋予这种解释作用，所以，除非把这些事实和属性还原为某种有独立价值（即具有解释效力）的**自然**事实和属性，我们完全没有正当理由认为存在道德事实和属性这样的东西。可见，哈曼的挑战在于提出了一种道德怀疑论。我们可以这样表述康奈尔派实在论者与哈曼的论证方式：

康奈尔派实在论者的论证

（1）P 是真正的属性，当且仅当 P 必定在关于经验的最佳解释中出现。

（2）道德属性必定在关于经验的最佳解释中出现。

所以，

（3）道德属性是真正的属性。

哈曼的论证

（1）P 是真正的属性，当且仅当 P 必定在关于经验的最佳解释中出现。

（2a）道德"属性"并非必定在关于经验的最佳解释中出现。

146 所以，

（3a）道德"属性"不是真正的属性。

并且，

（4）判断"a 是 P"可以得到证成，仅当 P 是上述意义上的真正属性。

所以，

（5）道德判断不可能得到证成。[1]

下面我们继续看哈曼的论证，而康奈尔派实在论者的论证，随后将体现在尼古拉斯·斯特金对哈曼的回应当中。

哈曼让我们考虑的例子是，某人看到一帮顽童在一只猫身上泼满汽油并点燃，立即产生这一信念：顽童的行为是错误的。当解释这个人为什么会形成这样的信念，我们需要诉诸顽童那种行为的错误性吗？哈曼认为不需要：

> 当出现支持一种科学理论的观察结果，对此的解释需要做出关于某些物理事实的假设；而当出现我所谈论的所谓道德观察结果，对此的解释似乎不需要做出关于任何道德事实的假设。就道德的例子来看，你只需要做出关于道德观察者的心理学或道德敏感性的一些假设。（1977，6）[2]

由此，哈曼主张，道德事实不像物理事实那样具有解释效力：当物理学家形成"出现了一个质子"的信念，对此的最佳解释要求假设有一个质子出现；而当我们解释信念"顽童的行为是错误的"，无需假设他们的行为是错误的。就后一种解释而言，我们只需诉诸关

---

[1] 对（1）所表达的双条件式中的一个条件式有一些怀疑，即这个条件式：（1*）如果 P 必定在关于经验的最佳解释中出现，那么 P 是真正的属性。对这些困难（涉及"最佳解释推理"和关于实在论的问题之间的关系）的说明，参见 Leiter（2001a，80）。不过注意，当莱特说"解释相关性与实在论无关"（79），他夸大了事实。诚然，一种解释的相关性不足以使它成为最佳解释，但它的不相关很可能足以使它无法成为最佳解释。所以，鉴于不相关性对实在论不利，说解释相关性问题无关是不太正确的。还要注意的是，一些同情康奈尔派实在论的人也怀疑这个条件式。例如，参见 Sayre-McCord（1988，5）。但这里我建议忽略这些担心，并认为（1）符合本章的目标。我的目标是表明，即便（1）所表达的两个条件式都得到承认，也可以拒斥康奈尔派实在论。相应地，本章的关注点将是（2）和（2a）。

[2] 这里其实不一定要谈到"观察"，真正的问题涉及对关于道德信念和其他非道德事实的最佳解释来说，道德事实是否是必需的。参见 Sayre-McCord（1988，2）。

于顽童的**自然**事实（例如，他们在一只猫身上泼汽油、给猫造成极大痛苦等），以及关于我们的**自然**事实（例如，关于我们的善恶信念、我们的教养等）。在后一种解释中不提道德事实，我们不会遭受解释上的损失。

147

8.3　斯特金对哈曼的回应

还原论与非还原论

哈曼乐意承认**自然**事实和属性可以在解释性理论中发挥作用，相应地，他认为只有通过某种还原论，即运用**自然**词汇对道德词项进行还原式定义，才能正当地假定道德事实和属性。如果可以提出一组还原式定义，那么我们最终也许就能避免道德怀疑论。然而，斯特金要论证的是，不接受任何形式的还原论，我们也能避免道德怀疑论。换言之，斯特金论证，我们可以在不是伦理还原论者的情况下成为伦理自然主义者：道德谓词无法翻译成**自然**谓词，甚至无法与**自然**谓词有相同外延，但它们仍然可以代表不可还原的自然属性。[1]

根据斯特金的观点，"伦理自然主义要求伦理还原论"这一想法的主要问题在于，难以说明伦理语言据以进行定义的是哪种特殊而专门的**自然**词汇。这方面大致有两种选择：我们可以要求道德语言依据物理学语言进行定义，或者依据生物学、心理学和社会理论语言进行定义。斯特金通过论证拒斥了这两种建议。

---

[1] 注意，有些哲学家质疑斯特金和哈曼显然共有的这一假设：还原论足以让道德属性获得解释资格。参见 Quinn（1986）。

反对用物理学语言定义伦理词项

斯特金的第一个论证如下：

> 倘若存在（看起来是如此）任何连续的物理参量，那么世界就有无限的物理状态，然而任何语言，甚至包括理想的物理学语言，充其量只有有限的谓词；所以，物理属性多于表征它们的物理表达式。由此，尽管可以说物理主义蕴涵着生物和心理属性（以及伦理属性，如果它们存在的话）是物理属性，它完全没有说明，我们能否用生物学、心理学或伦理学术语之外的词汇来表征这些特殊的物理属性。(1988, 240)[1]

反对用生物学、心理学或社会理论词项定义伦理词项

斯特金注意到，还原论者往往并不要求被还原的相关领域的词汇可以通过物理学语言来定义，而是通常假定：

> 我们非常清楚，有一些探究同一个自然世界的学科，例如，物理学、生物学、心理学和社会理论；在这些学科中，其中某个学科能否还原为其他学科或者任何其他东西，这是无关紧要的问题；但要测试伦理自然主义是否为真，得看伦理学能否还原为它们的某种（非道德）组合。(1988, 241)

斯特金接着论证，对伦理学施加这种额外要求是没有根据的：

> 有什么理由唯独让伦理学接受这种还原测试？倘若伦理学在某个重要方面截然不同于其他这些学科，也许就能得到一个理由，例如，如果哈曼是对的，即物理学、生物学等学科可以合理地解释许多显著的自然事实，包括关于我们的信念和观察的事实，伦理学却无法做到这一点。那么，我们也许就可以合理地要求伦理学通过其他某种途径获得它的位置。但我要论证的当然是，关于这种所谓的差异，哈曼是错的，而且我的论证一定程度上可以维护一种自然主义式，并且非还原论式的伦理

---

[1] 斯特金将这个论证归于理查德·博伊德。

学观点。（1988，241）

斯特金的看法不一定正确。他似乎认为，伦理学和他提到的其他学科之间的相关差异，只能源自它们对所处理的那些事实和属性的解释效力。然而，显然存在其他差异，比如，道德属性和事实内在地引导行为（参见第 6 章），或者伦理学相比其他领域更容易产生无法解决的分歧（参见 Railton，1993a，281—283）。斯特金似乎认为，援引这些特征会进入另一个支持道德怀疑论的论证，而哈曼的挑战本身应该是一个自足的、独立的挑战，于是，我们只有通过预设其他某个支持道德怀疑论的论证是正确的，才能提出哈曼的怀疑论挑战，从而使哈曼的挑战变得多余。但这一点在眼下是不相干的：为了得到一种相关的差异，我们只需要伦理学展示出相关特征（例如，引导行为或者容易产生无法解决的分歧）；我们无需假定这些特征的出现证成了一种道德怀疑论。所以，斯特金对"伦理自然主义不要求伦理还原论"的论证本身是没有说服力的。[1]

不过，我们可以忽略这一点：要测试伦理自然主义是否要求这种意义上的伦理还原论，主要看能否发展一种可行的、更具吸引力的非还原论伦理自然主义。这便是我马上要讨论的问题。

具有解释效力的道德事实：斯特金的例证

（i）希特勒

斯特金论证（1988，232），"希特勒道德败坏"这一事实（至少部分地）解释了，为什么数百万人在希特勒的唆使和督视下死于非命；而"数百万人在希特勒的唆使和督视下死于非命"这一事实解释了，为什么我相信希特勒道德败坏。所以，"希特勒道德败坏"这一事实（部分地）解释了为什么我相信希特勒道德败坏。（这种

---

[1] 例如，一个雷尔顿式的还原论者会如何回应斯特金的论证？

解释作为例子体现了一种一般形式的解释，即依据一个人的道德品质的解释。）

（ii）奴隶制

上述例子援引关于道德品质的事实作为解释的一部分，除了这类例子，在其他一些例子中，行为或制度的道德特征本身似乎起着一种真正的解释作用：

> 一个有趣的史学问题是，尽管奴隶制是一种非常古老的制度，为什么直到 18 和 19 世纪才兴起对奴隶制激烈而广泛的道德抗议；尽管奴隶制遍布新世界，为什么兴起这种抗议的主要是英国、法国以及讲法语和英语的北美地区。这个问题有一个标准答案，即英属和法属美洲以及后来的美国那种动产奴隶制，要比之前的奴隶制和拉丁美洲的奴隶制恶劣得多……一个更小范围内的论题同样很好地符合我的目标，即通过说明从革命到内战，美国的奴隶制愈发具有压迫性，部分地解释了这期间美国反奴隶制情绪的增长。这些标准解释直接诉诸了道德事实。（1988，245；另参见 Brink，1989，195）

在斯特金看来，这些例子表明不像哈曼引导我们相信的那样，我们很有希望对哈曼的挑战做出令人满意的回应。我将在后面评价斯特金的观点。

哈曼错在何处

那么根据斯特金的观点，哈曼的挑战错在何处呢？让我们比较这两个例子：质子的出现与焚猫的错误性。哈曼主张，焚猫行为的错误性和解释你为什么相信这是错误的无关。现在，检验解释相关性主张的一种方式是运用这种反事实测试：说"a 是 F"与"b 是 G"在解释上相关，是说如果 a 不是 F，那么 b 也不会是 G（例如，点火解释了爆炸的发生，因为如果没有点火就不会发生爆炸）。

我们如何把这种测试应用于焚猫的例子？如果焚猫不是错误的，我们就不会相信顽童的焚猫行为是错误的，这么说对吗？如斯特金所指出的，这个反事实条件句可以通过几种不同的方式来解读。首先要注意的是，关于自然事实和道德事实之间的关系，我们有一种规范性道德理论，根据我们的道德理论，一种行为如果具有诸如"无端蓄意虐待"[1]这样的非道德属性，或者道德属性所随附的其他某些自然属性，也就具有错误性这一道德属性。现在假定这种理论是正确的。那么，如果一种行为不是错误的，它必定没有"无端蓄意虐待"这种属性，或者根据我们赞成的那种规范性道德理论，道德属性所随附的任何其他相关自然属性。现在，"如果一种行为没有'无端蓄意虐待'的属性，我们仍然会相信这种行为是错误的"这一说法看起来完全错误。所以，假定我们的道德理论大体上正确，那么按照反事实测试，似乎行为的错误性确实与我们相信它是错误的在解释上相关。

这里，你也许会反对说，我们当然无权假定我们的规范性道德理论确实大体上正确。但斯特金可以这么回应：（a）倘若哈曼为了让他的挑战奏效，要求假定我们的道德理论不正确，那么，他的挑战绝对无法独立地给我们提供一个对道德的可信的怀疑论挑战。为了确立哈曼的怀疑论结论，我们需要另外提出某个对我们所赞成的道德理论的怀疑论挑战，而这会让哈曼的怀疑论挑战变得多余；（b）倘若哈曼允许做出这种假定，那么关于物理事实和属性的解释相关性，我们也可以得出一种怀疑论结论！我们的物理学家可以提出某种理论，说明何种现象表示质子的出现，比如说，云室中出现雾化尾迹。现在假定这种理论是正确的。那么，如果质子没有出现，就不会有雾化尾迹，而如果没有雾化尾迹，物理学家就不会产生这一信念：有质子出现。所以，当解释物理学家为什么相信有

---

[1] 如果你觉得"虐待"是一个道德词项，可以把它换成"施加痛苦"。

质子出现，质子的出现是相关的。至此，这跟道德的例子中的情况完全相同。但设想物理学家的物理理论是错误的，即雾化尾迹的出现并不表示质子的出现，即便不出现质子，也会出现雾化尾迹。那么，即便没有质子，仍然会有雾化尾迹，而因为物理学家接受一种错误的物理理论，他仍然会相信出现了质子。由此，假定物理学家的理论不正确，我们也能得出这样的结论：如果没有质子，物理学家仍然会相信出现了质子。所以按照反事实测试，质子的出现和解释物理学家相信出现了质子无关。所以，即便允许哈曼在他的论证中假定我们的规范性道德理论不正确，这也不允许他得出任何专门针对道德的怀疑论结论。这种怀疑论结论也将适用于科学理论，然而哈曼想要建立的是，科学理论不会像道德理论那样产生问题。

151

8.4　再论哈曼与斯特金

哈曼后来的一篇论文（1986）试图回应斯特金的这一主张：在解释我们的道德信念和自然事实时，无法还原的道德事实和属性可以发挥真正的作用。

设想简看到艾伯特在折磨一只猫。基于这种观察，她形成了这一信念：艾伯特的行为是错误的。斯特金认为，通过援引这种行为实际上是错误的这一事实，有时候至少在某种程度上可以正当地解释简为什么会形成这种信念。如果这种行为不是错误的，那么它就不会具有"蓄意无端虐待"的特征，或者道德属性所随附的其他某种相关自然属性；而如果它完全不具有这些属性，那么简就不会形成"艾伯特的行为是错误的"这一信念。斯特金由此主张，按照反事实测试，行为的错误性在解释上和简的信念的形成相关。哈曼反驳道：

> 我们需要某种解释，说明艾伯特的行为实际上的错误性

如何有助于解释简对它的反对。而且这种解释必须能让我们信服。我们不能只是编造一个说法，例如，这种行为的错误性影响了反射进简的眼睛的光的性质，导致她产生负面反应。这可以是出现在世界中的一种错误性，并且能以某种方式充当支持或反对某些道德主张的证据，但却令人难以置信。(1986, 63)

德沃金也做了相关评论：

> "道德属性可以直接影响人类"的观念假定，宇宙中存在众多能量粒子和物质粒子，其中包括某种特殊的粒子"魔子"（morons），其能量和动量所建立的场，可以直接构成特定人类行为和制度的道德与不道德，或者善与恶；它们还以某种方式与人类的神经系统相互作用，从而使人们意识到这种道德与不道德，或者善与恶。(Dworkin, 1996, 104)

这些引文表明，仅仅指出简的信念反事实地依赖于艾伯特行为的错误性是不够的；为了使行为的错误性真正具有解释相关性，我们还需要解释如何可能有这样一种依赖关系，这种依赖关系背后的机制或程序是什么。既然在道德的例子中，我们无法可信地解释这一点，就应该得出这样的结论：除非道德属性和事实可以还原为**自然**属性和事实，否则它们就没有真正的解释作用。哈曼的反击中的另一段话进一步阐述了这一看法，他声称，仅仅诉诸反事实依赖，斯特金无法正当地赋予道德事实和属性以解释相关性，因为即便是明确承认道德事实和属性的解释无效性的道德副现象论者（*epiphenomenalist*），也可以接受这种反事实依赖：

> 要明白这种解释和充分的经验测试无关，一种很好的、决定性的方式是看到，道德副现象论者可以接受相关的反事实判断，却完全不认为行为的道德特征能解释任何非道德事实。道德副现象论者可以在这种意义上认为道德属性是随附于自然属性的副现象：（行为）具有相关自然属性可以解释（行为）具有道德属性，而（行为）具有道德属性并不影响或解释任何东

西。（1986，63）

斯特金本人（在回应这种反驳之前）对这种反驳做了更清晰的说明：

> 接受关于希特勒的反事实条件句（"如果希特勒不曾道德败坏，那么我们就不会相信他道德败坏"）的道德副现象论者会对它作如下理解。希特勒具有某些非道德特征，这些特征起了两种作用：它们使"希特勒具有另一种属性，即败坏性"为真，并且导致希特勒以特定方式行动；但不像这些非道德属性，随附于它们的败坏性没有因果效力，所以援引它解释希特勒的行为是一种谬误。不过，如果希特勒没有道德败坏，他就必定缺乏这些非道德特征；因此，除非他的行为是由多种因素决定，否则，如果他没有道德败坏，就会采取不同的行动。艾伯特也是如此。存在某些特征，使得他的行为是错误的，并且导致简相信这种行为是错误的，然而行为的错误性并不发挥任何因果作用。（1986a，74）[1]

斯特金对哈曼观点的回应包括两个部分：（a）他承认即便道德副现象论者也可以同意道德事实和属性能通过反事实测试，但他进而论证（b）仅当道德副现象论具有独立的可信性，这才会威胁到依据道德事实和属性做出的直觉解释。然而，我们没有很好的理由认为，道德副现象论具有独立的可信性：

> 倘若我们认为［道德副现象论］足够可信，值得认真对

---

[1] 注意，塞尔-麦科德要求考虑解释效力而非解释相关性，与哈曼提出的观点相似。即便按照塞尔-麦科德的定义，道德副现象论者可以说道德属性在解释上和关于道德信念的事实相关，但根据定义，道德副现象论者将道德属性和事实视为解释上无效。当然，塞尔-麦科德接着试图证成这一观念：某些道德属性和事实实际上具有解释效力，我很快会谈到这一点。（注意，哈曼和斯特金说"反事实依赖性"的地方，塞尔-麦科德说的是"解释相关性"；哈曼和斯特金说"解释相关性"的地方，塞尔-麦科德说的是"解释效力"。这只是术语上的差异而已。）

待，将它视作挑战了我们发现（并且应该发现）道德事实具有解释效力这一观点，我们这么做就需要给出某种论证。而且这种论证不能仅仅说该立场代表了一种逻辑可能性，它必须表明道德副现象论足够可信，可以经受独立的反驳。（1986a，74）由此，根据斯特金的观点，道德副现象论立场与接受反事实依赖相一致，仅凭这一点并不足以让人质疑道德事实和属性的解释效力。斯特金继续写道：

> 既然我们发现赋予道德事实因果效力和解释相关性是可信的，我们何不断定它们对非道德事实的随附根本不是"副现象性"的，而是像生物事实对物理或化学事实的随附，抑或（根据物理主义观点）心理事实对神经生理事实的随附——即一种由更基本的事实得到随附性事实的"因果构造"，这赋予它们一种来自构造它们的事实的因果效力？（1986a，75）[1]

在斯特金看来，拒斥这一点的唯一方式是接受所有随附性事实都是副现象性的。他论证这是不可信的，因为这会使生物、化学以及心理事实和属性失去解释效力，而且绝不可能服务于哈曼的目标，即确立道德事实和自然事实在发挥它们的解释作用方面并不具有同等地位。但出于另外一个理由，我感到他对哈曼的回应不可信。斯特金最初的主张是，"b 是 G"对"a 是 F"的反事实依赖足

---

[1] 达沃尔、吉伯德和雷尔顿提出，这里引用的斯特金这段话里谈到的因果构造带有还原论色彩：主张化学事实由物理事实构成不就是主张化学事实可以还原为物理事实吗？这似乎与斯特金避免还原论的愿望格格不入。如他们所说："人们也许怀疑，在这种背景下随附性是否真的有别于（棘手的）可还原性……两类看起来不同的属性之间的随附性在某种意义上是一种很强的、令人吃惊的关系；这种关系看起来需要解释。如果［康奈尔派实在论者］认为道德属性完全并且仅仅由非道德属性构成，这可以提供某种解释，但这样的观点也会更加难以和某些类型的还原论相区分。"（1992，172）然而，在没有反驳"多重实现阻碍还原"这一标准观点（参见 Fodor，1974）的情况下，这种意见太强了。斯特金可以论证说，正如化学事实可以由物理事实多重实现，从而不能还原为物理事实，道德事实也可以由非道德事实多重实现，从而不能还原为非道德事实。

以证成这一观念：属性 F 和"b 是 G"在解释上相关；正是这一点
让他得以论证道德属性具有解释相关性。哈曼对这一立场的反驳
是，质疑这种充分性主张。哈曼的要点在于，如果道德副现象论是
融贯或者一致的（而非可信），那么就可能出现如下组合：接受道
德信念反事实地依赖于道德属性，并否认道德属性具有解释相关
性。而如果这是可能的，斯特金的充分性主张就不成立。这意味着
斯特金对哈曼的回应本身是不可信的，斯特金需要给单纯的反事
实依赖增加某种东西，才能得出道德属性真正具有解释相关性的结
论。我将在下一节考察斯特金能否给反事实依赖增加某种东西，以
便得出这一结论。具体而言，我将考察面对哈曼的反击，斯特金能
否利用弗兰克·杰克逊和菲利普·佩蒂特在 1990 年的论文中提出
的"编程解释"（program explanation），一般地说明二阶属性如何
在解释中发挥作用，从而使康奈尔派实在论得到巩固。

8.5　编程解释

斯特金需要一种建设性解释，说明无论在科学内部还是外部，
不可还原的随附性事实和属性如何能出现在最佳解释中，所谓最
佳解释是指，缺乏这种解释会导致某种解释上的贫困。对斯特金
来说，一个有吸引力的选择是诉诸杰克逊和佩蒂特提出的"编程解
释"概念。本节我将概述编程解释的观念，并表明如何得到至少表
面上可以算作某种"最佳"解释的"道德"编程解释。

杰克逊和佩蒂特确定了四个假设，这些假设似乎共同蕴涵着我
们通常认为有解释效力的某些非道德属性，实际上并无解释效力。
他们论证，我们有充分的理由拒斥其中某个假设，从而可以维护相
关属性的解释效力。

杰克逊和佩蒂特考虑的是下列四个假设（如他们在 1990，108

中所论述的）：

(1) 当我们对某种东西进行因果解释，必定指向确认为具有解释效力的因素的某个属性，这个属性在因果上相关而非在因果上无关，即这个属性和所解释的结果的产生具有因果关系。

(2) 属性在因果上相关的一种方式是在因果上有效（*efficacious*）。一个相对于某种结果在因果上有效的属性是这样一个属性：这种结果的产生至少一定程度上是因为这个属性的实例化；这个属性的实例促成这种结果的产生，并且它之所以有这种作用，是因为它是这种属性的一个实例。

(3) 如果下述子条件全部满足，那么，属性 F 对产生结果 e 来说并非在因果上有效：

　　(i) 存在不同属性 G，使得：仅当 G 对 e 的产生有效，F 才对 e 的产生有效；

　　(ii) F 实例和 G 实例不是序列式（sequential）的因果因素；

　　(iii) F 实例和 G 实例不是并列式（coordinate）的因果因素。

(4) 一个属性要和一种结果在因果上相关，唯一的途径是对这种结果的产生来说在因果上有效。

问题是，关于某些属性在解释中的作用，我们有一些非常强烈的直觉，而上述四个假设放在一起与这些直觉相冲突。杰克逊和佩蒂特给出了许多不同领域的例子，但这里我只关注其中一个例子。设想我们用一个封闭的玻璃容器烧水，而水达到了使玻璃破裂的温度。如何解释玻璃的破裂？直觉上，我们想说的是，玻璃破裂是因为水的温度：水的温度与玻璃破裂在因果上相关。然而，上述假设（1）—（4）蕴涵着水的温度实际上和玻璃破裂在因果上无关。为什么会这样？杰克逊和佩蒂特做了如下说明：

玻璃为什么破裂？第一个回答是：因为水的温度。第二个回答，简单地说，因为如此这般的分子（分子群）撞击容器表面如此这般的分子键所具有的动量。仅当动量属性有效，温度属性才有效，所以 3（i）满足。但水的温度是一种总体统计（aggregate statistic），尽管如果它有效，就会促成破裂的产生，却不会以同样的方式促成分子动量的产生，所以 3（ii）满足。而且温度和动量相结合也不会在同一种意义上促成破裂的产生：人们只需根据关于分子及相关规律的充分知识，就可以预测这种破裂。所以 3（iii）满足。（1990，110）

所以，根据假设（3），水的温度对玻璃的破裂来说并非在因果上有效。由此，根据（4），水的温度和玻璃的破裂在因果上无关！杰克逊和佩蒂特对这种违反直觉的结果的回应是否认假设（4），即除了在因果上有效，还可以通过其他途径在因果上相关。即便一个属性并非在因果上有效，它仍然可以为一种不同的低阶（lower-level）属性的存在而编程，而这种低阶属性确实在因果上有效，那么在这种意义上，这个属性可以在因果上相关。杰克逊和佩蒂特对此做了如下一般解释：

尽管温度属性本身不是有效的，但它的实现确保可以得到一种有效属性：我们不妨认为这种属性涉及如此这般的分子。高阶属性的实现不会像低阶属性的实现那样产生破裂。但这意味着可以得到一种合适的有效属性，它也许涉及如此这般的特定分子，也许涉及其他分子。由此，温度和玻璃的破裂在因果上相关，这种相关性虽然不是指有效，它的意义却是完全切题的。温度在玻璃产生破裂的过程中没有起任何作用——它完全无效，但它具有这种相关性：确保存在某种属性，可以发挥所需的效力。（1990，114）

为什么把关于温度属性的这种解释称为"编程解释"？

要描述这种属性的作用，一个有用的比喻是说，它的实现为有效属性的出现而编程，并且根据某种条件，也为产生的事件而编程。这就类似于电脑编程，确保会产生某些满足特定条件的东西，尽管这些东西的产生完全是一种低阶的机械层面运行的结果。（1990，114）

由此，温度属性虽然无效，它的实现确保可以出现某种低阶属性，即"如此这般的分子具有如此这般的动量"的属性，这种属性对玻璃产生破裂来说是有效的。于是，尽管温度属性并非在因果上有效，它仍然在因果上相关。

不过，编程解释为什么有用？这是因为：

关于事件 e 的编程解释，可以提供相应的过程（即低阶、机械的）解释（process explanation）无法提供的信息。由此，它也许是过程解释不能取代的一种解释……水没有达到沸腾的温度，水分子的动量也能使容器破裂。那么，要知道温度有解释效力，为相关结果而编程，就得拥有无法从相应的过程解释中获得的信息。（1990，116—117）

杰克逊和佩蒂特进一步指出：

编程解释提供的信息不同于相应的过程解释提供的信息，因此拥有过程解释信息的人可能会缺乏这种信息。过程解释告诉我们事情实际上是什么样子，譬如，如此这般的分子的动量造成玻璃破裂。编程解释则告诉我们事情本来可以是什么样子。它提供关于事情的模态信息，告诉我们，例如，在任何与原初情况本身足够相似的情况下，水达到沸腾温度这一事实，意味着将有一种涉及特定分子动量的属性得到实现，这种属性在这些情况下足以产生玻璃的破裂。在现实世界，导致玻璃破裂的是这个、那个以及另一个分子，而在它们被其他分子取代的可能世界，破裂仍然会发生。（1990，117）[1]

---

[1] 我改变了杰克逊和佩蒂特在这段引文中实际使用的例子。

斯特金可以将不可还原的道德属性和它们所随附的自然属性之间的关系，看作类似于例如，温度属性和分子的动量属性之间的关系吗？如果可以，他就能进而主张，道德属性尽管并非在因果上有效，仍然在因果上相关，因为它们可以在编程解释中发挥作用，类似于温度属性所发挥的作用；而且没有这些编程解释，会造成解释上的损失，所以在合适的意义上，它们可以算作"最佳"解释。这样，无需假定存在德沃金所说的"魔子"，斯特金就可以认为无法还原的道德属性可以在最佳解释中出现。

　　为了考察如何实行上述思路，让我们回到艾伯特和简的例子。简看到艾伯特在折磨一只猫，从而形成了这一信念：艾伯特的行为是错误的。我们能否依据艾伯特行为的错误性来解释简为什么形成这一信念，而这种解释可以合理地视为最佳解释？艾伯特的行为具有某些自然特征，比如，往猫身上泼汽油以及把火点燃，这些特征使得"艾伯特的行为是错误的"为真，并且对简产生"艾伯特的行为是错误的"这一信念来说在因果上有效。（如果存在更低阶的在因果上有效的自然属性，这里所援引的自然特征就只是在因果上相关，但这里我们可以忽略这种复杂情形。）我们可以说，依据艾伯特行为的错误性对简的信念的形成所做的解释，是一种编程解释吗？看起来我们可以这么说。首先要注意的是，艾伯特行为的错误性对产生简的信念来说在因果上无效：艾伯特行为的错误性对产生简的信念有效，仅当某个或某些自然属性有效，并且对产生简的信念来说，这种错误性和这些自然属性既不是序列式的因果因素，也不是并列式的因果因素。但我们可以说，错误性为一个低阶自然属性的存在而编程，这个自然属性对产生简的信念有效。我们可以说，这种编程解释在相关意义上是最佳解释吗？看起来我们可以这么说。关于依据存在某些具有如此这般动量的分子对玻璃破裂进行编程解释，杰克逊和佩蒂特提出了两点看法，我们也可以采取类似的观点。往一只猫身上泼汽油，然后点燃它，会导致简相信她刚刚看到的行为是错误的，即便这种行为不是错误的；考虑这种极端情况：为了让猫免遭比火烧更大的厄运，艾伯特只能选择把它点燃。而且，这样的编程解释给我们提供了相应的过程解释未能提供的模态信息：在点燃这一属性被其他自然属性，比如对猫进行电击所取代，简仍然会形成"艾伯特的行为是错误的"这一信念。由此，我们可以依据艾伯特行为的错误性，对简的信念的形成进行编程解释，如果缺乏这种解释，就会造成解释上的贫困。所以，这种解释在相关意义上是一种最佳解释。

初看起来，斯特金的其他例子也可以这样来说明。希特勒的败坏性为某些非道德属性的存在而编程，对我们产生"希特勒道德败坏"的信念来说，这些属性是有效的。这个例子中不太清楚的是，杰克逊和佩蒂特关于温度／破裂的例子的第一点看法是否类似地成立；是否存在这样的可能世界：希特勒发动了世界大战并且企图实施种族灭绝，然而他仍然不是败坏的？这似乎是不可能的。[1]不过，他们的第二点看法确实类似地成立。编程解释给我们提供了相应的过程解释无法提供的模态信息：在其他可能世界，比如，希特勒没有发动第二次世界大战以及企图实施种族灭绝，而是有组织地把欧洲所有的猫都给点燃，我们仍然会形成"希特勒道德败坏"的信念。而在依据不那么极端的道德品质缺陷进行解释的例子中，似乎就可以类似地得到第一点看法。我的"琼斯是一个懦夫"这一信念可以依据琼斯的怯懦进行解释：这后一种属性为诸如"他无法直视任何人"这样的低阶自然属性而编程。而在某些可能世界，琼斯具有这种属性，但他只是腼腆而已，并无道德缺陷（这种解释也提供了模态信息：在其他可能世界，琼斯欺压比他自己弱势的人，却不敢直视我，我仍然会相信他是懦夫）。

---

[1] 但也许并非不可能。比如这样的世界：希特勒患了严重的精神疾病，使得无法认为他要对他的行为负责。

奴隶制的例子可以采取同样的处理方式。这个例子主张，之所以兴起对奴隶制的广泛抗议，是因为那个时期的奴隶制比其他时期的奴隶制更加恶劣："在特定时期在道德上更加恶劣"这一属性为诸如"奴隶们遭受更加残酷的条件"这样的自然特征的存在而编程，就产生对奴隶制的更广泛抗议而言，这些特征在因果上有效。同样，编程解释可以传达相应的过程解释所缺乏的信息。奴隶们面临的条件可以因为"奴隶制在道德上变得更加恶劣"这一事实之外的原因而变得更加残酷，而且在某些可能世界，奴隶们面临的条件没有那么残酷，却仍然会兴起对奴隶制的更加广泛的抗议（也许是因为奴隶们虽然营养充足并且待遇良好，却被用于从事道德上更加恶劣的活动）。

塞尔–麦科德给出了与上述例子相似的其他一些例子。他写道：

> 除了诉诸道德属性，我们无法确认和解释某些真实的规律性，例如，诚实产生信任、正义赢得忠诚抑或友善促进友谊。确实，许多美德（诸如诚实、正义、友善）和劣行（诸如贪婪、淫乱、施虐）以这种方式出现在我们对许多自然规律性的最佳解释中。通过道德解释我们可以辨明，使一个人、一种行为或者一种制度产生其所产生的那些影响的到底是什么。而且这些解释基于的是确立了人、行为和制度的某些共同特征的道德概念，这些特征无法诉诸更加精细或者不同结构的范畴来把握。（1988，276）

塞尔–麦科德实际上表明，我们可以依据诚实、正义和友善，分别给信任、忠诚和友谊提供编程解释，而且这些解释的缺失蕴涵着解释上的损失，所以在相关意义上它们可以算作最佳解释。

我将在第 8.9 节对这种建议进行评价，即我们能以上述方式利用编程解释来维护康奈尔派实在论。在那之前，我将考察另一种可能的维护方式，即大卫·威金斯的"证明解释"（vindicatory explanation）概念所提出的思路。

8.6 证明解释

什么是证明解释？这种观念来自大卫·威金斯（例如，参见其1991），并在某种程度上由克里斯平·赖特（1992，第5章）所发展。接下来，我的讨论主要基于赖特对威金斯的阐述与发展。

人们为什么会认为，某类话语的主题并非必然出现在对我们经验的最佳解释中？直接得出这种结论的一种方式是，把这里所说的解释理解为因果解释，然后指出这一事实：该类话语的主题不能进入任何因果关系。如果人们认为数学的主题是抽象的，因而据其本质无法进入因果关系，那么数学话语便是一个例子。威金斯指出，只要我们质疑相关解释是否全都必须是因果解释，就能避免得出前述结论。如赖特所说，威金斯质疑这样的主张：

> "因为 P 人们认为 P"这一信念可以成为一个可接受的主张，仅当我们可以认为事实或事态 P 处于因果序列之中……并由此可以潜在地作为人们关于它的信念的直接因果来源。（1992，184）

更确切地说，我们应该追问，下述形式的解释即"证明解释"是否可能：

> 出于这个、那个或者其他理由（这里由解释者确定这些理由），除了认为 P 之外别无选择；所以，P 是一个事实；所以，已知各种情况，已知主体的认知能力和机遇，并且已知他得出除了认为 P 别无选择，那么，他相信 P 也就不足为奇了。（Wiggins，1991，66）

他以他的儿子及其同学相信"7+5=12"为例，对证明解释进行说明：

关于他们为什么全都相信这一点，最佳解释并不是他们学习并接受"7+5=12"这一真理，而是（我希望并且相信是如此）：

（i）正如运算规则的应用表明（并且最终可以得到严格证明），"7+5=12"是一个事实。除了认为"7+5=12"别无选择。

（ii）关于我儿子及其同学共有的信念，最佳解释是他们根据运算规则表明，除了认为"7+5=12"别无选择。倘若别无任何其他想法，那么这就不足为奇了：如果他们的信念符合运算规则，他们就一致相信"7+5=12"。（1991，67—68）

根据赖特的观点，证明解释的一般形式体现为如下主张：

第一个主张是，当适用于提出 P 的学科的评价程序得到正确应用，除了断定 P 别无选择；第二个主张是，这些程序的应用引导相关主体形成信念 P。（1992，185）

这里有争议的是，诉诸证明解释是否真的能确保得出一种"因为7+5=12，威金斯的儿子认为 7+5=12"形式的解释性主张。看起来，威金斯并非真的要寻求这种形式的解释性主张，其中的"因为"表示某种非因果的解释。毋宁说，当提出一种证明解释，他寻求的是一种因果解释，虽然这种解释的解释项不是"7+5=12"这一事实。威金斯本人对这一点做了如下说明：

证明解释是因果解释，但它们援用的因果性不是指心灵和价值之间，或者心灵和整数之间存在的因果性。对"除了认为'7+5=12'别无选择，所以，他们认为'7+5=12'是不足为奇的"所体现的解释模式指什么，这是一种严重的误解。（1991，80）

赖特进一步指出：

证明解释援用的不是"7+5=12"这一事实，而是这样的事实：根据对相关规则的正确应用，除了认为"7+5=12"别无选择；这就是说，充分小心谨慎地应用适用于该学科的评价规则，必定得出这样的结论：我们必须赞成它的某个语句。（1992，187）

由此，威金斯如何有权提出"因为希特勒道德败坏，我们认为希特勒道德败坏"之类的主张？要明白如何达到这一目标，我们必须做两件事。第一，表明我们在这个例子中可以提出一种证明解释；第二，表明我们如何能从证明解释达到"因为希特勒道德败坏，我们认为希特勒道德败坏"这一主张。

首先来看证明解释。可以说，当正确应用适用于道德话语的评价程序，除了断定"希特勒道德败坏"别无选择。而且可以说，至少就我们中的一部分人而言，"希特勒道德败坏"这一信念是在这些程序的应用的引导下形成的（尽管不像那些有争议的例子，在这个例子中，从这些程序可以直接和顺利地得出论断）。

现在，我们可以接着讨论赖特所说的对证明解释概念的"一种直接扩展"。我们可以表明，当正确应用适用于道德话语的评价程序，除了认为"希特勒的行为道德败坏"别无选择。那么，用赖特的话来说：

> 在这样的例子中可能出现的情况是，我们倾向于将应用于所发生的情况的修饰语转用于导致情况发生的源头，从而使用例如 F 或者类似词项来描述这些能动者。（1992，194）

这样我们就得到了一条解释链，即从（i）希特勒道德败坏，到（ii）他施行了某些行为，当正确应用适用于道德话语的程序，除了认为这些行为道德败坏别无选择，到（iii）我们对正确应用这些程序的反应是相信希特勒的行为道德败坏，到（iv）我们认为希特勒本人道德败坏。赖特的结论是：

> 对威金斯提出的那种解释进行这样的扩展，于是就能提供一种完全可接受的、自然的解释，即依据"希特勒道德败坏"这一事实来说明这些主体为什么相信["希特勒道德败坏"]。

（1992，194）

由此看来，康奈尔派实在论者似乎可以接受威金斯的证明解释概念。我将在第 8.10 节评价这种观点。

8.7 科普论伦理学中的解释与证成

大卫·科普（David Copp，1990）认为，康奈尔派实在论者的观点提出了他所说的"证实理论"（confirmation theory）。科普确立了证实理论的两个核心论题：

> 其一，一部道德法典、一组道德标准或者一种规范性道德理论是一种经验理论，对它的证实要达到这样的程度：它有助于解释现象，并且是我们关于世界的最佳总体解释的一部分。其二，某些道德标准在这一基础上得到了充分证实。（1990，239）

科普拒斥这些主张，他声称，即便证实理论所假定的那些属性有助于我们对世界进行最佳解释，这也绝不意味着，这种理论中出现的关于这些属性的主张得到了证成。这就表明，道德理论不可能是证实理论所设想的那种经验理论，因为对经验理论的证成要达到这样的程度：它必定有助于我们对世界进行最佳解释。为了表明这一点，科普设想了一个怀疑论者，他特别关注道德标准，而不在意非道德规范和标准。这个怀疑论者承认"良善"和"正确"之类的道德词项所指称的属性，能以正当的方式出现在我们关于世界的最佳解释中，但认为"没有任何道德标准得到或者可以得到证成"（1990，224）。科普论证，如果这是可能的，那么就会对康奈尔派实在论构成威胁，因为根据证实理论，对道德标准的证成恰恰要达到这样的程度：它们所援用的属性有助于我们对世界的最佳解释。

对这里的讨论来说有用的是，给第 8.2 节所概述的康奈尔派实在论者的论证增加几个步骤。这些步骤类似于那一节概述的，哈曼反对康奈尔派实在论的论证中出现的涉及证成的那些步骤。现在，支持康奈尔派实在论的完整论证如下：

（1）P是真正的属性，当且仅当P必定在关于经验的最佳解释中出现。

（2）道德属性必定在关于经验的最佳解释中出现。

所以，

（3）道德属性是真正的属性。

并且，

（4）如果"P"指称真正的属性，并且x具有那种属性，那么判断"x是P"得到了证成。

所以，

（5）道德判断有时候可以得到证成。

科普实际上是质疑（4）：倘若一个接受"P"指称真正属性的怀疑论者，可以否认判断"x是P"得到了证成，（4）就不可能为真，因此不可能得出结论（5）。为表明这一点，科普首先以法律理论和礼仪中的解释来类比。他写道：

> 艾伦被判盗窃罪解释了他为什么入狱。这里我们援用法律概念来描述导致他被监禁的事件。然而，法律并不像社会学那样是一种解释性理论。类似地，布伦达的粗鲁可以解释她在音乐会的举动。然而，礼仪标准不是解释性原则。如果它们可以得到证成，也并非基于它们的解释性效用得到证成。法律标准和礼仪标准都不是基于它们的解释性成效得到证成，但依然存在"法律解释"和"礼仪解释"。（1990，246）

其次，他考虑了尼采所说的超人（overman）概念。他写道：

> 尼采主义者可能试图基于斯大林（近乎）是超人来解释其残酷行径。但这只是一种常见的心理学解释……心理学甚至可以接受尼采式的概念，并假定存在"超人"人格，但我们绝不

会据此接受尼采主义道德。这是因为我们并不认为这个概念的解释性效用证成了任何标准，这种标准把成为超人当作一种美德或理想。（1990，247—248）

最后，科普提出了一个与功利主义相关的论证：

这个怀疑论者可以承认，当我们称事物为"良善"、"恶劣"，或者"正确"、"错误"时，是对事物的属性的反应。因此，她可以承认，对应我们在道德话语中使用的词项"良善"，也许存在某种"自然"属性，诸如具有最大社会效益这一属性。但是当一部道德法典将这种属性当作"良善"，例如通过规定只能寻求实现具有这种属性的事态，而非其他可以寻求实现的事态，她将需要对这部道德法典进行一种非乞题的证成……一个功利主义者可以承认，在他的共同体中使用的词项"正确"*筛显使社会效益最大化*这一属性。但他不会由此信从功利主义，因为这并不意味着一条要求我们使社会效益最大化的道德标准得到了证成。（1990，251）

不过在我看来，科普这里的论证错失了它们的预期目标。注意，科普非常明确地主张，上述这些例子中出现的怀疑论者并非仅仅是无道德者（amoralist），即承认事物是良善的、恶劣的，等等，却宣称看不到任何理由依据这些判断来行动。科普承认，这种无道德式怀疑论者的可能存在不会威胁到证实论者，"除非能够表明，关于道德与道德理由或道德动机之间关系的外在主义，不是一种可行的理论进路"（1990，245）。由于康奈尔派实在论者是外在主义者（参见第 9.9 节），并认为元伦理理论应该把无道德式怀疑论者当作真正可能的存在，所以，确定这样的怀疑论者的确可能存在，完全不会对康奈尔派实在论造成损害。然而，这实际上就是科普设法确立的全部内容。要看到这一点，注意科普在下面几段话中做出了一些重要让步：

很可能任何成功的解释……都倾向于证实某个命题。例如，如果艾伦被判盗窃罪解释了他为什么入狱，那么就存在**被判盗窃罪**这样的东西。法律解释的成功证实了相应的法律系统的存在。但它并不倾向于证成法律系统。类似地，如果布伦达的粗鲁解释了她在音乐会的举动，那么必定存在粗鲁这样的东西。这种解释的成功倾向于证实粗鲁这种精神品质的存在。但它并不倾向于证成任何禁止粗鲁举动的规范。（1990，247）

以及：

［超人］概念的解释性效用不会动摇我们的这种信念：不存在有充分根据的规范，规定我们要努力成为超人。（1990，248）

以及最后：

一个功利主义者可以承认，在他的共同体中使用的词项"正确"筛显使社会效益最大化这一属性。但他不会由此信从功利主义，因为这并不意味着一条要求我们使社会效益最大化的道德标准得到了证成。（1990，251）

让我们看看发生了什么。在上述每个例子中，为了拒斥康奈尔派实在论者论证的步骤（4），科普的怀疑论者被认为承认相关属性（被判盗窃罪、粗鲁、成为超人、使社会效益最大化）可以在关于世界的最佳解释中出现，尽管"艾伦被判盗窃罪"、"布伦达是粗鲁的"、"斯大林是超人"等判断，都没有得到证成。然而情况并非如此。科普的怀疑论者承认，"艾伦被判盗窃罪"、"布伦达是粗鲁的"、"斯大林是超人"等判断实际上得到了证成，但拒绝进一步承认这些判断的证成与行动理由之间的联系。由此，怀疑论者承认艾伦被判盗窃罪，却看不到任何艾伦为什么应该被监禁的理由；承认布伦达是粗鲁的，却拒绝认为我们有理由不在音乐会上举止粗鲁；承认斯大林是超人，却拒绝认为这给了我们仿效斯大林的理由。这里的每个例子中，我们面对的这种由无道德者所体现的怀疑论，恰恰是作为外在主义观点的康奈尔派实在论认为在概念上真正可能存在的。所以，科普未能确立一种可能存在并且会危及康奈尔派实在论的怀疑论者。[1]

8.8　道德孪生地球与新型开放问题论证

本节我要讨论康奈尔派实在论的核心主张，即语义学主张，并介绍一些可以用于反驳这种语义学主张的论证。

康奈尔派实在论者认为，诸如"良善"这样的基本道德词项的语义学，类似于普特南（1975）和克里普克（1980）的著作中提出的，诸如"水"和"黄金"这样的自然品类词项的语义学。[2]我先非常粗略地概述一下普特南和克里普克关于自然品类的看法。

要理解克里普克和普特南对自然品类词项的语义学解释，最容易的方式也许是以他们对例如"黄金"的语义学的看法，来比照著名经验主义哲学家约翰·洛克（1689）所赞成的观点。对于黄金这样的物质，洛克区分其名义本质（*nominal essence*）和真实本质（*real essence*）。黄金的名义本质是一组表面特征，通过这些特征我们通常可以识别出某种东西是黄金的一个样品：即符合"黄色、发亮、坚硬的物质，等等……"的东西。另一方面，黄金的真实本质则是隐藏的化学结构，这种结构通常导致黄金的样品具有其名义本质中出现的那些表面特征（在黄金的例子中，真实本质是具有原子序数 79）。洛克提出的关于真实本质和名义本质的主张，包括如

166

---

[1]布莱克本提出了一种类似 Copp（1998a，119—121）的观点。对科普处理康奈尔派实在论的另一种反驳，参见 Leiter（2001，89）。亦参见 Railton（1989，162—163）。

[2]老实说，我不确定通常称为"康奈尔派实在论者"的哲学家是否真的全都坚持这种关于"良善"的语义学主张。接下去的讨论只适用于那些坚持这种主张的人。那些没有这种主张的人需要给我们提供某种解释，说明"良善"的指称如何得到确定。

下看法：像"黄金"这样的物质词项的意义是由它的名义本质赋予的。由此，对洛克来说：

x 是黄金当且仅当 x 是黄色、发亮、坚硬的物质，等等。

但这不可能是正确的。如果洛克认为"黄金"的意义由它的名义本质赋予的看法正确，就不可能出现这样的情况：某种东西满足黄金的名义本质，但最终并不是真正的黄金。但是，显然存在不是真正的黄金却满足对其名义本质的描述的东西。实际上，现实中就有这样的东西：黄铜或者二硫化铁。克里普克和普特南指出，我们不应该认为对黄金名义本质的描述赋予"黄金"的意义，而应该把这种描述看成确定"黄金"一词的指称。这种描述通过下面这样的从句来确定指称：

GOLD：x 是黄金当且仅当 x 是由这样的物质组成，这种物质实际上是我们感知到黄色、发亮、坚硬等属性的共同实例化（co-instantiations）的主要原因。

这种物质便是具有原子序数 79 的那种物质。由于二硫化铁的样品不具有这个原子序数，它就不算黄金的样品。

著名的"孪生地球"（Twin-Earth）思想实验旨在表明，对于"水"也应该采取类似的语义学解释。孪生地球是宇宙远处的一颗星球，和地球完全相同，除了这一事实：孪生地球人用"水"这个词称呼的物质，尽管和我们的水具有相同的表面特征，却具有一种截然不同的分子结构 XYZ。设想一个地球人来到孪生地球，指着孪生威尔士天上落下的透明、无味液体的样品，说"这种物质是水"。他说得对吗？根据普特南的观点，我们直觉上认为他不对，因为地球人用"水"指称 H_2O，而这里指向的物质是 XYZ，所以他说的话为假。类似地，设想一个地球人和一个孪生地球人争论"水"是否可以用于称呼某种样品。他们是具有真正的分歧，还是仅仅在各说各话？根据普特南，我们直觉上认为他们在各说各话：因为地球人用"水"指称 H_2O，而孪生地球人用"水"指称 XYZ，所以不

167

存在真正的分歧。这就好像两个人争论"阿奇"的指称对象所处的位置，其中一个人用这个名称指称阿德莱德的一条狗，而另一个人用这个名称指称格拉斯哥的一个人（阿奇·多弗）。普特南认为，如果我们像下面那样，把"从天上落下的透明、无味液体，等等"的描述视作确定地球人的"水"的指称，这些直觉就能得到说明：

WATER（地球）：x 是水当且仅当 x 是由这样的物质构成，这种物质实际上是地球人感知到水的名义本质中出现的湿润，以及其他特征的主要原因。

这对孪生地球人来说是类似的：

WATER（孪生地球）：x 是水当且仅当 x 是由这样的物质构成，这种物质实际上是孪生地球人感知到水的名义本质中出现的湿润，以及其他特征的主要原因。

在地球人那里，恰当地起这种因果作用的是 H_2O，在孪生地球人那里则是 XYZ。因此，孪生地球人指称 XYZ，而地球人指称 H_2O，所以，我们关于孪生地球场景的直觉是可以接受的。

根据康奈尔派实在论者的观点，正如"水"和"黄金"指称自然品类，"良善"这样的道德词项也指称无法还原为任何其他品类的自然品类。特伦斯·霍根和马克·蒂蒙斯（Terence Horgan and Mark Timmons，1990，1992a，1992b）基于他们所称的"道德孪生地球"思想实验，提出了一个精致的论证，试图反驳这种主张：关于"良善"的正确语义学跟关于"水"和"黄金"之类的自然品类词项的语义学相似。

霍根和蒂蒙斯注意到，由于康奈尔派实在论者并不认为道德词项与自然谓词同义，摩尔的 OQA 从一开始就不能适用。由于"H_2O"没有被认为与"水"同义，我们就没有理由期望下述问题

（a）x 是 H_2O，它是水吗？

是一个封闭问题［这里"一个问题是开放的，当且仅当完全理解这个问题的人仍然可能不知道它的答案；否则它就是封闭的"

（1992b，155）]。所以下述问题

（b）x是N，它是良善的吗？

是开放问题，这不会给一种认为"良善"与"N"之间关系等同于"水"与"H_2O"之间关系的自然主义造成困扰。然而，霍根和蒂蒙斯提出了一种经过改进的摩尔式开放问题论证，这种论证针对的是这样的理论：认为"良善"与"N"不是同义词项，但仍然指称相同的自然属性。

在霍根和蒂蒙斯看来，即便克里普克和普特南对"水"的语义学解释是正确的，下述问题

（a）x是H_2O，它是水吗？

也可以是开放问题，但下述问题必定是封闭问题：

（c）x由这样的物质构成，这种物质实际上是地球人感知到水的名义本质中出现的湿润，以及其他特征的主要原因，x是水吗？

这是因为，虽然水的名义本质中出现的描述仅仅只是确定"水"的指称，它做到这一点却是通过出现在一个更复杂的从句中，即WATER（地球）的右边部分，该部分的确给地球人所使用的"水"赋予了意义。就克里普克和普特南对"水"的那种语义学解释而言，这当然不成问题，因为既然主张地球人使用的"水"的意义由WATER（地球）赋予，就可以主张（c）是封闭的，这完全符合关于孪生地球场景的直觉。

接着设想对地球人的词项"良善"来说，某个与WATER（地球）和WATER（孪生地球）类似的从句为真，就像这样：

GOOD（地球）：x是良善的当且仅当x具有属性M，这种属性具有如下因果作用：它的出现通常导致地球人去追求他们判断为M的事物；它的出现通常导致地球人鼓励他人去追求他们判断为M的事物；地球人赋予关于出现M的判断极大乃至最大的重要性，等等。

这对孪生地球人的词项"良善"来说是类似的：

GOOD（孪生地球）：x 是良善的当且仅当 x 具有属性 M，这种属性具有如下因果作用：它的出现通常导致孪生地球人去追求他们判断为 M 的事物；它的出现通常导致孪生地球人鼓励他人去追求他们判断为 M 的事物；孪生地球人赋予关于出现 M 的判断极大乃至最大的重要性，等等。

169

那么，我们期待看到的是，我们关于"道德孪生地球"的直觉和关于"水"的孪生地球实验的直觉是相似的。但什么是道德孪生地球呢？霍根和蒂蒙斯对道德例子中的孪生星球做了如下描述：

[地球人]对"良善"和"正确"的使用由某些功能属性所规定；而且……作为一个事实问题，这些功能属性是后果论属性，它们的功能性本质可以通过某种特定的后果论规范性理论……Tc 来把握。（1992b，163）

孪生地球人……对孪生道德词项的使用实际上由某些自然属性所规定，这些属性不同于规定[地球人]道德话语的那些属性。孪生道德词项所追踪的属性也是功能属性，它们的本质可以通过规范性道德理论，从功能上进行刻画。但这些属性是非后果论道德属性，它们的功能性本质由某种特定的道义论理论……Td 来把握。（1992b，164）

现在设想一个地球人来到孪生地球，并与一位当地人"争论""良善"可否应用于某种行为：地球人说"安乐死是良善的"，孪生地球人则说"安乐死不是良善的"。如果 GOOD（地球）和 GOOD（孪生地球）准确把握了他们分别使用的"良善"的意义，我们应该会发现自己具有这样的直觉：他们之间不存在真正的分歧，他们是在各说各话。然而，霍根和蒂蒙斯指出，关于这个例子我们具有相反的直觉：

倘若[GOOD（地球）和 GOOD（孪生地球）]为真，那么当认识到[在 GOOD（地球）中和在 GOOD（孪生地

球）中发挥相关因果作用的那些属性之间的〕这些差异，结果
就应该是，各方成员之间进行的关于良善性，关于它符合规范
性理论 Tc 还是 Td 的争论，看起来非常愚蠢……但显然，理
论群体之间的这种争论，在双方看来非但不愚蠢，还非常恰
当，因为他们会认为彼此的差异在于道德信念和道德理论，而
不在于意义。(1992b，166)[1]

由此，我们的直觉完全不符合我们在 GOOD（地球）和 GOOD
（孪生地球）为真的前提下所期待的东西。于是，这样的结果构成
了"强有力的经验证据"(1992b，166)，可以用于拒斥 GOOD（地
球）和 GOOD（孪生地球），并拒斥任何接受它们的元伦理学理
论，比如康奈尔派实在论。或者换一种表述方式：如果 GOOD
（地球）正确地给出了地球上使用的"良善"的语义学，下述问题

170
（c*）y 具有属性 M，使得这种属性的出现，通常导致地球人
去追求他们判断为 M 的事物；它的出现通常导致地球人鼓励
他人去追求他们判断为 M 的事物；地球人赋予关于出现 M 的
判断极大乃至最大的重要性，等等，y 是良善的吗？

应该是封闭的。但是，如道德孪生地球思想实验所显示的，(c*)
实际上是开放的（这就是为何霍根和蒂蒙斯把他们的论证称为一种
"新型"开放问题论证）。所以，GOOD（地球）未能准确描述地
球上使用的"良善"的语义学。GOOD（孪生地球）和孪生地球
上使用的"良善"也是如此。

这种"新型"OQA 有多大说服力？回想第 2 章，摩尔用于反
对定义自然主义的 OQA 遭到弗兰克纳这一反驳的拒斥：这个论证
完全相对于定义自然主义乞题。可以说，霍根和蒂蒙斯提出的新
型开放问题论证面临着类似的反驳。霍根和蒂蒙斯的论证要取得

[1] Horgan and Timmons（1992b，173，注释 22）提到，黑尔（1952，148—149）
对定义自然主义进行了类似反驳。

成功，我们必须有充分的根据确信问题（c*）是开放的，或者等价地说，我们关于道德孪生地球场景的直觉是正确的。然而，做出这样两个假设，已经预设这一观念为假：类似 GOOD（地球）和 GOOD（孪生地球）之类的表述给出了"良善"的语义学。由此，要成功反驳康奈尔派实在论者对"良善"的语义学解释，霍根和蒂蒙斯的论证只能预设这种观点是错的，从而相对于它乞题。

还可以回想一下，虽然弗兰克纳的反驳表明，OQA 未能提供一个对定义自然主义者的击倒式反驳，但这个论证有一些只对定义自然主义者构成一种挑战的改进版本，比如达沃尔、吉伯德和雷尔顿提出的版本。这一版本的论证没有乞题，因为它只依赖于主张我们具有相关直觉，而非更强地主张那些直觉是正确的。我们能类似地运用这种较弱但不会乞题的 OQA，至少在一定程度上影响康奈尔派实在论者对"良善"的语义学解释吗？这里我无法讨论这个有趣的问题，而只能留给读者去思考了。

8.9　对道德编程解释的评价

我在第 8.5 节概述了这种观点：康奈尔派实在论也许可以使用杰克逊和佩蒂特提出的编程解释概念来应对哈曼的批评。本节我将对这一观点进行评价。

我考察了四个例子：艾伯特、简和艾伯特行为的错误性的例子，希特勒道德败坏的例子，特定历史时期的奴隶制在道德上更加恶劣的例子，以及塞尔-麦科德提出的诚实与信任、正义与忠诚、友善与友谊的例子。我将讨论对其中几个特定例子的反驳，接着就编程解释概念在道德例子中的应用，做一些一般性的评论。

要把握编程解释的概念，两个条件必须成立：首先，编程解释必须解释真正的规律性；其次，编程解释必须在相关意义上是"最佳"解释。布赖恩·莱特（Brian Leiter）在其2001年的论文中质疑塞尔-麦科德的例子能否满足这两点。关于第一个条件：

> "诚实产生信任"是一种"真正的规律性"吗？相反，诚实带来的似乎往往不是信任，而是烦恼、怨恨或疏远；众所周知，人们不希望周围的人太过诚实。的确，太过诚实的人常被认为靠不住，原因正在于人们无法指望他或她保守秘密和缄口不言。[再者]……正义引发忠诚但也常常招致故意：许多人对公正的安排毫无兴趣，因此步步阻挠。此外，我们一定要和友善之人做朋友吗，抑或只是感激他们——甚或是利用他们？（2001，95）

我不确定这样的反驳是否有说服力。莱特关于塞尔-麦科德提出的"规律性"的说法本身没有问题，但塞尔-麦科德可以这样来回应：缩小解释的范围，不是［像莱特所预期的（2001，95，注释57）］通过提出"其他条件不变"从句，而是通过使用道德概念来对解释项和被解释项进行更具体的说明。例如，尽管诚实与信任之间也许不存在直接的规律性，但恰当的诚实与良善之人的信任之间看起来确实有一种规律性：恰当程度的诚实可以使道德高尚的人产生信任；类似地，正义会在公正的人中间赢得忠诚，而友善会在正派的人中间促进友谊。"恰当性"、"良善性"、"公正"以及"正派"之类道德概念的使用，会使相关的编程解释失效吗？如果康奈尔派实在论者试图给出一种关于道德词汇的还原论分析，这种循环就是致命的。但他们当然不会这么做。这里真正的担心是，道德概念以这样的方式出现会导致解释完全变得琐碎。然而不清楚的是，由此得到的解释是否真的琐碎。如果康奈尔派实在论者只把正义解释为"在公正的人中间赢得忠诚的东西"，那么这种解释是琐碎的。但康奈尔派实在论者可以回应说，他有一种关于正义本质的一阶规范性理论（其确切细节和这里的讨论无关）。只要他拥有这样一种理论，就可以辨别正义的安排，然后确定它们和公正之人的忠诚之间是否存在经验上的规律性。其他例子也是如此。所以在我看来，莱特对塞尔-麦科德的第一个反驳如果最终要击中要害，至少还需要做些补充。具体而言，需要论证一定程度上通过使用道德概念得到的"有限"规律性无法容纳非琐碎的编程解释。

莱特的第二个反驳是：

> 我们需要诉诸道德事实来解释认定的这些规律性吗——抑或只需假设相信他人诚实的人将会信任他人？事实上，后者显然是更好的解释，因为如果这里存在规律性，它只要求感知到诚实，而不要求真的出现诚实。感知到的诚实似乎完全可以像真实的诚实一样产生信任，而把真实的诚实作为规律性的基础，会将这样的例子遗漏在对规律性的解释范围之外：人们会信任那些只是看起来诚实，却并非真的诚实的人。同样，人们相信或认为"正义"的东西可能的确会引发忠诚，而当我们谈论真的正义——这常常是对特权群体的一种威胁，这种规律性就瓦解了。（2001，96）

这里，莱特提出（i）对诚实的信念和信任的产生之间存在规律性，以及（ii）"对诚实的信念产生信任"这一解释，比诉诸诚实本身的解释更好。我不确定这两个主张是否有说服力。首先，对诚实的信念和信任的产生之间是否真的具有规律性？假定准确地说，你不认为自己会信任某个你藐视的人，而且考虑到那些缺乏合适道德美德的人很可能会藐视那些他们相信是诚实的人，莱特所说的那种直接的规律性似乎并不存在。[1] 其次，为什么认为莱特的解释比"诚实让有道德的人产生信任"更好？倘若我们只有莱特提出的这种解释，就会导致解释上的贫困：我们就不知道信任能以两种不同的方式产生，一方面通过诚实本身，另一方面仅仅通过表面上的诚

---

[1] 所以实际上，这里以及下面（正义与忠诚），莱特实际上只能通过以适当方式使用道德词项收缩这些解释性主张来陈述他的竞争性解释。因此，如果为此目的使用道德词项对塞尔-麦科德来说是一个问题，那么对莱特来说也是一个问题。

实。利用依据诚实本身所进行的编程解释可以让我们明白，这些不同的可能性中哪种是真实情况。诚然，依据诚实本身对信任的解释无法说明这类例子：某人信任他人，仅仅因为他们看起来诚实。所以，莱特的解释确实做到了编程解释无法做到的事；可正如我指出的，编程解释也能做到莱特的解释无法做到的事。可以说，我们也可以类似地看待莱特关于正义与忠诚的评论。在邪恶的人中间，相信某件事或某个人是正义的，不太可能会增进对那个人或那件事的忠诚，而更可能助长虚假的忠诚和隐藏的敌意。而如果抛弃编程解释，我们就无法区分这些情形：忠诚的形成最终由正义本身来解释的情形，以及相对地最终仅仅由表面上的正义来解释的情形。

莱特同样反对斯特金的主张：我们可以解释希特勒为什么作恶多端，因为他道德败坏（从而依据他实际上道德败坏，来解释我们为什么相信他道德败坏）。莱特写道：

> 我个人的看法是，如果我在寻求关于希特勒行为的一个解释，而别人给我一个解释说"他道德败坏"，我会觉得这样的回答有点像开玩笑：这是把原话重复一遍，而非提出一个解释。（2001，94，注释 53）

这种解释看起来的确琐碎，但这也许是因为，斯特金未能选取最佳的例子，说明如何在解释中援用关于品质的事实。举一个不那么极端的例子，比如，在一个哲学研讨会上，琼斯公然对一名主讲嘉宾出言不逊，并且中途退场，摔门而去。一个新来的研究生请琼斯的一个同事解释这是怎么回事，得到的回答是"因为他是一个粗鲁、讨厌的人"。这种依据关于琼斯品质的事实对其行为的解释空洞吗？似乎并不空洞，它排除了这种可能性：琼斯之所以做出那样的举动，也许是因为他遭受了巨大压力或者罹患了精神疾病，而他在正常情况下都是彬彬有礼的。[1]另外，设想史密斯相信琼斯是

---

[1] 类似地，参见我之前对希特勒的例子的评论。

一个粗鲁、讨厌的人。我们可以依据"琼斯粗鲁并且讨厌"这一事实，给史密斯的信念一种"最佳"编程解释吗？也就是说，我们可否给出一种编程解释，这种解释的缺乏会导致某种解释上的损失？看起来我们可以。这种编程解释的缺乏会导致我们失去这样的模态信息：在相近的可能世界，琼斯在主讲嘉宾发言时举止得体，却对他的学生恶语相向，那么，史密斯仍然会形成"琼斯粗鲁并且讨厌"的信念。这表明，关于品质的事实可以在编程解释中发挥作用，而这种解释的缺乏会导致解释上的损失。

　　再来看斯特金关于奴隶制的例子，即这一主张：对奴隶制的广泛抗议之所以兴起，是因为那个时期的奴隶制比其他时期恶劣得多。前面我论述了基于什么样的理由，可以对此提出一种"最佳"编程解释。莱特则怀疑，依据奴隶制在道德上变得更加恶劣，无法给出任何有用的解释。莱特批评布林克的如下观点（1989，187），这种观点本质上与斯特金的看法相同，即 1990 年之前南非的政治动荡和社会抗议可以依据这一事实来解释：那个时期的南非充斥着种族压迫。莱特对布林克和斯特金的主张提出了两点批评。首先，他怀疑这种解释性陈述是否为真。为此他援用了卡尔·亨普尔（Carl Hempel）关于解释的"可预测性"（predictability）要求：

> 对于"X 为什么发生？"的问题，任何理性上可接受的回答所提供的信息，必须表明 X 是可以预测的——即便不是绝对发生……至少也有合理的概率发生。（Hempel，1965，369，转引自 Leiter，2001，96—97）

然而，"某个特定社会存在种族压迫"的事实对开展预测来说似乎没有"现金价值"（cash value）：

> 南非的种族压迫已经存在了数十年，并未引发最终标志着种族隔离主义垮台的严重政治动荡和社会抗议。美国南部地区的种族压迫也是如此，其在内战后存续了将近一百年，只遇到了零星和微弱的反抗。那么，从历史学家的立场来看，种族

压迫"独特和专门"的解释作用到底是什么？得知一个社会存在种族压迫，据此可以做出什么预测？看起来，要真正解释为何某些时期会现实地发生对种族压迫的社会抗议，我们应该诉诸的难道不正是社会、经济和政治方面那些更基本的具体事实吗？（2001，97）

况且，即便前面那种解释是可信的，也不确定它是否优于另一种解释，即通过主张"无论种族压迫是否真的不正义，人们相信它不正义"（2001，97）做出的解释。所以，莱特怀疑奴隶制的例子能否支持康奈尔派实在论者的观点。

初看起来，莱特的反驳似乎颇为有力，虽然他对上述例子有夸大之嫌：人们并不预期种族压迫会立即导致社会动荡，就像玻璃的温度导致玻璃破裂；因此，经过数十年才发生社会动荡这一事实是无关紧要的。不过从表面上看，这一主张确实是可信的：这里不存在一种进行编程解释所需的充分的规律性。然而，当莱特说"要真正解释为何某些时期会现实地发生对种族压迫的社会抗议，我们应该诉诸的正是社会、经济和政治方面那些更基本的具体事实"（2001，97），他实际上自己否定了这一表面上可信的主张。已知莱特这种说法，并且已知为这类社会、经济和政治事实的存在而编程的种族压迫，可以得出存在一种规律性，这种规律性最终确保我们可以依据种族压迫对社会动荡进行编程解释。而且正如之前所表明的，我们有理由认为，缺乏这种解释会导致解释上的损失，所以它属于最佳解释。[1]

由此，通过运用我所提议的那种编程解释概念，康奈尔派实在

---

[1]事实上，编程解释可以回应莱特（98—101）在讨论 Cohen（1997）时提出的这一主张：康奈尔派实在论者通过证成对依据道德事实和属性的解释的使用，充其量只能得出道德概念提供的分类体系使得事情"看起来不同"。编程解释可以让康奈尔派实在论者提出这种观点：如果无法利用依据道德事实的解释，就会导致某种解释损失。

论的支持者也许可以让他们给出的那些特定例子免受莱特这样的批评者的反驳。但现在我要指出的是，康奈尔派实在论最终无法凭借编程解释，把不可还原的道德事实纳入我们的本体论清单中。

编程解释的运用在这里面临的主要问题如下。我们正在考虑的问题是，通过在"最佳"编程解释中出现，某类高阶属性能否获得它们的本体论权利。为了说明这个问题，让我们设想自己可以不受限制地认知通达关于低阶属性如何分布的事实，然后追问编程解释能否用于证成这一点：我们的本体论可以包含相关的高阶属性。答案看起来是否定的。在我认为可以使用编程解释并且编程解释是"最佳"解释的所有例子中，它们之所以是"最佳"解释，即缺乏它们会导致解释上的损失，直接原因在于面对那些关于低阶属性的事实，我们存在某种认知局限。[1] 考虑温度和玻璃的例子，我曾以此为范例来说明如何将编程解释应用于道德例子。回想一下，编程解释之所以是"最佳"解释，是因为它可以传达过程解释无法传达的如下信息：（i）水处于沸腾的温度，以及（ii）玻璃在相近的可能世界中依然会破裂。

首先可以看到，在我们关注编程解释能否赋予本体论权利的情况下，（i）实际上不相干。倘若我们假定存在关于分子温度的事实，如果缺乏编程解释就会缺失关于这种事实的知识，那么，我们已经假定了一开始要证明的东西，即存在相关种类的高阶事实和属性。假定"对 P 的无知构成一种认知局限"，这已经假定 P 是一个事实。在我们试图为 P 类型的事实争取本体论权利的语境里，这种"认知局限"完全不相干。

由此，只有对缺乏（ii）这种信息的人来说，依据玻璃温度来解释玻璃破碎的编程解释才是"最佳"解释。但是很可能当我们追

---

[1] 严格说来，这里我们应该说低阶属性以及其他各种高阶属性，但为了使论述容易把握，我在文中略去了这一点。

问哪些属性可以获得本体论权利，我们应该关注的是，从超越所有这些认知局限的视角来看，哪些属性会出现在世界中。于是在这种语境里，要问的问题不是对那些面对低阶属性处于某种有限认知状态的人来说，编程解释的缺乏是否是一种解释上的损失，而是如果缺乏相关的编程解释，没有这些局限的上帝是否会遭受一种解释上的损失。[1] 鉴于上帝知道所有和相关过程解释有关的事实，以及和事物在相近可能世界的状态有关的模态信息，他显然不会遭受这种损失。那么，编程解释如何能让高阶属性获得本体论权利？类似地，倘若我们假定上帝知道所有关于道德信念的自然主义解释，[2] 以及关于事物在相近可能世界的状态的模态信息，编程解释的缺乏显然不会导致他遭受一种解释上的损失。[3] 可见，对上帝来说，援用道德事实和属性的编程解释不是最佳解释；所以，就运用编程解释来让它们所处理的高阶属性获得本体论权利而言，它们不算真正的最佳解释。[4]

因此我认为，编程解释无法以前述方式维护康奈尔派实在论者的这种主张：通过在我们关于世界的最佳解释中出现，不可还原的道德属性可以获得它们的本体论权利。下一节我要回到这一问题：证明解释的概念能否有效地用于支持康奈尔派实在论。

[1] 在康奈尔派实在论和它的对手之间的论争中，相关低阶事实和属性的实在性不在争论之列。所以，重要的问题是，已知存在低阶属性和依据它们的过程解释，编程解释能为高阶属性取得本体论权利吗？因此"上帝"在这里只是一种启发手段，即指某个假定知道所有关于低阶属性分布的事实的人。

[2] 对某些类型的关于道德信念的自然主义解释的一种说明，参见 Leiter（2001，83—90）。

[3] 这符合本节的这一论证：一旦以某种其他方式获得了关于高阶属性的本体论权利，援用依据高阶属性的编程解释就没有什么不妥；那完全是另一个问题。所以，我在文中的评论并非意在批评杰克逊和佩蒂特对这个概念的使用（在他们的解释中，本体论权利是通过本书第 9.9 节概述的那种"网络式分析"获得的）。

[4] 在这种语境中使用编程解释概念的另一个潜在问题是，如何理解高阶道德属性与低阶自然属性之间存在的随附关系。如我们在第 4.2 节所见，这方面产生了某种真正的困难。亦参见 Horgan and Timmons（1992a）。

8.10 对道德证明解释的评价

我在第 8.6 节概述的观点是，依据希特勒道德败坏，可以提出一种证明解释，以说明我们为什么相信希特勒道德败坏。但关键问题当然在于，相关的证明解释是否是"最佳"解释。一种解释是最佳解释，如果没有它会导致真正的解释上的损失；一种解释不是最佳解释，如果对于相同的现象，存在其他"更好"的解释。所以，为了评价"关于道德信念的证明解释是最佳解释"的观点，我们需要了解哪些特征使得一个解释优于另一个解释。这方面我们可以援用撒加德（Thagard，1978）的一些直觉上可信的看法。[1]撒加德认为，理论解释可以具有的两个优点是融通性（*consilience*）与简单性（*simplicity*）。他对融通性的解释是："一个理论比另一个理论更加融通，当它相比另一个理论可以解释更多种类的事实。"（Thagard，1978，79）由此，融通性大致对应克里斯平·赖特所说的"宽宇宙论角色"（*wide cosmological role*）：

> 衡量一种话语主题的宽宇宙论角色的方式是，援用它所处理的那些种类的事态，在什么程度上可能有助于对事物进行解释，这种解释不是或者不是通过我们具有把这些事态当作对象的态度。（1992，196）

简单性衡量的不是解释对象，而是解释方式。一个解释比另一个解释更加简单，如果它在做出较少假设的同时，至少解释了同样多的东西，在开展解释工作时没有援用更广范围的各种事态。关于融通性与简单性的考量如何结合，以确定一个解释是否优于另一个解释？存在多种可能性，包括如下情况：如果 E1 和 E2 在融通性方面相似，而 E1 比 E2 简单，那么 E1 是更好的解释；如果 E1 和 E2 在简单性方面相似，而 E2 比 E1 解释了更多种类的事物，那么

[1] 这点上我与 Leiter（2001，80—83）的看法相近。

E2 比 E1 更好；如果 E1 比 E2 简单，并且 E1 比 E2 解释了更多种类的事物，那么 E1 明显比 E2 更好。这里，我们关注的是最后一种可能性。我们可以论证，由于满足这种可能性，对道德信念的自然主义解释明显优于证明解释。我首先将表明，证明解释在融通性和宽宇宙论角色方面表现非常糟糕。由于自然主义解释明显比证明解释简单，因为它们援用的解释因素中不出现道德事实和事态，意味着只要自然主义解释中援用的事态至少解释了道德信念之外的某些事物，自然主义解释就可以视作比证明解释更好。由此，证明解释无法让不可还原的道德属性和事态获得本体论权利。

赖特提出了一个令人信服的例子，表明道德事实和事态具有最窄宇宙论角色。他让我们比较某些岩石具有的湿润属性，和譬如顽童的行为具有的错误属性：

> 援用岩石的湿润性无疑有助于解释至少四件事：
>
> （1）我感知到并且由此相信岩石是湿润的。
>
> （2）一个（处于语前阶段的）小孩在触碰岩石后对他的手产生兴趣。
>
> （3）我滑倒在地。
>
> （4）岩石上长了很多青苔。
>
> 也就是说，这四种结果都可以归因于岩石的湿润性：认知上的影响，前认知的感觉上的影响，对我们这些身体互动能动者的影响，以及对无生命的有机体和物质的某些原始影响。相比之下，尽管援用行为的错误性可以在某种证明解释中发挥重要作用，说明我为什么在道德上反对那种行为，从而说明我的反对进一步对世界所产生的影响，它看起来无助于直接（直接的命题态度）解释后面三类影响中的任何一种：前认知的感觉上的影响、互动式的影响以及原始影响。（1992，197）

由于对道德信念的自然主义解释明显比证明解释简单，那么要得出自然主义解释更好，我们只需表明自然主义解释中援用的事态不具有这种最窄宇宙论角色。不出所料，结果正是如此：

> 自然主义解释运用的机制可以解释的东西远远超出……道德信念和观察结果……这完全不足为奇。毕竟一般而言，自然主义解释首先是为了说明其他现象而提出的，之后才发现它们可以应用于道德的例子。例如，弗洛伊德派的解释背后的因果机制不仅可以用于解释道德，还能解释各种神经症以及日常生活中的精神病。将进化论解释应用于道德现象，是一件相当晚近并且时有争议的事；相比之下，对生理特征、社会现象以及其他事物的进化论解释比比皆是，而且许多解释如今已经深入人心。（Leiter，2001，88）

诚然，在这里，人们可以通过主张依据低阶自然事实的自然主义解释是无用的解释，为康奈尔派实在论辩护。但这样的论证不太可能成功，而且更重要的是，这种建议在某种意义上完全不得要领，因为康奈尔派实在论者并不希望取消这些自然主义式的解释：他们要论证的是，即便已知可以得到某种相关的自然主义解释，不可还原的道德属性通过在“最佳”道德解释中出现，仍然可以获得它们的本体论权利。

由此，我的结论是，道德证明解释成为最佳解释的可能性微乎其微。康奈尔派实在论者无法使用证明解释的概念来建立（2）或者拒斥哈曼的（2a）。鉴于尝试使用编程解释的概念同样无法达到这些目的，我们可以说，康奈尔派实在论者支持道德实在论的论证，以及他们面对哈曼的挑战为道德实在论所做的辩护都是失败的。下一章我将接着讨论几种还原论自然主义式认知主义。

8.11　进阶阅读

179

把握哈曼与斯特金的论争的最好方式是对照阅读两人的著作：

Harman（1977， 第 1 和 2 章，1986），Sturgeon（1986a，1986b，1988，1991，1992，2006a，2006b）。要更多地了解康奈尔派实在论，参见 Brink（1989）、Boyd（1988）和 Sayre-McCord（1988）。对这场论争的评论参见 Blackburn（1991，1993a，第 11 篇文章）、Cohen（1997）、Copp（1990）、Dworkin（1996）、Leiter（ed.）（2001b）中 Leiter 和 Svavarsdottir 的 文 章、Quinn（1986）以 及 Snare（1984）。Leiter（2001a）对这场论争做了有用的概述，并提出了一些反对康奈尔派实在论的有趣论证。想要清晰把握这些论题，Wright（1992，第 5 章）不可不读。想了解编程解释，参见 Jackson and Pettit（1990）以 及 Jackson，Pettit and Smith（2004）"心理解释与社会解释"部分中的其他文章。想了解关于第 8.9 节中的论证的进一步争论，参见 Nelson（2006）、Miller（2009）、Bloomfield（2009）以 及 Field（2010）。想了解证明解释，参见 Wiggins（1991）、Wright（1992， 第 5 章 ） 和 Wiggins（1996）。"道德孪生地球"论证可以在 Horgan and Timmons（1990，1992a，1992b 和 2000）中读到。相关回应参见 Gampel（1997）、Copp（2000）和 Merli（2002）。哈曼关于道德品质的近著也有助益，参见 Harman（1999）、Athanassoulis（2000）、Harman（2000）。Majors（2007）对关于道德解释的近著做了简短而有用的介绍，Sinclair（2011）是一篇与本章维护道德解释的思路大体一致的佳作。

第9章

自然主义之二：还原论

上一章我讨论了康奈尔派实在论者维护的一种重要的当代认知主义式自然主义。本章继续考察另一种当代认知主义式自然主义：雷尔顿的还原论，以及弗兰克·杰克逊和菲利普·佩蒂特提出的那种"网络式分析"（network-style analyses）所蕴涵的还原论。我们首先简要说明雷尔顿那种自然主义的本质，并说明他的自然主义如何有别于康奈尔派实在论。继而概述他的非道德价值理论，并解释他如何基于这种理论来阐述道德正确性。接着考虑针对雷尔顿的立场提出的一些重要反驳。然后概述"网络式"还原论，并试着评价最近针对它提出的若干反驳。我尤其要讨论道德心理学中的两个重要论争，即内在主义与外在主义之间的论争，以及理性主义与反理性主义之间的论争。

9.1 方法自然主义与实质自然主义

雷尔顿区分了两种不同的自然主义，即他所称的**方法自然主义**与**实质自然主义**。雷尔顿对方法自然主义的界定如下：

> 方法自然主义认为，哲学并不拥有一种独特的先天方法，能够得到原则上可以免于任何经验检验的实质真理；相反，方法自然主义者相信，哲学研究应该是后天的，应该与自然科学

和社会科学中广泛开展的经验研究并列，甚或是后者的一个特别抽象和一般的部分。（1989，155—156）

以及：

方法自然主义者是这样的人，他采用后天的解释方法来说明认识论、语义学或者伦理学等领域的人类实践。（1993b，315）

方法自然主义是一种关于方法（method）的观点，实质自然主义则是一种关于实质（substance）的观点：

实质自然主义是……一种关于哲学结论的观点。实质自然主义者对某个领域的人类语言或实践提出哲学解释，其对该领域核心概念的解释方式符合经验研究。（1989，156）

以及：

实质自然主义者是这样的人，他对某个领域的实践或话语提出语义解释，这种解释依据的是可以在经验科学中"发挥作用"的属性或关系。（1993b，315）

方法自然主义与实质自然主义是不同的立场。设想某人在先天基础上论证，"良善"可以分析为"总体上可以促进最大多数人的最大幸福"。这种分析自然主义是摩尔OQA的主要批评对象。根据这种观点，"良善"可以解释成代表一种属性，即"总体上可以促进最大多数人的最大幸福"，这种属性可以在一门经验科学（心理学）中出现。由于对"良善"的这种解释是基于一种先天哲学分析得到的结果，它是实质自然主义观点的一个例证，却不是方法自然主义观点的一个例证。

反过来，人们可以是方法自然主义者，同时拒斥任何形式的实质自然主义。人们可以从采用后天的解释方法来说明道德话语入手，最终得出对道德判断的最佳解释是非认知主义。既然根据这样的非认知主义解释，"良善"之类的谓词不能理解为代表任何一种属性，它们更不可能理解为代表在经验科学中"发挥作用"的属性。通过将方法自然主义与实质非自然主义相结合，我们甚至可以在接受方法自然主义的同时否认实质自然主义。根据这种观点，"良善"之类的谓词代表自成一类的非自然属性，这类属性不会在经验理论中发挥作用。

　　最后，人们可以同时接受方法自然主义与实质自然主义。事实上，这正是雷尔顿提议的做法。雷尔顿明确指出，在这两者中，他对方法自然主义的承诺更为基本（1989，156；1993b，316）。那么，雷尔顿的方法自然主义是指什么，它又如何导向一种实质自然主义呢？这个问题的答案在于雷尔顿所说的"自然主义实在论的一般策略"，即

　　　　……依据某个领域的事实有助于后天地解释我们经验的特征，就可以据此假定这个领域的事实存在。（1986a，171—172）

对相关领域的事实进行假定是通过运用一种修正定义（*reforming definition*），例如，我们提出"正确"可以理解为代表某种自然属性 N，然后研究 N 是否有助于后天地解释我们经验的特征。这并不意味着言说者实际使用的"正确"代表或意指 N。问题"是 N 的 x 也是正确的吗？"在我们看来是开放问题，这一事实阻止我们按照这样的描述性分析来理解"正确"；然而这里提出的"定义""是可修正的，是修正论式的，必须凭借其对建构重要理论的促进作用来确立其地位"（1989，157）。由此，"我们的自然主义核心主张，根本上是综合的而非分析的"（ibid.）。可见，雷尔顿的方法自然主义在于提出一种关于道德概念的修正定义，要证明这种定义的正当性，必须诉诸这样的事实：这种定义可以有助于后天地解释我们经验的特征。一种修正定义最终可否接受是一个后天问题。[1]

---

[1] 参见 Brandt（1979，第 1 章）。

9.2 支配式自然主义与非支配式自然主义

我们到后面再讨论雷尔顿的修正定义及其解释价值的问题。这里先来看看雷尔顿如何避免一种潜在的批评。由此，我们可以从另一个方面对雷尔顿的自然主义与康奈尔派实在论进行比较。

雷尔顿指出，他接受的方法自然主义原则上可能导向这种观点：道德属性既是自然的，又是自成一类的，它们是不可还原的自然属性，虽然随附于**自然**属性（在上一章所界定的意义上），却凭其自身在经验解释中发挥作用。换言之，方法自然主义原则上可以导向上一章所讨论的康奈尔派实在论者那种非还原论自然主义。不过雷尔顿明确指出，相比康奈尔派实在论者的非还原论自然主义，他更赞成一种还原论自然主义：

> 我所说的自然主义者……接受一个还原论假设，即道德属性综合地等同于某种复杂的非道德属性。他之所以这么做，是因为他相信，这种等同有助于理解我们的道德及其在世界中的位置，包括诸如如何在语义上和认知上通达道德属性的问题，同时可以维护道德价值的规范性角色所具有的重要特征。（1993b，317）

既然雷尔顿的自然主义是一种还原论，这是否意味着它来源于某种"支配式"（hegemonic）观点，即认为世界只包含自然属性，或者来源于某种"唯科学论"（scientistic）观点，即认为世界只包含科学所研究的属性，并且"关于世界以及我们在世界中的位置，一切值得认识和谈论的东西……都属于科学理论"（1989，159）？雷尔顿强调，他这种自然主义既非"支配式"亦非"唯科学论"：

> 基于属性集合 S 来还原属性集合 R，即便无法主张 S 绝对完备，也可以增进知识。将 R 还原为 S，仍然可以告诉我们 R 在世界中的位置，而且如果关于 S 类型的属性存在完善的理论，或者 S 类型的属性在某种程度上看起来比（还原之前）

> R 类型的属性问题更小，那么这么做尤其有价值。(1993b,
> 318)

雷尔顿的还原论自然主义也没有承诺托马斯·内格尔(Thomas
Nagel)批评的那种"实在性测试"(test of reality)，后者写道：

> 假定这种［科学］解释上的必要性是对价值的实在性测
> 试，乃是乞题的……假定对世界的最佳因果理论只能包括实
> 在的东西，就是假定不存在无法还原的规范性真理。(转引自
> Railton，1989，160)

雷尔顿的自然主义是"非支配式"的：他并未在后天探究之前预
设某种"实在性测试"，使得特定领域人类实践的命运取决于能否
满足这种测试。因此，内格尔的乞题指责无从针对雷尔顿的自然
主义。

　　上一章我们看到，哈曼与康奈尔派实在论者之间的争论，如何
依赖于双方的这一共同假设：道德属性的实在性取决于道德属性是
否必然在关于经验的最佳解释中出现。雷尔顿虽然试图表明，具有
道德属性那种规范性角色的属性，也可以具有一种真正的解释性作
用，却不认为对一种属性的实在性来说，解释性效力是一个充分条
件。[1]由此，我们可以指出，雷尔顿的自然主义与康奈尔派实在
论者的自然主义有两个差异。首先，康奈尔派实在论者支持非还原
论观点，认为道德属性是自然、不可还原并且自成一类的属性，其
本身在经验理论中起解释性作用；雷尔顿则支持还原论观点，认为
通过可以在经验上证成的修正定义所给出的一种综合性的属性等同
关系，道德属性可以还原为复杂的自然属性。其次，至少某些康奈
尔派实在论者倾向于认为，对最佳解释的影响意味着我们可以把某
个领域的人类实践当作实在的东西来对待，雷尔顿的方案则不依赖
于对最佳解释的影响。

184

[1] 参见 Leiter (2001，80，注释 9)。

9.3　修正论种种

　　我们已经看到，雷尔顿的方案的实行方式是，依据复杂自然属性 N，给予"正确"这样的道德词项一个修正定义。它没有主张这是关于"正确"的意义的一种充分的描述性解释，从而没有主张"x 是正确的"这一判断的意义，事实上等价于"x 是 N"这一判断的意义。毋宁说，雷尔顿的观点是，我们对自己关于"正确"的理解进行修正，使得这两个判断的意义相重合（coincide）。（跟前面一样，由于这种修正必须在后天的基础上证成，这两个判断是否应该被视为在意义上重合的问题，最终也是一个后天问题。）设想这种修正定义最终在经验上得到了证成。那么，雷尔顿的解释蕴涵着关于道德正确性的日常判断的内容必须进行修正，即援用自然属性 N 来表述。由此，雷尔顿是一个关于日常道德判断内容的修正论者。他称这种修正论为表面内容修正论（*surface-content revisionism*）。不过，还存在另一种意义上的"修正论"，根据这种修正论，雷尔顿实际上是一个非修正论者。这涉及话语的基本语义。正如我们以前所指出的，道德话语的表面句法显示，它的基本语义可以直接依据事实与真值条件来赋予，而真诚地言说道德陈述，直接表达像信念这样可以用真值来评价的状态。如我们在前几章看到，非认知主义是一种关于道德话语基本语义的修正论：道德话语的正确语义并不是这种话语的表面句法所显示的那样。称这种修正论为基本语义修正论（*underlying-semantics revisionism*）。雷尔顿虽然是表面内容修正论者，却是基本语义非修正论者：根据他的解释，道德陈述具有真值条件，并且表达信念这样可以直接用真值来评价的认知状态。由此，雷尔顿的修正论与非认知主义者的修正论相对：非认知主义者修正道德话语的基本语义，同时试图维护日常道德判断的内容；雷尔顿则准备维护基本语义，同时试图基于方法自然主义来正当地修正日常道德判断的内容。

现在我们可以看到，雷尔顿的自然主义与康奈尔派实在论者的自然主义之间存在另外一些区别。由于康奈尔派实在论者避免以任何方式来用自然词项分析道德谓词，也没有提出任何关于道德语言的修正定义，他们的理论在前述两种维度上都是非修正论的：道德话语的语义正如它的表面句法所显示的那样，所以没有承诺基本语义修正论；同时日常道德判断的内容得到了维护，所以没有承诺表面内容修正论。

9.4 容纳性修正论与维护性还原论

雷尔顿的理论所包含的表面内容修正论，会导致抛弃"正确"与"良善"这样的道德概念吗？这取决于依据相关的修正定义所进行的那种还原的性质。从一种现象到另一种现象的还原，可以是维护性（*vindicative*）或者消除性（*eliminative*）的（1989，160—161；1993b，317）。雷尔顿举出"聚合水"（polywater）来作为后者的一个例子，它在 20 世纪 60 年代被认为是一种特殊的水。但人们最终发现，聚合水不过是实验室设备清洁不当所产生的包含某些杂质的普通水。由此得出的结论是，不存在聚合水这样的东西：从"聚合水"到"玻璃器皿不当清洗所产生的包含某些杂质的水"的还原是消除性的。依据带杂质的普通水对聚合水的解释中包含的这种修正论，实际上最终抛弃了聚合水的概念，因为这种修正排除了一个因素，即"聚合水是不同于普通水的化合物"这一观念，而如果这种修正是雷尔顿所说的"容纳性"（tolerable）修正，则必须保留这一因素：

> 修正论会遇到一种情况，这种情况更准确地说是抛弃一个概念，而非修正一个概念。容纳性修正与彻底抛弃之间没有明确的区分界线，但如果我们的自然主义者希望他的例子具有说服力，他必须表明他对［"良善"］的解释……最起码也是

容纳性修正的一个较为显著的例子。（1989，159）

有时候，一种还原可以充分保持完整无缺，从而确保修正是"容纳性"的。雷尔顿指出，从水到 H_2O 的还原就是这种性质的还原。这是对我们原先的"水"概念的修正，因为它蕴涵着一种曾被认为是构成自然世界万物的基本元素之一的物质，本身是由更基本的元素构成的。但这种修正是维护性的："从水到 H_2O 的成功还原使我们深信而不是怀疑水的真实存在。"（1989，161）从道德正确性到自然属性 N 的还原是维护性而非消除性的吗？雷尔顿希望它是维护性的。要达到这一点，需要表明（a）关于 N 的事实可以在关于我们经验的特征的解释中发挥真正的作用，以及（b）N 是这样一种属性，"通过明确的心理过程，能够以道德属性特有的方式使人们产生动机"（1993b，317）。换言之，雷尔顿关于道德的还原论建议是维护性而非消除性的，当且仅当就道德属性而言，它可以"将经验与规范可信地综合起来"（1986b，163）。

9.5　雷尔顿对非道德价值的实在论解释

雷尔顿的道德实在论源自他对非道德价值的实在论解释，非道德价值是指"这一概念：某种东西对某人来说是可欲的，或者对他来说是良善的"（1986a，173）。

当我判断一种食物、一门医学课程或一种人生之类的东西是有价值或者可欲的，我在判断什么？根据霍布斯的观点，倘若我判断某种东西是可欲的，我实际上是在判断我意欲它。[1] 在某种意义上，我们可以认为霍布斯是在提出一种粗糙形式的修正定义，也就是把"对 x 来说是可欲的"定义为被 x 所意欲。既然这是一种修

[1] 参见 Hobbes（1651，120）。

正定义，那么仅仅通过开放问题论证这样的先天测试，就无法拒斥它；而且可以注意到，对于被 x 所意欲的东西，它对 x 来说是否可欲总是一个开放问题。毋宁说，我们必须追问的是，欲望概念是否既能起一种解释性作用，又能起那种与可欲性概念相联系的规范性作用。雷尔顿指出，霍布斯的建议不满足后一个要求：

> ［霍布斯的］理论非常不理想，因为它看起来未能抓住价值判断的批评与自我批评特性的关键要素。诚然，根据这种理论，人们可以基于如下考虑来批评任何当前的特定欲望：它一定程度上与其他诸多欲望或者更强烈的欲望不符，抑或（倘若它是一个工具性的欲望）它源于错误计算人们所掌握的信息。但这远远没有穷尽评价的范围。有时候，对于当前我们的欲望所关注的事物，即便所有计算错误都得到了纠正，我们仍要提出关于这些事物的内在可欲性（intrinsic desirability）的问题。与关于欲望和厌恶的词汇不同，这似乎是关于良善性和恶劣性的词汇特有的一种功能。（1986b，11）

或者说：

> 正如事后常常证明的，我［现实的欲望］反映的是无知、混乱或者欠缺考虑。尽管当前我意欲某种东西，但如果我对它有更充分的了解，就会希望自己从未追求它，这样的事实看起来不建议把这种东西作为我的善益（good）的一部分。（1986a，173）

要避免这里雷尔顿针对霍布斯提出的反驳，一种方式是把"对某个人来说什么是可欲的"转变成这样的问题：如果他免于无知、混乱，等等，他的欲望是什么？我们不妨这样表述：对 A 这个人来说 X 是可欲的，当且仅当如果 A 拥有充分而明确的信息并且完全理性，就会意欲 X。这可以说抓住了霍布斯对欲望的解释中缺失的关于价值判断批评与自我批评特性的要素。然而，雷尔顿指出，这种表述看起来并不完全正确。哲学家乔在芝加哥一处贫民区的中心迷路时，对他来说一张地图是可欲的。但乔那个拥有充分信息并且完全理性的自我如果面临乔的处境，不会意欲得到一张地图，因为他已被假定掌握充分的事实信息，其中包括关于芝加哥地理环境的信息。一般而言：

> 一个拥有充分信息与理性的个体……用不着或者不需要那些适用于有限信息与理性的情况的心理策略；但他无疑希望他那个缺乏完备信息与完善理性的现实自我可以发展并运用这些策略。（1986b，16）[1]

这意味着要说明给定的一组情况下对某个人来说什么是可欲的，依据的不是他的理想自我如果处在那些情况下会产生什么欲望，而是他的理想自我希望他的非理想自我在那些情况下具有什么欲望。即便乔的拥有完善理性和充分信息的自我发现，自己在卡布里尼·格林（Cabrini Green）社区迷路时用不着地图，他想必希望他的现实自我在相同处境中会产生对这样一张地图的欲望。于是，雷尔顿提出的建议是：

> 一个个体的善益是指，他在这种情况下希望自己想要或者追求的东西：他立足于关于自身与环境的充分而明确的信息来考虑他的当前处境，并完全免于认知错误或者工具理性缺陷。（1986b，16）

重要的是注意到，这种建议旨在非循环并且还原地解释一个人的善益：这里的"充分信息"仅指充分的描述性信息，而不能包括例如关于对相关个体来说什么可欲的信息。类似地，"充分理性"是指"免于工具理性缺陷"。理性在这里不能视为指导人们确立特定的目标，而只是促进人们追求先行认定的目标。下面这段话清楚表明了这一点：

---

[1] 亦参见 Sidgwick（1907，105—115），Brandt（1979，10，113，329），Gibbard（1990，18—22）。

赋予现实个体 A 无限的认知与想象能力，以及关于他的身体与心理状况、能力、环境、历史等完备的事实信息与法则（nomological）信息。A 将成为 A+，具有对自身和环境的完整而明确的知识，并且其工具理性没有任何缺陷。现在我们让 A+ 说出的不是他当前想要什么，而是如果他发现自己处于他的非理想化自我 A 的现实条件或情况，他会希望 A 想要什么或者更一般地说追求什么。（1986a，173—174）

关于对一个人而言什么是良善的，这可以称为一种"完备信息分析"（full-information analysis）。为了看清这种分析能否确保得到一种可信的关于一个人的非道德善益的自然主义实在论，我们必须做两件事。首先，必须表明，据此定义的概念可以在解释我们经验的特征时发挥作用；其次，必须表明，据此定义的概念能够发挥和关于一个人的善益的事实相应的规范性作用。

雷尔顿指出，任何情况下"自然主义实在论的一般策略"要付诸实行，为了解释我们经验的相关特征所假定的实在，必须具备如下两个性质：

（1）独立性：它的存在和某些确定特征，独立于我们是否认为它存在或具有那些特征，甚至独立于我们是否有合适的理由这般认为；

（2）反馈性：它以及我们满足这样的条件：我们能够与它进行互动，并且这种互动可以对我们的知觉、思想和行为产生某种相应的塑造性（shaping）影响或限制。（1986a，172）

现在，我将阐述雷尔顿界定的非道德价值所能发挥的各种解释性作用，接着表明，他界定的非道德善益如何具有上述特征（1）和（2）。然后我再讨论规范性作用的问题。

雷尔顿举了这样一个例子：朗尼在国外旅行，途中感到难受和困倦。朗尼发觉自己产生了喝一杯牛奶的欲望（1986a，174—

175）。朗尼不知道的是，他的委顿和虚弱是因为他实际上已经严重脱水。而且，喝牛奶事实上会让他感觉更糟，因为牛奶不易消化，会让他的病体雪上加霜。在这些情况下，对朗尼来说什么是可欲的？根据雷尔顿的界定，这就是拥有完备事实信息与完善工具理性的理想化的朗尼，亦即朗尼＋在朗尼的处境中希望他自己想要的东西。鉴于朗尼＋知道朗尼身体不适的原因，并且知道喝牛奶只会让事情更糟，朗尼＋会希望现实的、非理想化的朗尼打消他对牛奶的欲望，转而产生对补充水分的纯净饮料的欲望。所以，在这些情况下，水对朗尼来说是可欲的。设想朗尼按照原来的想法喝了牛奶，结果不出所料，感觉更糟了。现在来比较朗尼与塔德（1986a，178）。塔德和朗尼的处境相似，但不同于朗尼，他事实上的确具有对补充水分的纯净饮料的欲望。我们可以想见，塔德＋会希望他的现实的、非理想化的自我在这种处境中想要补充水分的纯净饮料。塔德按照自己的想法，通过饮用大量的水而满足了自己的欲望。雷尔顿提出，我们可以援用非道德善益的概念，说明朗尼和塔德随后的不同际遇：朗尼感觉更糟，是因为他实际的欲望不符合对他而言可欲的东西；而塔德感觉改善，是因为他的欲望符合对他而言可欲的东西。由此，我们可以使用非道德善益的概念，解释朗尼和塔德对他们的生活状况有多大满足感。此外，如果塔德对水的欲望并非碰巧产生，譬如是源于自律或训练，我们就可以说，塔德感觉改善是因为他知道对他来说什么是良善的（而朗尼没有感觉改善，是因为他不知道对他来说什么是良善的）。[1]

关于对朗尼和塔德来说什么是良善的，相关事实满足前述独立性条件（1）吗？根据雷尔顿的界定，给定环境中对朗尼来说可欲的东西在于朗尼＋在朗尼的处境中希望后者想要什么。但反事实条件句"如果朗尼拥有充分的信息和完善的理性，他就会希望他

---

[1] 亦参见成功而快乐的会计师贝丝的例子（1986b，12—13，26）。

的非理想化的自我产生对水的欲望"所表征的事实本身并非独立地
为真，而是依赖其他某些事实而为真。这些事实是什么呢？朗尼 +
基于什么来决定他希望朗尼想要什么？雷尔顿认为是：

190

> 关于朗尼的处境与体质的事实，尤其包括那些决定他的当
> 前喜好以及他产生某些新喜好的能力、持续脱水的后果、各种
> 饮料的影响和效果等的事实。（1986a，175）

雷尔顿认为，正是根据这些事实，朗尼饮用补充水分的纯净
饮料是可欲的。由此，一般而言，拥有充分信息与完善理性的人希
望其非理想化并且欠缺信息的自我想要的东西，至多只是指示对后
者来说什么可欲；赋予"如此这般的东西对某个人来说可欲"的主
张以真值条件的，是关于理想自我希望非理想自我想要什么的反事
实条件句的还原性基础（reduction basis）。现在我们就能明白，独
立性主张（1）为什么成立：还原性基础中所有事实的存在和具有
某些特征，独立于我们是否认为它们存在或具有那些特征，甚至独
立于我们是否有合适的理由认为它们存在和具有那些特征。[1]并
且注意，在这些解释中，我们不能简单地把关于"朗尼的善益是什
么"的主张替换为"朗尼相信他的善益是什么"的主张。即便朗尼
自觉地相信在给定环境中喝牛奶是他的善益的一部分，我们仍然可
以依据如下事实来解释后来出现的结果：在那些情况下喝牛奶并不
是他的善益的一部分。（1986a，179；1986b，26）

那么反馈性条件（2）呢？相关事实如何与我们互动，这种互
动又如何塑造和限制我们的知觉、思想与行为？通过回答这一问
题，雷尔顿阐述了对一个人而言的非道德善益的概念可以发挥另一
种解释性作用，即用于解释一个人欲望的进化（evolution）。对如何
满足反馈性条件的这种解释，是通过雷尔顿所说的"愿望／利益机

---

[1] 当然，贝克莱式的观念论者可能否认后一个主张，但在当前的语境里这无关紧
要：我们假定的是某种关于外在世界的实在论为真，并探究道德在这样一个世
界中所处的位置。

制"（wants/interests mechanism）进行的：

> 愿望/利益机制……可以让个体通过经验获得关于他们
> 利益的自觉和不自觉的知识。在最简单的情形中，试验与出错
> 导致有选择地保留这样的愿望：它们可以得到实现，并且可以
> 给能动者带来令人满意的结果（1986a，179）。

回到朗尼的例子，设想他顺应自己对一杯牛奶的欲望之后，焦躁难
眠，于是外出散步，走到当地一家通宵商店找寻牛奶。让他失望的
是，牛奶已经售罄，而且要到早晨才重新上货。店主听出朗尼的苏
格兰口音，给他两瓶苏格兰铁酿（Irn Bru）。尽管没想喝铁酿，朗
尼还是买了，因为没有更好的饮料可选。他带着两瓶铁酿回到房
间，并在睡前都喝了。早晨醒来，朗尼感觉有些好转，想起那家商
店会有新上货的牛奶售卖，就打算前往购买。不过，当他来到这家
商店，他下意识地把感觉好转的事实归因于饮用铁酿，所以他又买
了两瓶铁酿而不是牛奶。喝了之后，他感到愈加舒畅，当天便接着
到同一家商店买了几瓶铁酿。这对朗尼的欲望有什么影响？虽然朗
尼一开始具有对牛奶的欲望，愿望/利益机制将他的舒适与对他来
说实际上可欲的事物联系起来，这可以让他后来面临类似情况时打
消对牛奶的欲望，转而产生对补充水分的饮料的欲望。由此，关于
对朗尼来说什么可欲的事实，可以解释他的欲望为什么以我们所设
想的方式进化。[1]

雷尔顿试着提出，上面这些解释可以支持某些有条件的预测
（1986a，182；1986b，28—29）。首先，既然一个人拥有充分信息与
完善理性的自我在他的实际处境中希望他想要的东西决定了他的善
益，我们就可以预期，如果其他条件不变，一个个体通常比他人能
更好地判断对他而言什么是良善的；其次，当一个人凭借经验掌握
更多信息，他对他的善益的了解也应随之增进；第三，由于一个能

---

[1] 亦参见雷尔顿举的会计师亨利的例子（1986b，26—27）。

动者的理想化自我会考虑非理想化自我的状态以及实际处境，我们就可以预期，具有"相似个人特征与社会特征"的人在类似情形中会倾向于拥有类似价值；以及第四，"在个体在其他方面（例如，在基本动机层面）非常相似，并且试验与出错机制有望得到有效运转（例如，无需专业知识）的那些生活领域"（1986a，182），对一个人而言良善的东西往往接近于成为对其他人而言良善的东西。雷尔顿没有绝对断言这些预测是正确的，但指出"它们与公认观点的一致，可以增加它们的可信度"（1986a，183）。

雷尔顿的例子表明，构成对朗尼而言什么可欲的事实，如何能在解释我们经验的特征时发挥真正的作用。那么，非道德良善性的规范性作用呢？根据雷尔顿的解释构成非道德良善性的事实，能发挥这种作用吗？这种作用是指什么？雷尔顿写道：

> 在我看来，至少当一个人拥有理性和知识，对他而言具有内在价值的东西，必须跟他某种程度上感到有说服力或吸引力的东西相联系，这种说法的确抓住了内在价值概念的一个重要特征。认为它完全无法以这样的方式吸引他，某人的善益就会成为一个极端异化的概念。（1986b，9）

以及：

> 内在良善性的概念的一个要点是，任何东西如果与行为的依据缺乏必然联系，它就不可能有内在价值……倘若某种东西不能给某个人提供积极的行为依据，我们就完全无法理解这种看法：这种东西对这个人而言内在地良善。对内在价值的解释如果不想超出可接受的修正论，就必须……抓住这一事实。（1989，171）

雷尔顿称这种观点为"关于内在非道德价值的内在主义"。[1]

192

---

[1] 我们将看到，雷尔顿不同意关于具体道德价值的相应主张。还要注意的是，这里使用的"内在主义"不同于本书第 9.9 节讨论的"关于道德判断的内在主义"。

就构成对一个人而言的非道德善益的事实来说，雷尔顿做出的解释可以维护这种内在主义吗？雷尔顿通过一个例子表明，从心理必然性来看确实如此。设想贝丝是一名成功而快乐的会计师，她怀有成为一名作家的强烈欲望。贝丝的欲望导致她放弃了会计工作（当她存够生活费），尽管她发现自己很难长时间伏案写作，她努力写出的东西也无法打动编辑和出版商。之所以这样，主要原因在于贝丝缺乏成为作家的技巧与性情，虽然她目前还未认清这些。关于技巧、性情以及贝丝适合会计之类其他职业的这些事实，将构成关于"对贝丝来说作家生活有多可欲"的事实的还原性基础。有理由认为，如果贝丝具有完善的理性，并且充分了解这些事实，她就会希望自己非理想化的自我打消成为作家的欲望。如果贝丝知道贝丝+在这方面的看法，会产生什么结果？结果也许是贝丝成为作家的欲望减弱，虽然"欲望的性质没变"（1986a，177）；也许是贝丝成为作家的欲望仍像原先那样强烈。但在后一种情形中：

> 自然可以预期，她实现这种欲望的欲望将变得更没有把握，而且会产生某些相反的欲望。（1986b，13）

并且：

> 如果某人真正明确相信，对事实的充分反思在此意义上不支持自己对 X 的欲望，［自然可以预期他］会感到这阻止他依据这种欲望去行动。（1986a，177—178）

193　雷尔顿接着解释了这种预期为什么是自然的：

> 部分原因在于，关注某人是否快乐以及某人的欲望是否得到满足是自然的……［现实的］贝丝有充分理由相信她［理想化的］自我看重这些关注，因为［理想化的］贝丝思考的正是，如果她实际上［身在现实的贝丝的处境中］会想要追求什么。而且，［现实的］贝丝也有理由相信，她［理想化的］自我比她更了解［在贝丝的现实处境中］什么最能满足贝丝的欲望。（1986b，13—14）

一般而言：

> 关于某人的现实欲望如何在世上实现，虽然更充分的信息不一定总是有助于满足那些欲望——某人也许知道得太多，但拥有更充分的信息，并且对某人的命运具有最深切认识的人所给出的建议，一定具有某种说服力。（1986b，14）

这样，根据雷尔顿的解释构成非道德价值的事实，将具有关于非道德价值的事实无疑必须具有的规范性效力。[1]

由此，雷尔顿主张，根据他的解释构成非道德价值的事实，能在说明我们经验的特征方面发挥解释性作用，并且具有关于非道德价值的事实通常被认为具有的规范性作用。所以，雷尔顿声称，他对非道德价值的还原是维护性而非消除性的。

有人也许会担心，雷尔顿关于非道德良善性的还原论与他的这种主张冲突：非道德良善性能在解释我们经验的特征时发挥真正的作用。如果对一个人而言良善的东西可以还原为某些事实，这些事实构成他的理想自我在他的现实处境中希望他想要什么，那么完成全部解释工作的不就是还原性基础中的事实，而非关于对他而言什么良善的事实吗？雷尔顿简短回应了这样的反驳。在相关方面，对非道德价值的还原论解释和把水还原为 H_2O 是一样的，而且：

> 由于从水到 H_2O 的还原具有等同关系的形式，就归于水的某种因果作用（比如，"这种侵蚀是由水造成的"），追问"真正"实现这种因果作用的是水还是 H_2O，是没有意义的。这里不存在竞争关系：我们可以说实现这种因果作用的是水，也可以说是 H_2O。类似地，如果一个价值理论上的自然主义

---

[1] 值得一提的是，雷尔顿很注意不夸大这种联系的强度："当一个人在具有充分信息和理性的情况下，全心接受一个他知道他在现实生活中并不希望实现的欲望，这没有逻辑矛盾。这种冲突对关于欲望的批评来说是基本的，它是心理冲突而非逻辑冲突。"（1986b，14—15）。亦参见 Railton（1986a，178）和 Railton（1989，168）。

者将价值等同于一种可能很复杂的描述性属性，那么就归于价
值的某种因果作用（比如，"他不再做那件事，因为他发现那
对他没有好处"），追问"真正"实现这种因果作用的是价值
还是它的还原性基础，是没有意义的。我们可以说实现这种因
果作用的是价值，也可以说是还原性基础。（1989，161；亦参
见 1986a，183—184；1993b，327，注释 19）

我将对雷尔顿关于内在非道德价值的内在主义（见上文）进行若干
评论，以此来结束对雷尔顿的非道德价值还原论解释的讨论。这可
以分成两个不同的论题：

（RIa）如果 X 对琼斯来说具有内在价值，那么其他条件不变，
琼斯具有追求 X 的理由。

（RIb）如果琼斯具有追求 X 的理由，那么其他条件不变，琼
斯将具有追求 X 的动机。

根据两者可以得出：

（RI）如果 X 对琼斯来说具有内在价值，那么其他条件不变，
琼斯将具有追求 X 的动机。

现在假定某人接受一种休谟式或工具性的理性概念，根据这种
概念，"没有这样的实质性目标或活动……使得所有理性存在者都
有理由追求它们，而无论他们的偶然欲望是什么"（1986b，8；亦
参见后面第 10.4 节）。由此看来，我们似乎不得不趋向得出一种关
于非道德价值的错误论。设想 X 对琼斯来说具有内在价值，并且
琼斯是一个理性能动者。然后考虑另一个理性能动者威尔克斯。既
然琼斯作为理性能动者有理由追求 X，那么威尔克斯也有理由追
求 X。但我们完全没有提到琼斯的偶然欲望或目标。由此看来，威
尔克斯似乎必然有理由追求 X，这与他的偶然欲望和目标无关。这
恰恰是工具性的理性概念所否认的。因此，我们必须拒斥最初的假
定，即琼斯有理由追求 X。由于这一假定来自主张 X 对琼斯来说
具有内在价值，我们也必须拒斥这个主张。这样便得出了一种关于

内在非道德价值的错误论（1986b，8—9）。

　　通过指出并拒斥一个省略的前提，雷尔顿反驳了上述论证。这里涉及的前提即雷尔顿所说的价值绝对主义（*value absolutism*），即这种观点：

> 对某个特定的人来说，如果某种东西具有内在价值，那么任意不同的理性存在者对这种东西必定会产生同样的反应。（1986b，9；亦参见 1989，171—172）

雷尔顿认为，内在非道德良善性可以视为与营养（*nutritiveness*）相似。对特定种类的生物来说什么东西有营养，部分地取决于这种生物的本性：牛奶可以滋养牛犊以及许多人类，但对有些生物来说牛奶不是营养品，因为它们缺乏正常消化牛奶所需的酶。所以：

> 没有……绝对的营养品这样的东西，即对所有可能存在的生物来说都有营养的东西。营养只能是关系性的：对 T 种类的生物来说，物质 S 是一种营养品。（1986b，10）[1]

这违背关于营养的实在论吗？这是否意味着，我们必须成为关于营养的相对主义者，并否认存在关于"对某种生物来说某种物质是营养品"的客观事实？雷尔顿设法将这种关系主义与相对主义区分开：

> 例如，重量是一个关系性概念；没有任何东西具有绝对重量。然而二元谓词"X 比 Y 重"具有可以客观确定的外延。（1986b，11）

雷尔顿建议我们以类似方式看待非道德良善性的概念：

> 我们可以说，虽然没有绝对良善性这样的东西，即不问对何物与何人来说是良善的，或者是何物与何人的善益，其本身就是良善的，却存在关系性的良善性。（1986b，10）

---

[1] 内在的营养品是指直接给有机体提供营养的东西（例如，钙），非内在的营养品是指仅就作为内在营养品的载体而言具有营养的东西（例如，蛋糕和啤酒）。内在非道德良善性和非内在非道德良善性之间的区分是类似的。参见 Railton（1986b，10—11）。

而这里同样没有蕴涵相对主义：

> 尽管关系性的价值概念否认绝对善益的存在，却可以得出一个客观确定的二元谓词"X 是 Y 的善益的一部分"（1986b, 11）。

可见，通过拒斥价值绝对主义，雷尔顿得以将他关于非道德良善性的内在主义与一种工具主义的理性概念结合起来，而免于被迫得出一种关于非道德价值的错误论。

现在，让我们看看雷尔顿如何运用这种非道德良善性理论，维护一种自然主义道德实在论。

9.6　雷尔顿对道德正确性的解释

雷尔顿接下去要做的是，运用对非道德价值的还原论式"完备信息"分析来界定道德正确性的概念。这里的策略大体上类似于对非道德价值所采取的策略。首先，提出对道德正确性的修正定义。然后，论证在说明我们经验的特征方面，这样定义的概念可以发挥真正的解释性作用，并且还能被视为具有道德正确性概念所要求的那种重要的规范性特征。

为了阐述他对道德正确性的修正定义，雷尔顿需要社会观点（*a social point of view*）的概念。他对这一概念的把握，是通过考虑道德规范相比非道德评价标准的特殊性是什么：

> 道德评价似乎最集中于关注，涉及不止一人的利益时对行为或品质的评价……［它］以独特的方式评价行为与结果：诸如并非总以最强势或最权威一方的利益为重，纯粹审慎的理由可能是次要的，等等。更一般地来说，确立道德决定所依据的选择标准被认为是非索引的（*non-indexical*），并且在某种意义上是整全的（*comprehensive*）。这让不少哲学家试图以这样的方式来把握道德评价的特殊性质：确定一种无偏倚的、平等关注

所有潜在受影响者的道德观点。（1986a，189）

所以：

> 道德规范反映了某种理性，这种理性依据的不是任何特定
> 个人的观点，而是所谓的社会观点。（1986a，190）

雷尔顿现在考虑一种理想化的社会理性概念，即

> ……得到理性赞成的是这样的东西：在具有完备与明确信息
> 的情况下，平等看待所有潜在受影响个体的利益。（1986a，190）

这种理想化是"道德正确性"的修正定义的关键：

> x 在道德上正确，当且仅当 x 可以得到一个具有完善工具
> 理性和完备信息的能动者的赞成，这个能动者从一种平等看待
> 所有潜在受影响个体的利益的社会观点，考虑"如何最好地让
> 非道德良善性的数量最大化？"的问题。

简言之，道德正确性涉及的是"从社会观点来看合乎工具理性的东
西"（1986a，200）。

跟阐述非道德价值概念时一样，雷尔顿接受"自然主义实在论
的一般策略"，尽管这种策略在这里尝试性的色彩更强。这一策略
的第一部分是，根据社会观点描述理性概念的一种解释性作用。回
到朗尼的例子，设想他在外国再次感到自己筋疲力尽时，实际上依
然顺应了他对几杯牛奶的欲望。正如我们可以依据朗尼的行为不符
合他从信息完备并且工具理性完善的视角来考虑他的处境时，希望
自己做的事情（即饮用大量纯净饮料），来解释他随后的身体不适，
我们可以依据一个社会没有做到从社会观点来看合乎工具理性的事
情，来解释社会不满或社会动荡：

> 正如一个明显忽略自己某些利益的个体可能产生某种不
> 满，诸如生产方式、社会或政治阶层制度等社会安排，如果由
> 于明显忽略某个特定群体的利益而背离了社会理性，也可能导
> 致不满与动荡。（1986a，191）

正如即便朗尼相信喝牛奶对他有好处，他仍会感到身体不适，一个

背离社会理性的社会也会经历社会动荡，即便这个社会普遍相信它当前的安排合乎社会理性：

> 不满的产生是因为社会背离社会理性，而不是因为人们相信如此。设想某个给定社会中的所有选民都相信这个社会是正义的。这种信念可能有助于社会稳定，但如果事实上某些群体的利益遭到了忽略，远在关于社会正义的信念产生任何变化之前，潜在的社会动荡就可能以各种方式表现出来，譬如，人们相互疏离、精神沦落、权威失效，等等，而如果某些群体的成员实际上开始相信这个社会是不正义的，这将有助于解释他们为何这么认为。（1986a, 192）

回想一下，在非道德善益的情形有一种反馈机制，有时候可以解释一个人的欲望为什么会朝着事实上对他有利的方向进化：朗尼因身体不适感到的不快，可能促使他下次面临相似处境时打消对牛奶的欲望，转而产生对水或其他某种纯净饮料的欲望。尽管雷尔顿明确承认，这类机制在社会情形中的作用不像在个人情形中那样直接，而且社会情形中干扰因素的影响范围要大得多（尤其参见1986a, 194—196），他仍然认为依据社会理性概念，有时候可以解释社会结构的进化：

198

> 某个群体的利益遭到忽略时所产生的潜在动荡，是来自那个群体及其盟友的潜在压力，促使他们的利益在社会决策以及支配个人决策的社会灌输的规范中得到更充分的承认。由于这种压力促使更多受影响者的利益得到更充分的重视，因此它朝着社会理性所要求的方向进一步推进了对冲突的解决。（1986a, 193）

虽然也有在干扰因素影响下，社会结构朝着社会理性方向的进化受到阻碍或制约的例子，比如，美国种植园奴隶制在近代的出现与长期存在，雷尔顿认为从一种社会观点来看，至少有些例子确实显示出向理性迈进的一般趋势，例如封建领地制度的衰落、宗教活动限制的削弱、普遍选举权的发展。而且他尝试性地提出，道德规范的进化呈现出的一些趋势，似乎印证了他的社会理性理论的预测：

一般性

纵观历史，经由常常出现倒退的渐进过程，人们聚成更大的社会单位，从家族到部落到民族再到民族国家，而道德范畴的适用范围随着这些界限的扩展而增大。（1986a，197）

人文化

道德规范在古代被认为来源于各种超自然力量（"基于神的意志或品格"），或者来源于和人类福祉充其量只有偶然联系的理性或良知，但尽管当代哲学理论中还残留着这类观点的痕迹：

几乎所有这些理论以及大部分当代道德言论［即科学进步的社会中有见地的道德思考］，通常都在规范性原则和对人类利益的影响之间确立了某种内在联系。（1986a，198）

变化模式

哪些特征可能会妨碍向社会理性迈进的一般趋势？社会理性关注一个具有完备信息和完善理性的能动者所赞成的东西，这个能动者考虑"如何最好地实现非道德良善性的数量的最大化"问题，同时平等计算所有潜在受影响个体的利益。由此，我们期望在这些条件下，分歧与冲突会降至最小：就所有潜在受影响个体的利益都得到关注而言存在大范围的均等性，几乎每个人都可能侵犯这些利益，遵循特定一组规范的好处显而易见，并且一个人遵循这些规范可以促使其他人也这么做。雷尔顿认为，我们看到的事实正是如此，人们普遍同意并由此尊重一组稳定的社会规范，"以禁止侵犯、

199

偷窃与失信"（1986a，198）。这明显有别于缺乏上述特征的例子，这些例子涉及：

> 诸如社会等级问题，例如，是否容许奴隶制、专制政府、阶级或性别不平等；以及社会责任问题；例如，我们有个人或集体责任促进与我们无关的他人的福祉，这种责任的本质是什么？（1986a，198—199）

然后雷尔顿指出，他的理论可以解释，为什么这类例子中缺乏"与萌芽形式或稳定形式的社会理性类似的东西"（1986a，198）。

　　根据社会观点论证工具理性具有真正的解释性作用之后，雷尔顿现在必须论证，它具有适当的规范性力量，以充当一个可行的道德正确性概念的内容。要得出雷尔顿在这方面的观点，我们不妨看看他如何回应一个看起来把自然主义式认知主义推向错误论的论证。假定某人认为，我们的道德事实概念是一个关于行动理由的概念。称这种关于我们的道德事实概念的主张为理性主义（亦参见后面第9.10 节），然后追问：什么样的理由？仅仅通过指出一项道德责任不符合自己的目标或欲望，人们并不能免除这项道德责任。这就是我们熟悉的观点，即道德上的"应该"是绝对的（Kant，1785）。设想我想在上午 10 点之前到达巴厘岛，而有一趟从卡迪夫中央火车站出发的列车可以让我在上午 9 点 55 分到达那里。那么，"我应该赶乘那趟列车"的说法是正确的。但如果我打消了"上午 10 点之前到达巴厘岛"的欲望，那么，我不再应该赶乘那趟列车。这种"应该"是假言的：欲望的改变可以让我免受它的影响。相比之下，道德上的"应该"是绝对的。设想街上有一位老太太摔倒出血，而我正好从旁边经过。那么，我确实应该帮助她。关键在于，通过指出我的欲望的某些特征，并不能让我自己免受这种责任的影响。[1] 即便帮助她并呼叫救护车不是我想要做的，我仍然应该这么做。由此，如果

----

[1] 当然，我可能会有更加紧迫的道德义务去做另一件事，这意味着我没有时间施以援手（设想一种毒素渗入了城市的供水系统，我正带着解毒剂赶往医院）。

我们的道德事实概念是一个关于行动理由的概念，它就是关于绝对行动理由的概念。这种主张即为道德理由的绝对性。如果我们将理性主义和道德理由的绝对性结合起来，就可以得到我们所说的关于道德价值的绝对主义。由此，如果一项活动是道德上良善的，理性主义蕴涵着我们有理由从事该项活动，而道德理由的绝对性蕴涵着所有理性存在者无论他们的偶然偏好是什么，都有理由从事该项活动。所以：

理性主义加上道德理由的绝对性，蕴涵关于道德价值的绝对主义其中，关于道德价值的绝对主义是指这种观点：如果 x 是道德上良善的，那么所有理性存在者无论他们的偶然偏好是什么，都有理由追求 x。如果某人既接受休谟式或工具性的理性理论，又接受关于道德价值的绝对主义，会怎么样呢？回想一下，根据这种理论，"没有这样的实质性目标或活动……使得所有理性存在者都有理由追求它们，而无论他们的偶然欲望是什么"（1986b，8）。据此，从理性主义与道德理由的绝对性可以得出，道德判断系统并且统一地为假：根据理性主义，"x 是道德上良善的"这一判断要为真，必须存在追求 x 的理由；根据道德理由的绝对性，这必须是所有理性存在者无论他们的偶然欲望是什么，都必定具有的追求 x 的理由；然而根据工具性的理性理论，不存在这样的理由。把理性主义、绝对性和工具主义加在一起，蕴涵着一种关于道德判断的错误论。雷尔顿通过拒斥理性主义来避免承诺接受一种错误论：如果我们的道德事实概念不是一个关于行动理由的概念，那么绝对性（它只是说如果我们的道德事实概念是一个关于行动理由的概念，那么给出的理由是绝对的）和工具主义两者本身不会得出错误论。[1] 所以，

---

[1] 注意，由于关于道德价值的绝对主义来自理性主义与道德理由的绝对性的结合，雷尔顿对理性主义的拒斥使他免于承诺绝对主义。此外，清楚这一点很重要：雷尔顿并非主张道德命令是假言的。根据雷尔顿的观点，道德命令是非假言的：一个人不能通过指出自己的偶然倾向来免除这些命令。但由于根据雷尔顿的观点，我们的道德事实概念是关于行动理由的概念，即便理由始终是假言的，我们也可以说道德命令是非假言的。

雷尔顿是一个反理性主义者：

> ［根据］目前这种解释，理性动机不是道德责任的一个前
> 提。例如，我可以坦诚地说，我应该更慷慨，虽然更慷慨无助
> 于促进我当前的目标，甚至无助于实现我的客观利益。之所以
> 这样，是因为对我来说什么是道德上正确的事情，取决于从一
> 种包括但不限于我自身的观点来看什么是理性的。（1986a，201）

通过类比逻辑上的"应该"，雷尔顿说明了这种反理性主义如
何与一种关于道德事实规范性力量的合理观点相容。可以说，我不
应该既相信命题 P，又相信其他某个或某些蕴涵其否定"非 P"的
命题。但可以说仅仅依据这个"应该"陈述为真，我就有理由从我
的信念集合找出并纠正所有逻辑矛盾吗？想想这需要付出多大的理
智上的努力：我必须检查自己现有信念集合的一致性（这绝非易
事），并确保每当我获得一个新的信念，它都和我已有的信念集合相
一致。雷尔顿认为，这就好比一个人离开"他新泽西的家去猎杀奥
克弗诺基沼泽里的短吻鳄，以防哪天他发现自己被手无寸铁地扔在乔
治亚东南部的死水中"（1986a，202）。这足以把握"我不应该既相信
一个命题，又相信其他某个蕴涵其否定的命题"这一事实的力量所
在：逻辑矛盾必然为假而逻辑推理是保真的，并且"我们关注我们的
思想是否有充分根据，这种根据常常更多地涉及思想的利真性（truth-
conduciveness），而非思想之于特殊个人目标的工具性"（1986a，202）。
由此，在逻辑事实关涉我们的目标的情形中，它本身只要有时候能
给我们提供行动理由就足够了。如果一个逻辑矛盾"在实践中出
现"，那么我也许确实有理由清除它对我的信念系统造成的混乱，
但我们无需认为，这给所有理性能动者提供了理由去清除深藏在他
们的信念系统中的每一个矛盾，而无论他们的偶然欲望是什么。对
于根据社会观点理解为工具理性的道德正确性，也适用类似说法：

> 我们可以说，道德评价不是主观或任意的，并且遵循道德
> 上的"应该"有着很好的一般根据，即从一种无偏倚的观点来

看，道德行为是理性的。既然在公共言论与个人反思中，我们
常常关注从某种一般的立场而非仅仅个人的立场来看我们的行
为是否正当，那么，我们如此看重作为批评与自我批评标准的
道德，就绝非任意之举。（1986a，202）

由此，要说明道德事实的重要性，我们不必把道德视为"某种它不
可能是的东西，即'无论人们的目标是什么都具有理性说服力'的
东西"。不如说，"我们应该追问的是，已知我们实际上具有哪些目
标，如何改变我们的生活方式，才能让道德行为合乎理性进一步成
为常态"（1986a，204）。接下去我将考察针对雷尔顿的自然主义方
案提出的一些反驳。

9.7　威金斯论实质自然主义

202

　　表面上看，似乎完全不可能运用 OQA 来反对雷尔顿所维护的
这种实质自然主义。从"水"和"H₂O"筛显相同属性这一事实，
得不出"是 H₂O 的 x 是水吗？"是一个概念上封闭的问题，因为
"水"和"H₂O"即便不同义或者意义不等价，也可以筛显相同属
性。所以，"就自然属性 N 而言，'是 N 的 x 是良善的吗？'是概
念上开放的问题"这一事实，并不表明良善性这一属性不能等同于
N。不过，伦理非自然主义者大卫·威金斯论证，即便是非分析版
本的实质自然主义，也会受到一种派生的 OQA 的威胁：

　　　　摩尔［对自然主义］的反驳一旦被置于正确的基础，（我将
　　　论证）就不只可以用于批评"定义自然主义"。（1993b，330）

　　现在我将以一种凸显其缺陷的方式，尝试重构威金斯的论证。
威金斯的论证如下（参见 1993b，329—333，以及 1992a，644—
646）。设想 V 是一种价值属性，X 是一种自然属性，并且假定两
者是等同的。

（Ⅰ）V=X

（Ⅱ）如果表示某种属性的谓词可以在实验科学中"发挥作用"，或者可以依据在实验科学中"发挥作用"的谓词来定义，那么，这种属性是自然属性（否则即为非自然属性）（1992b，330）。

（Ⅲ）表示 V 的谓词必须具有正确种类的涵义，以表达一种价值兴趣（参见1993b，332）。

（Ⅳ）表示 X 的谓词具有正确种类的涵义，以表达一种解释与预测方面的兴趣［根据（Ⅱ）和"X 是一种自然属性"这一假定］（1993b，332；1992a，645）。

（Ⅴ）属性 V 对应某个从对象到真值的特定函项，即 V—函项（1993b，332；1992a，646）。

（Ⅵ）属性 X 对应某个从对象到真值的特定函项，即 X—函项（1993b，332；1992a，646）。[1]

（Ⅶ）X—函项与 V—函项完全对等［根据（Ⅰ）、（Ⅴ）、（Ⅵ）］。

（Ⅷ）X—函项将价值兴趣非偶然地、准确地投射到未来并涵盖任何其他可能出现的情况。［根据（Ⅶ）；1993b，332；1992a，646］

（Ⅸ）价值兴趣不同于解释与预测方面的兴趣，因为：

就伦理或审美兴趣而言，刻画这种兴趣的唯一方式是援用对相关价值的适当反应。无论这种适当反应是什么，其原初或纯粹形式表现为一种受到吸引（engagement）的反应。更具体地说，这种反应并非只是相信事物 x 具有价值 V，而是从 x 上面发现 V。再者，这种反应对应的问题，不在于每个人是否对作为 V 的载体的事物 x 做出如此这般的反应，而在于人们自

---

［1］这里威金斯是将关于属性的主张纳入一种弗雷格式的框架。对这种框架的介绍，参见 Mellor and Oliver（1997）中弗雷格的论文"函数与概念"（Function and Concept），本书后面的附录以及 Miller（2007）的第 1 和 2 章。

身是否赞成这种反应。（1993b，311）

所以，

（X）难以理解 X—函项如何能同时将解释与预测方面的兴趣
　　　和价值兴趣非偶然地、准确地投射到未来并涵盖任何其
　　　他可能出现的情况。

　　我们需要一个从对象到真值的函项，以便在无限的新事例中
准确且系统地模仿［V］—函项。倘若这个函项可以实质地理解
为一个物理函项，那么这个函项本身必定可以用物理词项，亦即
在实验科学中发挥作用的词项来解释或说明。由于我看不出这如
何可能，我自认为不仅可以正当地谈论谓词的非自然涵义，还可
以在指称层面正当地谈论非自然的概念或属性。（1992a，646）

所以，

（XI）难以理解如何可能 V=X。

在我看来，威金斯的论证是没有说服力的。我的观点主要有两个：
（a）作为针对雷尔顿这样的自然主义者的反驳，威金斯的论证显然
乞题；以及（b）威金斯的立场不仅是他所说的反对科学至上（*anti-scientistic*）（1993a，304），而且完全是反对科学（*anti-scientific*）。

　　要揭示威金斯的论证的乞题本质，关键在于把握这一事实：雷
尔顿的实质自然主义是以他的方法自然主义为基础。回想一下，对
于给定领域的人类实践，方法自然主义认为，我们必须对那个领域
采取一种后天的解释进路。这意味着，当等同关系 V=X 作为一种
建议提出，证成或拒斥它所基于的理由，和证成或拒斥一般的后
天解释性假设所基于的理由相同，即当我们尝试理解相关领域的实
践，它具有解释价值。雷尔顿非常清楚地强调了这一点，不知道威
金斯为何对此视而不见：

　　　　自然主义定义应该容许评价性概念独立地进入真正的经
　　验理论。这部分地在于表明，我们能以适当方式认知地通达这
　　些概念。部分地也……在于表明，运用这些概念以及其他概

204

念所进行的一般化（generalizations）可以出现在可能的解释
中……［我们还必须］表明，利用这些定义建构的经验理论是
很好的理论，也就是这样的理论：我们有实质的证据支持它
们，而它们给我们提供可信的解释。（1986a，205）

当威金斯要求可以"实质地理解"如何可能有一个函项，同时把解
释与预测方面的兴趣和价值兴趣非偶然地、准确地投射到未来，他
实际上是要求先天地证明这件事情是可能的。鉴于他不满自然主义
者的回答，即"因为我们有充分的经验根据认为 V=X"，有什么其
他回答可以满足他的要求呢？既然经验证据表明 V=X，为什么我
们还要求先天地证明，相关函项如何能把两种不同的兴趣非偶然地
投射到未来？当威金斯提出这种要求，并拒绝通过评价经验证据来
反驳雷尔顿的立场，他实际上已经相对于后者的方法自然主义式实
质自然主义乞题。[1]

我们还可以通过其他方式表明这一点。当威金斯说"就伦理或
审美兴趣而言，刻画这种兴趣的唯一方式是援用对相关价值的适当
反应"，进而论证这种反应非常不同于刻画解释与预测方面的兴趣
所必须诉诸的那种反应，他所确立的无非是，评价活动特有的反应
有别于科学探究特有的反应。然而，非分析自然主义者已经明确承
认这种看法。非分析自然主义者明确指出，评价活动、评价判断所
特有的反应在内容上有别于科学探究、自然判断所特有的反应。他
们之所以指出这一点，是因为他们认为根据他们的解释，"良善"
与"N"并非同义或者分析地等价。所以，仅仅指出评价探究特有
的反应不同于科学探究特有的反应，完全无法有力反驳雷尔顿这样
的自然主义者，除非威金斯假定非同义的谓词不能指称相同属性。
而在这种语境中，这意味着假定自然主义的可能类型只能是定义自

---

[1] 由于威金斯本人似乎想要把这一问题归咎于方法自然主义（例如，参见1992a，
1992b，637—638），这就更加令人困惑。我建议我们将我在文中提出的关于乞
题的论点，视为质疑威金斯实际在何种程度上是一个严肃的方法自然主义者。

然主义或分析自然主义。于是，威金斯的论证就预设了非分析自然主义是不可行的。由于这恰恰是他试图确立的东西，他的论证就相对于非分析自然主义者乞题。

威金斯声称自己反对唯科学论，而不反对科学。在我看来，唯科学论是这样的观点：只要我们关注的是严肃的研究，而非悠闲的消遣或"丰富的情感"之类的东西，那么唯一重要的东西便是自然科学的方法、概念与本体论范畴。[1] 反对唯科学论的人为了避免受到退回中世纪式前科学世界观的指责，会把自己说成只是质疑这一点：当涉及自然科学本身的严格界限之外的一些问题，赋予自然科学某种基础地位。由此，反对唯科学论的哲学家会论证，他只是反对科学的非分之想，即涉足其他非科学领域的人类实践，而不反对科学对科学问题本身的支配权。

我将要论证的是，威金斯反对雷尔顿的自然主义的论证如果有效，也会动摇像水 $=H_2O$ 这样牢固确立的科学还原。我认为这足以表明（a）威金斯本人既承诺反对唯科学论，也承诺反对科学；以及（b）对任何不想支持中世纪式前科学世界观的人来说，威金斯反对雷尔顿的论证没有任何效力。

正如威金斯区分了评价属性和自然属性，我们可以类似地区分我所称的实践属性和自然属性。实践属性是指这样的属性：表示它的谓词具有正确种类的涵义，以表达满足人们欲望方面的兴趣。现在我们可以提出一个论证，类似于威金斯用来反对非分析伦理自然主义者的论证。设想 WATER 是一种实践属性，而 H_2O 是一种科学属性，并假定它们是等同的：

（Ⅰa）WATER=H_2O

（Ⅱa）如果表示某种属性的谓词可以在实验科学中发挥作用，或者可以依据在实验科学中发挥作用的谓词来定义，那

[1] 参见 Railton（1989，159），他在那里论证，人们不能指责他这种自然主义是任何贬损意义上的科学主义。

么这种属性是自然属性，否则即为非自然属性。

（Ⅲa）表示 WATER 的谓词必须具有正确种类的涵义，以表达一种实践兴趣。

（Ⅳa）表示 H_2O 的谓词具有正确种类的涵义，以表达一种解释与预测方面的兴趣。

（Ⅴa）属性 WATER 对应某个从对象到真值的特定函项，即 WATER—函项。

（Ⅵa）属性 H_2O 对应某个从对象到真值的特定函项，即 H_2O—函项。

（Ⅶa）从对象到真值的 H_2O—函项与 WATER—函项完全对等。

（Ⅷa）H_2O—函项将实践兴趣非偶然地、准确地投射到未来并涵盖任何其他可能出现的情况。

（Ⅸa）实践兴趣不同于解释与预测方面的兴趣，因为：

就实践兴趣而言，刻画这种兴趣的唯一方式是援用对相关实践属性的适当反应。无论这种适当反应是什么，其原初或纯粹形式表现为一种受到激发（*activity*）的反应。更具体地说，这种反应并非只是相信事物 x 具有这种实践属性，而是已知某人的整个愿望、需求与目标体系，想要用这种属性的载体 x 来做某件事情。再者，这种反应对应的问题，不在于每个人是否对作为这种实践属性的载体的事物 x 做出如此这般的反应，而在于已知某人的整个愿望、需求与目标体系，他应该用 x 来做什么？

所以，

（Ⅹa）难以理解 H_2O—函项如何能同时将解释与预测方面的兴趣和实践兴趣非偶然地、准确地投射到未来并涵盖任何其他可能出现的情况。

所以，

（Ⅺa）难以理解如何可能 WATER=H_2O。

关于这个论证，关键在于注意如下三点。第一，我并不认为这是一个好的论证：倘若一个论证显示可以先天地确立 WATER 不

是 H_2O，这足以构成对这个论证的一种反证。第二，有了目前讨论的这个论证，威金斯原来那个论证的乞题就更加一目了然。可以想见，一个主张 WATER=H_2O 的化学家会质疑，为什么需要先天地证明，单个函项如何能同时把实践兴趣和解释与预测方面的兴趣非偶然地、准确地投射到未来。他会回应说，对于这种属性同一性主张，他并未给出一个先天论证，而是提出这是一个有充分根据的经验假设和后天假设。当要求一种先天证成，上述论证实际上假定这个化学家采取的立场不可行。第三，我们可以通过另一种方式表明这一点。非分析自然主义者明确承认，关于水的判断在内容上不等同于关于 H_2O 的判断，因为他们明确强调"水"和"H_2O"并不同义或者分析地等价。由此，根据与世界的实践关系所特有的反应不同于科学探究所特有的反应这一主张，认为"水"不是 H_2O，上述论证完全忽略了这种可能性："水"和"H_2O"虽然不同义，却指称相同属性。所以这个论证乞题。以此类推，威金斯反对雷尔顿伦理自然主义的论证也是如此。

所以我相信，如果威金斯反对非分析伦理自然主义的论证有效，他就不仅承诺拒斥唯科学论，还承诺拒斥像 WATER=H_2O 这样牢固确立的科学同一关系。就像任何不想回到中世纪式前科学世界观的人一样，我把这看作是对威金斯反对非分析伦理自然主义论证的一种反证。如果威金斯认为，从（Ⅰ）到（Ⅺ）的论证与从（Ⅰa）到（Ⅺa）的论证之间存在重大差异，或者我误解了他原来的论证，他就有义务指出这种差异或纠正这种误解。

我的结论是，威金斯反对非分析伦理自然主义的论证是失败的。

9.8 对非道德价值的完备信息分析面临的问题

根据雷尔顿对非道德价值或福祉的"完备信息"分析，对琳恩这个人来说具有非道德价值的东西，就是琳恩如果从一种具有完备事实信息与完善工具理性的立场来明确考虑她的实际处境，她希望自己想要的东西。本节我要讨论的是大卫·索贝尔（David Sobel）在"对福祉的完备信息分析"（Full Information Accounts of Well-Being）一文中提出的四个似乎很有力的反驳。[1]

设想我们正在考虑这个问题：对琳恩来说非道德方面最良善的生活是什么？根据雷尔顿的分析，对该问题的回答是：琳恩如果从一种具有完备事实信息与完善工具理性的立场来考虑她的实际处境，她希望自己想要的那种生活。索贝尔对这种完备信息分析的主要批评所基于的事实是，在许多情形中，如果人们要准确把握某种生活的真实面貌，必须亲身体验这种生活是什么样：

> 要充分领会人们生活的某个可能有价值的方面，必须有"切肤之感"（getting into the skin of the part）……如果缺乏这种经验，人们通常无法充分领会，或者无法确保他们确实能充分领会一种经历对他们自身的价值。（1994，797）

完备信息分析如何容纳这一事实？索贝尔认为，对这种分析来说，最好的可行选择是接受他所说的"经验模型"（experiential model），由此：

> 这种模型确保亲身体验每种可能生活的是同一个能动者。（1994，801）

索贝尔区分了这种经验模型所能采取的两种形式。第一种是"连续"（serial）形式，在这种形式中：

> 可以预期，我们的理想自我是以这样的方式获得完备信息：掌握关于一种生活是什么样的一手知识，保留这种知识，并继续体验下一种生活。我称这种方式为累进地获得完备信息。（1994，801）

---

[1] 参见 Sobel（1994）。

这种连续形式的主要问题在于，领会一种生活是什么样所必需的经验，会干扰（*distort*）对另一种生活的真实面貌的领会。这之所以会成为问题，是因为根据完备信息分析，琳恩具有充分信息与完善理性的自我考虑她的现实自我琳恩所可能过的多种不同生活，然后选择其中一种（或者几种）作为对她的现实自我来说在非道德方面最良善的生活。但如果准确把握一种生活的面貌所必需的经验，会干扰对另一种生活是什么样的感受，就难以理解现实的琳恩为什么应该认为，具有完善理性与完备信息的琳恩做出的判断在规范性方面令人信服：如果她对后一种生活的判断可能是基于歪曲这种生活的面貌，为什么要认为这种判断是权威的，甚或是可靠的？索贝尔通过一些例子来说明这种担心，其中一个例子是"一个不知道社会给她提供的其他选择是什么的阿米什人"：

> 这个人如果知道社会提供的诸多其他选择，就会具有截然不同的经验……要主张某个人知道这种生活是什么样，这个人必须亲身体验它是什么样（而显然不是基于对其他多种生活是什么样所积累的知识，获得对它是什么样的亲身体验）。当一个理想能动者了解多种完全不同的生活是什么样，还试图获得成为这个阿米什人是什么样的直接体验，这在许多情况下是不可能的。（1994，801）

连续形式的经验模型要避免这一问题，得有一种直接的方式可以对琳恩可能过的生活进行排序，即从某种程度上最简单的生活到最复杂的生活。这样一来，准确领会序列中第 n 种生活是什么样所需的经验，就不会干扰理想自我对序列中第 n+1 种生活是什么样的感受。但显然，认为存在这样一种可以对各种生活进行排序的直接方式，是非常不可信的。各种生活的"简单"或"复杂"程度并非取决于某个单一的维度：根据一个维度（譬如，与性发育相关的维度），一个致力于阿奎那研究的修女相比一个上班之余只寻求肉体快乐的餐馆女服务员，前者的生活更简单；但不难看到，根据其他一些维度（譬如，与智力发育相关的维度），后者的生活比前者简单。所以，这种事实让连续形式的经验模型归于无效："经验知识的获得可以改变我们体验各种生活的能力。"（1994，802）

索贝尔接着提出一种旨在避免上述反驳的经验模型。他称为"遗忘（amnesia）形式"，并对它做了如下描述：

> ［根据遗忘形式］相关能动者必定可以这样：体验某种生活是什么样，然后忘记这种体验，并准备了解另外某种生活是什么样，后面这种生活在序列中的位置不会影响对它的了解。那么，在这种了解与忘记的过程的最后，我们必须（依次或同时）排除遗忘的每个例子，并根据某些观点补充事实信息，以及弥补这个过程中某些地方出现的工具理性方面的错误。（1994，805）

现在，索贝尔针对遗忘形式的经验模型提出了四个问题，其中两个［（b）和（c）］是遗忘形式特有的，另外两个［（a）和（d）］则适用于任何形式的经验模型。我将概述这四个问题，并表明在每一种情形，遗忘形式的经验模型都有办法消解相应的问题。

问题 a

索贝尔称这个问题为"众口不一"（too many voices）问题：

> 我们不仅需要直接体验所有我们可能过的生活。就完备信息解释所要达到的目标而言，我们需要某种观点，其在相关生活之间的偏好准确地决定着它们对能动者的价值。但这就产生了一个问题。我们实际的评价观点是随着时间而改变的。因此可以预料，在未来的不同时间，我们对事实知识或经验知识会有不同反应。这样一来，我们要处理的有见识的观点不是一种，而是多种。而且对于能动者的福祉何在，各种观点提供的评价难免相互冲突。我们如何使异口变为同声，从而实现价值通约？（1994，805）

索贝尔考虑了三种回应：建构一种衡量不同理想化自我的偏好的非特设方法；建构一种在时间上拥有特权地位的观点，使得根据这种观点形成的偏好可以决定构成一个人总体福祉的是什么；论证各个理想化自我将具有相同的偏好，因为他们都具有完备的信息，并且没有任何工具理性上的错误。索贝尔论证这些回应都是失败的。我不会讨论索贝尔对这些回应的质疑，因为我后面针对"众口不一"问题提出的那种回应，与这些回应都无关。

问题 b

索贝尔对这个问题的表述如下：

> 当一个人原先进行体验时所持的评价观点，截然不同于后来忽然记起这种体验时所持的评价观点，我们显然需要经过大量极为复杂的研究，才能谈论这种体验与后来忽然产生的对它的记忆之间的相似性问题。（1994，807）

问题 c

当暂时且可控的遗忘得到矫正，我们如何能相信我们的理想化自我做出的判断，鉴于：

> 经历这么多次遗忘与记起，我们的理想化自我受到的心理冲击是无法估量的。完备信息理论者不能仅仅规定，理想化的能动者在此过程中始终可以保持心智正常。（1994，807）

最后：

211

问题 d

我们如何能相信我们的理想化自我做出的判断，当体验到如此接近于拥有完善的理解能力是什么样之后，理想化的能动者之看待其现实自我，也许就像我们看待严重脑损伤后的自己（即还不如死去）。(1994，807)

现在我将逐个回应这些问题。

对问题 a 的回应

回想一下，雷尔顿对福祉的完备信息分析必须将这一点纳入他对道德正确性的界定：x 是正确的，当且仅当所有受影响的各方利益得到无偏倚且平等的对待，它所产生的总体或平均个人非道德价值至少跟任何其他可行的 x 一样大。为了将这种对道德正确性的界定用于解决某个公共政策问题，我们需要某种方法，使一个个体的利益与另一个个体的利益保持对等：我们必须能在不同利益之间进行某种人际比较。琼斯喜欢安静和独处，而史密斯喜欢热闹和娱乐：当我们着手决定某种行为或政策是否道德上正确，如何相对于史密斯的偏好衡量琼斯的偏好？对雷尔顿关于道德正确性的阐述来说，这是一个问题。实际上索贝尔指出，雷尔顿对单个个体的福祉的解释也面临一个类似的，而且可能更困难的问题。由于评价观点随时间改变，也许会出现这样的情况：琳恩的非道德善益在时间 t 与时间 t* 之间是 Q，而在 t* 与 t** 之间是 R。我们如何相对于琳恩在 t* 与 t** 之间的偏好，衡量她在 t 与 t* 之间的偏好？如果我们无法做到这点，那么，琳恩的总体福祉或非道德善益似乎就成了一种空想。所以，甚至还没到必须考虑个人之间的非道德价值可通约性问题的阶段，这种解释已经无法解决个人之内的非道德价值可通约性问题了。

我建议完备信息分析的维护者像下面这样，应对关于个人之内跨时间可通约性的问题。以琼斯＋代表具有完备事实信息与完善工具理性的理想化琼斯。以**琼斯**代表未来某个时间 t 的琼斯的自

我，并以**琼斯**＋代表具有完备事实信息与完善工具理性的理想化　212
琼斯。在我看来，需要考虑两种情形。在情形 A，琼斯＋希望琼
斯想要 Q，**琼斯**＋希望**琼斯**想要 R，而 Q 和 R 在这种意义上"相
容"：琼斯对 Q 的追求不会妨害或排除**琼斯**对 R 的追求。在这种
情形，我们可以认为，时间 t 之前琼斯的非道德善益是追求 Q，之
后则是追求 R。这固然会让计算琼斯的总体非道德善益变得更复
杂，但我不认为这会导致任何原则上的困难。情形 B 比较成问题。
在这种情形，琼斯＋希望琼斯想要 Q，**琼斯**＋希望**琼斯**想要 R，
而 Q 和 R 在这种意义上"不相容"：琼斯对 Q 的追求确实会妨害
或排除**琼斯**对 R 的追求。初看起来，这对完备信息解释来说是一
个问题，因为我们无从判断，对琼斯而言的非道德善益是在于时间
t 之前具有 Q 而之后没有 R，还是在于时间 t 之前没有 Q 而之后具
有 R。由于我们不希望假定琼斯＋或者**琼斯**＋持有的观点占据某
种特权地位，这个问题看起来是无法回答的。但我现在要论证的
是，这种情形虽然表面上看是可能的，实际上却不可能。

　　情形 B 之所以不可能，是因为我们假定琼斯＋和**琼斯**＋都具
有完备的信息与完善的工具理性。由于琼斯＋具有完备的信息，
可以认为他知道**琼斯**＋将希望**琼斯**想要 R，琼斯对 Q 的追求将会
妨害或排除**琼斯**对 R 的追求，以及**琼斯**是他自己在未来的自我。
但如果琼斯＋具有完善的工具理性，他怎么可能希望自己去追求
一种会阻碍实现自己未来利益的行为？琼斯＋如果要继续宣称他
拥有完善的工具理性，必须要么改变他希望琼斯想要的东西，要么
设法确保琼斯不会成为这样的人：其理想化自我希望他想要 R。他
如何从中选择，将是一个关于非道德价值以及其他东西的评价判
断，但无论是哪种选择，我们都不会得到 B 类情形。所以对完备
信息分析来说，不存在原则上的困难。

　　可以看到，上述进路无法处理个人之间的可通约性问题，这
可以解释雷尔顿的道德正确性解释所面临的个人之间的可通约性问

题，为什么比他的个人非道德善益解释所面临的个人之内的可通约性问题更大。设想我们试图对个人之间的情形采取类似进路，并且为了方便讨论，假定所有行为在相同时间点发生。以琼斯＋代表具有完备事实信息与完善工具理性的理想化琼斯，以史密斯＋代表相应的理想化史密斯。跟前面一样，A 类情形不会出现原则上的问题：我们认为琼斯的非道德善益是 Q，史密斯的非道德善益是 R。相比对两人而言，相同事物或追求是可欲的，这种情形会让总体或平均效用更难以计算，但它同样没有导致原则上的困难：把对琼斯而言的 Q 以及对史密斯而言的 R 最大化，总体非道德善益就得到了实现。然而，这里 B 类情形看起来确实产生了原则上的困难。琼斯＋希望琼斯想要 Q，史密斯＋希望史密斯想要 R，而琼斯对 Q 的追求将会妨害或排除史密斯对 R 的追求。在这种情形中，我们不能像前面那样，论证他们其中一人必定缺乏完善的工具理性：琼斯＋希望琼斯想要某种东西，追求这种东西将会妨害史密斯获取符合他利益的东西，这看起来并无工具理性方面的错误，因为不像琼斯和**琼斯**，琼斯和史密斯并非不同时间点的同一自我。

关于问题 a，索贝尔写道：

> 在我看来，这个问题比关于效用的人际可通约性的传统问题更为严重，因为某种存在内在主义（existence-internalism）[即这种观点：就给定价值 V 而言，能动者或者至少理想化的能动者会产生追求 V 的动机] 在关乎能动者自身福祉的情形，比在关乎道德价值的情形显得更有吸引力。也就是说，我们可以认为，即便理想化之后的人也可能对"某种行为可以促进个人利益的总和"这一事实无动于衷。但这种想法似乎不适用于涉及能动者自身善的情形。所以，解决个人之内的效用比较问题所受的限制，似乎比人际价值的情形中受到的限制更大。（1994，806）

我已经论证，这种主张是没有根据的。雷尔顿在对非道德价值进行完备信息分析时，除了分析道德正确性时已经遇到的人际可通约性问题，并未进一步面临个人之内的比较问题。由此，雷尔顿关于非道德价值的完备信息分析的问题 a 就得到了消解。[1]

对问题 b 的回应

这个问题是遗忘形式的经验模型所特有的。琳恩＋对琳恩可能过的所有生活都有亲身体验，只是当她从生活 L1 进入生活 L2，她会暂时"忘记"准确把握生活 L1 的面貌所必需的经验，余皆类推。然后，在这一过程的最后，她恢复所有她曾经忘记的经验知识，并选择她希望自己的现实自我想要的那种生活。问题 b 之所以产生，是因为似乎无法保证，理想化的能动者在起始阶段与恢复阶段持相同的评价观点，从而无法保证，比如恢复阶段对 L1 的经验与起始阶段对 L1 的经验相对等。

在我看来，只有当我们以一种非常朴素的观点，看待理想化的能动者希望她的现实自我想要追求一种可能生活意味着什么，才会出现索贝尔的问题 b。首先，这绝不像索贝尔所暗示的那样是一个时间过程。我们对琳恩＋的理想化必须使她拥有完备的事实信息与完善的工具理性，而鉴于琳恩可能过的生活很可能至少有可数无限种，琳恩＋还必须有完成一项无限任务的能力。已知理想化达到这样的程度，那么，要求琳恩无限快速地完成从 L1、L2……到恢复遗忘的经验知识的阶段，并在 L1、L2……中做出选择这一过程，几乎算不上有任何进一步的理想化。由此，琳恩＋的评价观

214

---

[1] 有趣的是，我在个人之内并在跨时间的情形中提出的策略似乎（至少初看起来）也适用于个人之间的情形，例如，当史密斯对 Q 的追求会拒斥或排除琼斯对 R 的追求，并且反之亦然。差别也许在于，在个人之内的情形，处于理想地位的琼斯＋确保琼斯不会发展成一个其理想自我希望他自己想要 R 的人，而在个人之间的情形，史密斯＋已经希望史密斯想要 R。这个问题显然需要进一步探讨。

点不会像通常的非理想化的能动者那样随着时间改变。当然，这时出现的问题是，我们能否相信具有这般理想化程度、经历一种无限快速的过程之后的琳恩＋所做出的决定。但这已经把我们带到问题 c 了。

对问题 c 的回应

跟问题 b 一样，问题 c 也是遗忘形式的经验模型所特有的。当要求理想化程度极高的琳恩＋从她现实自我的可能生活中进行选择，我们如何保证她最终不会陷入疯狂？如索贝尔所说，我们不能只是规定具有如此高程度理想化的琳恩＋可以保持心智正常。对于这种担心，我想完备信息理论者可以提出这么几点回应。首先，索贝尔本人认为，琳恩＋之所以会遭受"心理冲击"，是因为经过理想化之后，又需要瞬间恢复所有积存的经验知识。但注意，"冲击"（shock）一词通常用于描述意外遭遇或事件给能动者造成的影响。并且注意，琳恩＋可以说完全知道她会经历何种过程，以及大体的预期结果是什么。由于琳恩＋拥有完备的事实信息，发生的结果将符合她的预期。所以心理冲击的程度会相应地受到限制。其次，受制于心理或身体上的限度，常人经历一种极端过程后也许会心智失常。但如果我拥有一种可以彻底忽略周边发生之事的能力，即便车厢里全是高谈阔论的商业银行家，也不会扰乱我的理智。鉴于琳恩＋有若干这样的无限能力，我们可以预料，当积存的经验知识得到恢复并回到意识，她将安然无恙、心智正常。最后，也是最重要的一点，问题 c 似乎依赖于一个错误的假设，即"我们没有理由承认，针对理想化条件做出的一般化规定是正当的，除非我们可以具体列出某些反事实条件句，如果理想化条件得以实现，它们将为真"（Fodor, 1990, 94）。诚然，如果琳恩拥有完备的事实信息、完善的工具理性，以及理想化所要求的各种无限的身体能力与认知–心理能力，没有人能确定她会有何举动。但是：

> 只有上帝知道，如果分子与容器真的满足理想气体定律规定的条件（分子是完全弹性体、容器完全不可渗透等等）会发生什么；而我只知道，如果这些条件中的任何一项为真，这个世界将迎来末日……但要维护理想气体定律应有的科学美名，我们无须知道任何这样的东西：如果真的存在理想气体，将会发生什么。我们所要知道的只是，如果存在理想气体，那么其他条件不变，它们的体积将与它们的压强成反比。而这种理论本身就告诉我们这个反事实条件句为真。（Fodor, 1990, 94—95）

类似地，我们无法确知如果琳恩的理想化条件得到实现将会发生什么，这一事实并不妨碍我们主张，如果她被这样理想化，将会希望她的现实自我想要采取符合她现实自我的最佳利益的行动。仿照福多的说法，我们可以说雷尔顿的理论本身就告诉我们这个反事实条件句为真。差别主要在于，雷尔顿的理论（他会第一个承认）相比理想气体定律还远未得到经验证实。当然，索贝尔完全可以论证雷尔顿的理论缺乏经验证据。不过，由此提出的是一种全然不同的反驳。[1]

对问题 d 的回应

这个问题处理起来很快（如索贝尔指出，它不是遗忘形式的经验模型所特有的）。为什么我们要求琳恩＋具有完备的事实信息与完善的工具理性？我们这样要求的原因在于，人们事实上常常因为某些事实信息的缺乏或者工具理性上的某种缺陷，而对什么符合他们的利益产生误解。同样，由于人们的评价所基于的事实不涉及他们的处境本身，而涉及相对其他人他们是何处境，他们可能对什么

---

[1] Railton（1986b, 24—25）实际上提出了与福多的观点（在完全不同的关于语义倾向论的语境中提出）类似的见解。

符合自己的利益产生误解。可怕的脑手术后清醒过来的病人产生自杀的念头，因为他对照了当前的自己与先前健康的自己：劝解他的人自然会设法让他关注当前的状况本身以及完全康复的真实前景，而不再把当前处境中的自己与先前的自己或者其他更健康的人进行比较。由此，给关于非道德价值的完备信息分析补充这样一个从句，是完全自然和非任意的：琳恩＋关于对琳恩而言什么良善的判断，不是基于"［琳恩］相比［琳恩＋］处于相对较差的情况"。如果存在某个更深层的理由表明补充这样的从句是不正当的，索贝尔就有义务提供这个理由。

　　总之，在我看来，索贝尔提出的几个反驳最终都没有对关于非道德价值的完备信息分析造成损害。当然，针对完备信息分析也许可以提出其他许多反驳，但本章不再对此做进一步讨论。

9.9　道德心理学中的内在主义与外在主义

　　我曾经顺带提到关于道德动机的内在主义观点与外在主义观点之间的论争（例如，第1.8节、第2.4节、第3.3节、第8.8节），关于动机的休谟论与反休谟论之间的论争（例如，第1.8节、第4.2节、第9.5节、第9.6节），以及关于道德事实的理性主义概念与反理性主义概念之间的论争（第9.6节）。在本书的余下部分，我将谈一谈这些论争。本节关注内在主义者与外在主义者之间的论争，第9.10节讨论理性主义者与反理性主义者之间的论争，第10.4节则考察关于动机的休谟论与反休谟论之间的论争。这每一种论争都催生了大量文献，其中许多颇为艰深，而且无论是哪种论争，即便只做基本阐述，也需要至少和本书一样篇幅的著作来处理。所以我在这几节中将采取一种最低限度的进路。对于每一种论争，我都将只尝试评价支持或反对其中一方的一个论证。我将要考虑的便是当代最重要的元伦理学家之一迈克尔·史密斯在其 1994a 中提出的那些论证。本节讨论史密斯支持关于道德动机的内在主义的论证，第 9.10 节考察他支持道德理性主义的论证，第 10.4 节则探究他支持休谟式动机论的论证。

作为讨论的预备，这里最好来看看史密斯所说的"道德问题"（The Moral Problem）。根据史密斯的观点，这个问题是指，下述三个命题分别来看是可信的，但显然不一致：

（1）道德判断表达信念。

（2）道德判断与动机具有必然联系。

（3）动机所涉及的因素中尤其包括具有适当的（并且可以独立理解的）欲望。[1]

217

当我判断"购买《大志》（The Big Issue）杂志是正确的"，表达了"购买《大志》杂志是正确的"这一信念。在进行哲学反思之前，这看起来是很自然的说法，因此（1）是可信的。那么（2）呢？当某人真诚地说出评价语句"购买《大志》杂志是正确的"，我们通常都明白，其他条件不变，他们将产生购买《大志》杂志的动机，或者其他条件不变，他们在街头摊贩的招揽下将愿意购买一本。我们看起来可以合理地认为，这并非关于道德判断的偶然事实，而是一种必然或概念事实，因此（2）是可信的。那么（3）呢？非常粗略地说，对这一点的证成如下。信念单凭其自身无法产生行动。信念告诉我们世界是什么样。所以，尽管信念告诉我们世界可以变成诸多不同的样子，却没有告诉我们如何改变世界。类似地，欲望单凭自身也无法产生行动。欲望告诉我们世界要变成什么样。所以，尽管欲望告诉我们世界应该变成的诸多样子，由于它们没有告诉我们世界的实际面貌，也就没有告诉我们，世界如何改变才能成为它

---

[1] 说信念和欲望可以独立地理解，是说它们是"不同存在"；换言之，始终可能拥有一个而缺乏另一个。

们告诉我们世界应该成为的样子。所以，信念凭其自身不能激发人们去行动，欲望也是如此。但信念和欲望一起可以产生行动：欲望告诉我们世界要变成什么样，而信念告诉我们如何改变世界才能使它成为那个样子。因此（3）是可信的。

事实上，（1）无非表述了一种认知主义，（2）表述了关于道德动机的内在主义，而（3）表述了休谟式动机论。史密斯论证，（1）、（2）和（3）之间存在表面的矛盾。我们为什么会怀疑（1）、（2）和（3）是不一致的？以道德评价"购买《大志》杂志是正确的"为例。当真诚地说出这句话，表达了"购买《大志》杂志是正确的"这一信念。而这个信念本身可以激发我以特定方式行动：我知道其他条件不变，某人一旦相信"购买《大志》杂志是正确的"，便将具有购买《大志》杂志的动机。然而这与（3）矛盾：即便缺乏适当的欲望，相信"购买《大志》杂志是正确的"也能激发这个人去行动。当这个人真诚地说出"购买《大志》杂志是正确的"，我无需对他的欲望有任何了解，就可以知道其他条件不变，他倾向于如何行动。

由此看来，（1）、（2）和（3）之间存在一种表面的矛盾。这便是史密斯所称的"道德问题"。我们如何应对这种矛盾呢？

218 　　根据史密斯的观点，处理该问题的重要方式至少有三种：

外在主义

外在主义认为，（1）、（2）和（3）确实不一致。它通过放弃（2）来保留（1）和（3）。道德判断与动机没有必然或概念联系：毋宁说，这种联系充其量是偶然和外在的。康奈尔派实在论（第8章）和雷尔顿的还原论（本章）都属于外在主义式认知主义。

反休谟主义

这种观点也认为（1）、（2）和（3）是不一致的。但它通过放弃（3）来保留（1）和（2），它否认休谟式动机论，即否认为了激发行动，既要有（可以独立理解的）信念又要有（可以独立理解的）欲望。即便缺乏（可以独立理解的）欲望，道德信念也能够并且确实激发人们去行动。像约翰·麦克道尔这样的当代非自然主义者支持反休谟式动机论。我将在第 10.4 节讨论反休谟主义。

非认知主义

这种观点跟外在主义和反休谟主义一样，认为（1）、（2）和（3）是不一致的。但它通过放弃（1）来保留（2）和（3）。当我真诚地说出"购买《大志》杂志是正确的"，我根本没有表达信念。我是在做一件截然不同的事，我并非断言出现了如此这般的情况，或者试图报告世界上存在某个事实。毋宁说，我是在表达一个欲望，或者其他某种非认知态度。所以，非认知主义者放弃了（1），因而无需放弃（2）或（3）。道德判断与动机当然具有必然联系，因为做出道德判断的人是在表达欲望。同样，也没有否认休谟式主张的要求，即动机尤其意味着具有适当的欲望。我已经在第 3、4、5 和 6（第 6.10 节）章探讨了非认知主义理论。

接下来我要讨论迈克尔·史密斯提出的一个支持内在主义（史密斯有时称为"实践性要求"）的论证。[1]史密斯本人支持的那种内在主义主张，下面这个是概念真理（1994a，61）：

如果一个能动者判断在情形 C 中去 G 对他而言是正确的，那么或者他具有去 G 的动机，或者他实践上非理性。

换言之，道德判断与意志之间存在一种概念联系，但这种概念联系是可废止的（*defeasible*）。例如，如果琼斯判断"为解救饥荒伸出援手是正确的"，那么作为一种概念必然性，只要他没有遭受某种诸如意志薄弱、冷漠、绝望之类的实践非理性，他将具有为解救饥荒伸出援手的动机（1994a，120）。在考虑史密斯提出的支持这种内在主义的论证之前，有必要比较它与史密斯拒斥的一种更强的内在主义。根据这种强内在主义，道德判断与动机之间的联系可以表

219

---

[1] 史密斯本人试图表明，通过发展一种一致地主张（1）、（2）和（3）的立场，可以解决道德问题。参见 Smith（1994a）的各处讨论。

述为如下主张：

> 如果一个能动者判断在情形 C 中去 G 对他而言是正确的，
> 那么他具有在 C 中去 G 的动机。

根据这种内在主义，道德判断与意志之间的关系不可废止。史密斯
认为这种主张太强：

> 它要求我们否认，比如意志薄弱之类可以废止一个能动者的
> 道德动机，同时承认他完整理解了他的道德理由。（1994a，61）

史密斯对这种强内在主义的担心看起来是合理的。然而，我们
也可以质疑，史密斯提出的那种弱内在主义能否作为一种替代观点。
特别是，我们甚至可以质疑史密斯的表述是否是一种融贯的替代观
点。内在主义论题虽然是一个概念主张，却并非旨在成为一个完全
琐碎的主张。也就是说，内在主义论题必须能以这样的方式来表述：
关于它的真假可以产生某种实质争论。问题在于，根据史密斯的表
述，弱内在主义论题确实面临陷入琐碎的危险。为了避免陷入琐碎，
史密斯需要对"实践上理性"（practically rational）进行某种实质描
述。但是，当史密斯谈论实践理性指什么，他通常将其描述为免于
"意志薄弱、冷漠、绝望之类"（1994a，120）。然而，除非做进一步
的说明，"之类"这个短语指向的状态，看起来类似于说"以及任
何其他可以破坏道德判断与动机之间联系的状态"。显然，如果这
样来理解这种状态，弱内在主义论题就会完全成为非实质性的：

> 如果一个能动者判断在情形 C 中去 G 对他而言是正确的，
> 并且他免于任何可以破坏道德判断与动机之间联系的状态，那
> 么，他具有在 C 中去 G 的动机。

这完全是琐碎的，以至于无法作为任何一种真正的哲学争论的立足
点。所以在我看来，虽然如史密斯所声称的，两种内在主义论题中
较强的一种是不合理的，这并不意味着史密斯有权确立一种较弱的
内在主义：如果对"实践上理性"的描述会使这个论题变得完全琐
碎，那么史密斯看起来甚至还未能表述一种替代强内在主义论题的

较弱观点，更谈不上给出一个支持这种替代观点的有力论证。[1]

不过，接下去我将设想上述担心已经得到妥善处理，并且史密斯已经对实践理性做出了某种非琐碎的适当解释。史密斯支持他所推荐的那种内在主义的论证如下。一个"显著事实"是，在良善且意志坚强的人那里，道德判断的形成与根据判断的规定行动的动机之间具有某种可靠联系。[2]证明这一点的事实是，在良善、意志坚强，并且其他方面都具有实践理性的人那里，"道德判断的改变可靠地引起动机的改变"（1994a，71）。内在主义之所以优于外在主义，是因为只有它才能可信地解释这种显著事实。

我们可以通过举例说明这种可靠联系，设想两个能动者在争论某个基本道德问题：吉尔相信吃肉是错误的，詹姆斯则相信吃肉是道德上允许的。为便于论证，假定詹姆斯是一个良善、意志坚强并且其他方面都具有实践理性的人。并且假定吉尔成功地让詹姆斯相信吃肉是道德上不允许的，所以他最终改变了关于这个问题的道德判断。由此，詹姆斯的动机会怎么样？显然它们会改变：它们会"跟随在［他］新做出的道德判断之后"（1994a，72）。詹姆斯此前缺乏不吃肉、劝说他人不要吃肉等动机，现在他具有了这样的动机。

史密斯指出，要设法解释关于詹姆斯的道德判断与行为动机之间具有可靠联系的这种事实，我们只能采取两种方式。对道德动机的内在主义解释提供了一种可能解释：判断与动机之间的可靠联系

---

[1] 对那些了解"反应依赖"和"判断依赖"方面的文献（参见本书第 7 章）的人来说，这种一般质疑并不陌生。要求弱内在主义者对"实践理性"提供一种实质描述，大致等同于要求关于颜色的判断依赖解释对"合适主体"和"理想条件"提供一种界定，这种界定不会将譬如"合适主体"琐碎地描述为"那些拥有形成关于物体颜色的正确判断所必需的一切条件的人"。

[2] 注意，当史密斯谈到良善的人，他并非意指那些在"具有唯一正确的道德告诉他们他们所应该具有的那些动机"（Smith，1996，177）的意义上良善的人，而是指那些具有"至少在没有意志薄弱之类的情况下，倾向于以可靠方式使他们的动机符合他们的道德信念这一美德"（ibid.）的人。史密斯在回应 Miller（1996）时澄清了这一点。亦参见 Stratton-Lake（1998）。

"直接源于道德判断的内容本身"（1994a，72）。史密斯写道：

> 由于那些维护［内在主义］的人认为，至少当免于意志薄弱或其他某种类似的心理缺陷，一个能动者如果判断"在情形C中去G是正确的"，就会产生去G的动机，这符合道德判断的本质，于是他们坚称这是意料之中的：在一个意志坚强的人那里，道德判断的改变会引起道德动机的改变。因为这只是［内在主义］的一个直接后果。（Ibid.）

换言之，根据内在主义，你形成一个以"吃肉是不允许的"为内容的判断时，要受到一种概念限制，即如果你是良善且意志坚强的人，就会产生相应的行动动机。这可以解释，根据假定良善且意志坚强的詹姆斯改变他的道德观念，以容纳一个具有这般内容的判断，他的动机状态为什么会产生相应的改变。

另一种可能解释是外在主义解释，即相关可靠联系"可以外在地解释：它源于良善且意志坚强的人所具有的动机性倾向的内容"（ibid.）。既然外在主义者不认为具有适当的动机性状态是对形成道德判断的一种限制，要解释在良善且意志坚强的人那里，道德判断与动机的可靠联系，他必须另寻他途。而如果起解释作用的不是良善且意志坚强的人形成具有道德内容的判断所受到的限制，就必定是关于良善且意志坚强的人本身的某种事实：除了关于道德动机内容的事实，这还能是什么事实呢？现在，史密斯认为，外在主义者无法可信地解释这种道德动机内容是什么。简言之，能解释动机变化为什么可靠地追踪道德判断变化的动机性内容，只能是"一种做正确之事的动机，这里对它的理解是从言（de dicto）而非从物（de re）的。实际上，外在主义者将不得不说，使我成为良善之人的正是拥有这种自觉的道德动机"（1994，74）。[1]设想琼斯具有做正确

---

[1] 当从言地理解，"我想要做正确之事"相当于"我想要的情况是（∃x）（x是正确的并且我做x）"。当从物地理解，"我想要做正确之事"相当于"（∃x）（x是正确的并且我想要做x）"。

之事的动机，这里对它采取从言理解。当他改变他关于吃肉的可允许性的判断，他形成了这一判断：不吃肉是正确的做法。那么不出所料，他产生了不吃肉的动机：这源于他新的道德判断与他自觉的道德动机之间的相互作用。

　　史密斯反对这种对相关可靠联系的外在主义解释，因为它将错误的内容赋予良善且意志坚强的人所具有的动机性倾向，而且这么做的时候"将一种道德迷信拔高为独一无二的道德德性"（1994a，76）。并且：

> 　　良善之人非派生地关心诸如诚实、子女和朋友的福祸、同事的福祉、人们得其所应得、正义、平等之类的事情，而不单单只关心一件事，即做他们相信正确的事，这里对它的理解是从言而非从物的。实际上，常识告诉我们，具有这样的动机是一种迷信或道德恶习，而非独一无二的道德德性。（1994a，75）

史密斯认为，对外在主义的这种反驳，类似于伯纳德·威廉斯（Bernard Williams）针对强调无偏倚性的伦理观点提出的一个反驳。设想一个人看到有两人落水，其中一个是他妻子，另一个则完全是陌生人。在这种情况下，一个道德上的良善之人的行动动机是什么？史密斯阐述了威廉斯的论证，他写道：

> 　　许多道德哲学家认为，哪怕在这样的例子中，一个道德上的良善之人的动机也是出于无偏倚的关注；这个人的动机性想法充其量是"那是他妻子，而在这类情况下救一个人的妻子是允许的"。但威廉斯反驳说，这必错无疑。从妻子的角度考虑问题……这位丈夫成了"一个想太多的人"。她完全有理由期望，她丈夫"清晰明确的动机性想法"便是他要救的人是他妻子。倘若还需要任何其他动机，则无非表明他不像她所正当希望和期待的那样，对她怀有挚爱和关心之情。他这是疏远她，在相关方面把她完全当作一个陌生人；尽管这个陌生人是他当

222

然要特别予以照顾的。(1994a，75)[1]

史密斯指出，他反对外在主义者的论证虽然类似威廉斯的论证，但却更有力，不像威廉斯的论证，反对外在主义者的论证无须假定，一个伦理系统可以包含爱和友谊这样的偏倚性价值：

> 这种情形中的反驳，只是当认为一个良善之人具有做他相信正确的事的动机，这里对它的理解是从言而非从物的，外在主义者也让道德上的良善之人成了"一个想得太多的人"。他们让他疏离于道德所要达到的那些正当目标。正如要成为一个合格的爱人，你必须直接关心你爱的人，要成为一个道德上的良善之人，你必须直接关注你认为正确的事，这里对它的理解是从物而非从言的。即便那些认为只有具备无偏倚性的行为才正确的道德哲学家，也必须承认这一点。(1994a，76)

由此，如果不赋予良善且意志坚强的人一种完全不可信的动机性倾向，不让他成为"一个想太多的人"，外在主义就无法解释他的道德判断与动机之间的可靠联系。关于这种可靠联系的内在主义解释不会面临这样的困难，所以内在主义更可取。这就是史密斯支持关于道德动机的内在主义的论证。

现在我要表明，史密斯的论证是非决定性的，它动摇了他所拒斥的外在主义，但同样会损害他所支持的那种内在主义。史密斯的论证实际上要求彻底改变道德判断的概念，就史密斯的全部论述而言，经过这种改变之后，完全不确定胜出的是关于道德判断的内在主义观点还是外在主义观点。

设想乔治是一个良善且意志坚强的人，并且他判断为人诚实是正确的，或者诚实是正确的。根据史密斯的解释，外在主义者必须将如下支配性非派生欲望归于乔治，即做他相信正确的事的欲望。根据这个非派生欲望以及道德信念"为人诚实是正确的"，乔

---

[1] 参见 Williams（1976）。

治产生了为人诚实的派生欲望。根据史密斯的观点，这不符合我们所认为的应该如何描述乔治这样一个人：像乔治这样的人应该具有为人诚实的非派生欲望，而不是从另外某个非派生欲望"做他认为良善的事"派生出这个欲望，否则就成了"道德迷信"。但在我看来，除非进行补充说明，史密斯关于乔治这样的人的内在主义解释也将面临类似的非难。根据史密斯的内在主义者，如果乔治判断诚实是正确的，意味着作为一种概念必然性，乔治将具有为人诚实的动机。现在注意，根据这种解释，乔治的为人诚实的动机仍然是派生的：固然不是来自他"为人诚实是正确的"这一信念和"做正确之事"的支配性非派生欲望，却来自"为人诚实是正确的"这一信念本身。根据内在主义者，当乔治判断"为人诚实是正确的"蕴涵着他具有相应的动机性状态，而如果 P 蕴涵 Q，那么说 Q 是从 P 派生的，看起来是正确的。实际上，根据史密斯声称内在主义者可以合理解释的材料，直接就能得出乔治的动机性状态是派生的，如果在道德信念的改变可靠地引起动机改变的意义上，乔治的动机性状态对他的道德信念敏感，那么要正确描述这一事实，似乎就可以说，乔治的相关动机性状态是从他的道德信念派生的。由此，即便内在主义者也不能将乔治为人诚实的欲望看作非派生，因为即便根据内在主义解释，它也是从"为人诚实是正确的"这一信念派生的。由此，除非进行补充说明，如果外在主义解释让乔治看起来像一个道德迷信者，内在主义解释同样如此。[1]

在后来对支持内在主义的论证的一个阐述中，史密斯从谈论派

---

[1] 内在主义者设法削弱这种反驳的力量的一种方式是，接受一种非常初级的非认知主义，根据后者，乔治的判断等同于相关的动机状态（而根据一种更精致的非认知主义，乔治的判断表达具有动机状态的倾向）。既然根据这种观点判断等同于动机状态，说动机状态来判断似乎就是不正确的。但即便这种选择对大多数简单形式的认知主义来说是有用的，难以看到一个认知主义者或者一个更精致的非认知主义者如何能利用它。况且史密斯的论证旨在一般地维护内在主义，而不仅仅是这种最初级的非认知主义所体现的那种内在主义。

生和非派生欲望转到了谈论工具和非工具欲望。这种转变能平息刚刚提出的担心吗？史密斯写道：

224

> ［根据］外在主义者，［道德完善的人］必须以"做正确之事"的欲望作为他们道德动机的基本来源。由此，尽管他们譬如说相信关照家人和朋友的福祉是正确的，并且让我们假定这一信念为真，他们并不具有关照家人和朋友的福祉的非工具欲望。他们关照家人和朋友的福祉的欲望只是一个工具欲望，因为它必须派生自他们"做正确之事"的非工具欲望和这个手段—目（means-end）信念：通过关照家人和朋友的福祉，他们可以做正确之事。（1996a，182）

史密斯也许认为，可以像下面这样避免他的论证应用于他自己的内在主义立场。设想某人将一个工具欲望定义为从另一个欲望和一个手段—目的信念派生的欲望。那么对外在主义者来说，为人诚实的欲望确实是一个工具欲望：它是从"做正确之事"的欲望和"为人诚实是做正确之事的一种方式"这一手段—目的信念派生的。但史密斯可以论证，这对内在主义者来说不成立。诚然，产生"为人诚实是正确的"这一信念蕴涵着道德完善的人将具有为人诚实的欲望，但由于在这种情形中，派生出动机性状态的仅仅是信念，而非信念加上另外某个欲望，那么即便道德完善的人所具有的为人诚实的欲望在某种意义上是"派生"的，它仍然是非工具的。而正是这一点表明了内在主义者和外在主义者之间的区别：外在主义者将为人诚实的工具欲望归于道德完善的人，而内在主义者将为人诚实的非工具欲望归于他们。

　　然而在我看来，这并不足以消除前述担心。通过再次考察威廉斯关于妻子落水的例子，我们就可以明白这是为什么。回想一下，妻子的不满在于，如果丈夫除了相信落水的女人是他妻子，还需要进一步认为在这类情况下救一个人的妻子是允许的，他就是"一个想得太多的人"。妻子担心的是，她丈夫除了相信落水的女人是他妻子之外，还有某种心理状态，他的"救落水的女人"这一动机对这种心理状态敏感：如果他不相信在这类情况下救一个人的妻子是允许的，就不会有跳入水中救她的动机。现在，这个女人的不满在于，她的丈夫除了相信落水的女人是他妻子，还有某种心理状态，他跳入水中救她的动机对这种心理状态敏感，这里的关键点是，丈夫另外的这种心理状态是一个欲望还是其他东西，是不重要的。这个女人产生的不满只需基于她丈夫具有这样一种心理状态，而无需说明那是何种状态。将这一点转换到史密斯考虑的例子，会发生什么？即便根据我站在史密斯的立场对"工具性"提出的定义，道德完善的人所具有的为人诚实的欲望最终是"非工具的"，它仍然对道德完善的人另外的某种心理状态敏感，即相信为人诚实是正确的。[1] 就像在丈夫是"一个想得太多的人"的例子中，这足以受到非难，即错误描述了道德完善的人的心理状态：在道德完善的人那里，为人诚实的动机不会对这样的状态敏感。

　　所以就目前来看，内在主义者的处境并不比外在主义者更有利。如果推向它的逻辑结论，史密斯的论证表明的是，如果我们认为道德高尚的人相信或者判断为人诚实是正确的，关心朋友和家人的福祉是正确的，等等，就会遇到威廉斯的"一个想得太多的人"式的反驳。这似乎蕴涵着，我们必须认为道德完善的人并未判断譬如为人诚实是正确的，而实际上是非派生地关注体现诚实的事情，否则就会错误描述这种人的心理状态。由此看来，道德判断的概念完全消失了。可正是基于这个概念，史密斯才能确立内在主义与外在主义立场，以及两者之间的论争。所以，除非进行补充说明，我们甚至不确定能否表述一种内在主义立场，更不确定能否通过史密斯这样的论证来确立这种立场。换言之，如果史密斯的论证是成功的，它恰恰会破坏史密斯所设想的内在主义—外在主义论争的基

----

[1] 同样，那种最初级的非认知主义可以避免这种反驳。

础。而如果史密斯的论证是失败的，他所设想的外在主义就会完好
无损。无论是哪种结果，都不存在支持史密斯所表述的那种内在主
义论题的有力论证。

9.10 理性主义与反理性主义

在第9.6节，我把理性主义定义为这种观点：我们的道德事实
概念是一个关于行动理由的概念；并把道德理由的绝对性定义为这
种观点：如果我们的道德事实概念是一个关于行动理由的概念，那
么它是一个关于绝对行动理由的概念，任何理性能动者无论他们的
偶然欲望和倾向是什么，都有这种理由。我们已经看到，比如，雷
尔顿虽然接受道德理由的绝对性所包含的条件式主张，他拒斥了理
性主义：他否认我们的道德事实概念是一个关于行动理由的概念。

226 道德事实可以给能动者提供行动理由，但不是依据一种概念必然
性，而只能依据涉及能动者所关注的偶然目标和欲望的某些事实。
史密斯对雷尔顿进行了反驳，认为我们的道德事实概念是一个关于
绝对行动理由的概念。本节我将试着表明，史密斯支持这种主张的
论证是没有说服力的。

在这么做之前，为避免术语上的混乱，有必要做一些说明。
"理性主义"一词在史密斯那里并无一致的用法。比如，他先是将
理性主义界定为"我们的道德事实概念是一个关于行动理由的概
念"这一观点（1994a，62），后又将其界定为"我们的道德事实
概念是一个关于绝对行动理由的概念"这一观点（例如，1994a，
85）。由于我已经根据史密斯的第一种用法来使用"理性主义"
（rationalism），即指"我们的道德事实概念是一个关于行动理由的
概念"的观点，我将用**"理性主义"**（Rationalism，首字母大写）
来指"我们的道德事实概念是一个关于绝对行动理由的概念"的观

点。由此，**理性主义**即理性主义与道德理由的绝对性的合取。这种合取自然蕴涵理性主义，所以，如果史密斯支持**理性主义**的论证有说服力，就可以拒斥雷尔顿的反理性主义。

另外值得注意的是，理性主义蕴涵内在主义，反之则不成立（Smith，1994a，62）。假定理性主义为真，即我们的道德事实概念是一个关于行动理由的概念。设想琳恩判断在 C 中去 G 对她来说是正确的，那么根据理性主义主张，她判断她有理由在 C 中去 G。众所周知，琳恩有理由在 C 中去 G，仅当她如果理性就会有在 C 中去 G 的动机。由此，琳恩判断她如果理性就有在 C 中去 G 的动机。现在，如果她没有在 C 中去 G 的动机，那么她"就其自身而言"是非理性的（1994a，62）。所以，如果琳恩判断在 C 中去 G 对她来说是正确的，那么除非她实践上非理性，她将产生在 C 中去 G 的动机。而最后这个主张恰恰是对前面讨论的内在主义论题的一种陈述。由于**理性主义**蕴涵理性主义，而理性主义蕴涵内在主义，那么**理性主义**蕴涵内在主义。

史密斯指出，尽管理性主义蕴涵内在主义，反向的蕴涵关系却不成立。非认知主义者和表达主义者接受内在主义，但他们认为我们的道德要求概念并不是一个关于行动理由的概念。根据非认知主义者，"理性能动者可以……在他们的道德判断上意见相左……而不会受到任何理性方面的批评"（1994a，86）。当我们对史密斯支持**理性主义**的论证进行评价，记住这一点很重要。

下面这段话表述了史密斯支持**理性主义**的第一个论证：

> 道德要求应用于理性能动者本身。但这是一个概念真理：如果道德上要求能动者以特定方式行动，那么我们期待他们以那种方式行动。所以，理性本身必须足以提供根据，以使我们可以期待理性能动者将按照道德上的要求行动。但这如何可能呢？这要成为可能，仅当我们认为应用于能动者的道德要求本身是理性或理性能力的绝对要求。因为我们可以对理性能动者

227

本身抱有正当期待的唯一一件事情是，理性要求如何行动，他们就如何行动。（1994a，85）

史密斯知道这里的"期待"是有歧义的。"期待"能动者去做某件事，既可以指相信他们应当或应该做那件事，也可以指相信他们将会做那件事。可以说，前者是对"应该"（should）的规范性理解，而后者是对"应该"的描述性理解。史密斯明确认为，这里的讨论涉及"期待"的后一种含义。我们真的期待理性能动者将会按照道德要求行动吗？史密斯意识到这听起来很没有说服力，因此基于他已经确立的弱内在主义主张，提出一个支持这一主张的论证（我认为尽管上一节史密斯支持内在主义的论证没有说服力，为便于论证，让我们忽略我的观点，承认史密斯可以利用他这种内在主义）。从内在主义可以得出"我们当然期待理性能动者按照他们对道德要求的判断去行动"（1994a，86）。史密斯设想了一个反驳，即认为我们无法再得出进一步的结论：

> ［这个反驳是说］……其他条件不变，即便理性能动者将会按照他们对道德要求如何行动的判断去行动，这个论证也未能让我们有理由认为，对于道德要求他们如何行动，所有理性能动者将会得出相同的判断……但如果能动者可以在他们的道德判断上意见相左，而不会受到理性方面的批评，那么他们的判断不可能是关于根据理性的绝对要求，他们被要求如何行动。（1994a，86）

而这确实是非认知主义式或表达主义式反**理性主义者**（以及为便于论证承认史密斯的内在主义的雷尔顿式反**理性主义者**）可能提出的一种反驳。但史密斯认为这种反驳"适得其反"：

> 如所周知，我们的道德判断至少以成为客观判断为旨归……由此，如果A说"在情形C中去G是正确的"，而B说"在情形C中去G不是正确的"，那么，我们就认为A和B有分歧。而这反过来意味着，根据理性的观点我们可

以认为，A 和 B 的判断至少有一个为假，因为它确实为假。
（1994a，86）

由此可以得出：

> 我们确实期待理性能动者按照道德对如何行动的要求去行
> 动，而不只是按照他们对道德要求如何行动的判断去行动。因
> 为我们能够并且确实期待理性能动者的判断**为真**；我们期待他
> 们关于什么是正确行动的判断**趋于一致**。所以，我们的道德要
> 求概念最终是关于理性的绝对要求的概念。（1994a，86—87）

228

然而在我看来，史密斯的上述论证完全是相对于反**理性主义者**
乞题。关键在于，史密斯假定一个道德判断的假蕴涵着根据理性观
点可以认为这个判断为假，而例如非认知主义者认为，根据琳恩的
道德判断为假这一事实，完全无法得出琳恩是非理性的。所以，当
假定道德判断的假是非理性的表现，史密斯完全假定了他正要试图
确立的东西，即我们的道德事实概念是一个关于理性的绝对要求的
概念。[1]或者说，史密斯有权说的只是，我们假定理性能动者可以
在理性问题上做出真判断，说我们假定理性能动者可以在道德问
题上做出真判断，恰恰是假定了反**理性主义者**否认的东西，即道德
问题是关于理性的问题。史密斯的论证同样是明显乞题的。

除了刚刚讨论的这个论证，史密斯还提出了另一个支持理性主
义的论证。史密斯的出发点是"我们在道德问题关系重大时对人们
的行为提出赞成与反对"（1994a，87）这一现象，然后他认为"仅
当我们预设你在决定如何行动时考虑到了那个事实，'我反对你的
行为'才是有意义的说法"（1994a，88）。这个论证的剩余部分包
含在下面这段话里：

> 对那些不按照道德对如何行动的要求去行动的人提出反
> 对，预设了我们可以正当地期待他们会按照道德要求行动；如

---

[1]此外，我不确定非认知主义者是否需要接受前面倒数第二段话所引用的"常理"。

我们所看到的，这预设了根据评判他们的决定的公认标准，他们的决定是坏的。但给这种期待的正当性提供根据的是什么呢？……这种期待的根据只在于这一事实：人们是理性能动者。理性足以提供根据，使得可以期待人们将会按照道德对如何行动的要求去行动。鉴于道德上的赞成与反对是普遍存在的，道德上的赞成与反对的前提得到满足这一事实看起来就蕴涵着理性主义者的概念主张为真。（1994a，89—90）

在我看来，这个论证因为一种歧义而失效，这种歧义非常类似于史密斯本人之前提醒我们防止的那种关于"应该"的歧义。根据史密斯的观点，只有在"我们可以正当地期待他们会按照道德要求行动"的前提下，才可以对比如一个骗子提出反对。但在我看来，只有当我们像之前区分的那样，对"期待"进行规范性而非描述性理解，这才是可信的。否则，如果我知道阿诺德是一个积习难返、屡教不改的骗子，就不可能在道德上反对他。为了让我对阿诺德的反对有意义，需要预设的不是我可以正当地期待他将会不撒谎（我没有这样的期待），而是我可以正当地相信他应该不撒谎。当史密斯谈论这种预设时认为"根据评判他们的决定的公认标准，他们的决定是坏的"（楷体部分是后加的），他自己或多或少承认了这一点。为了满足道德赞成与反对的前提，反**理性主义者**只需要正当的道德"应当"，而由于反**理性主义者**认为我们关于道德要求、道德"应当"的概念不是关于行动理由的概念，他们可以回应说，就史密斯努力做出的全部论述而言，反**理性主义者**也能主张道德赞成与反对的前提可以得到满足。而显然，如果史密斯假定，道德"应当"的正当性蕴涵着我们的道德要求概念是关于行动理由的概念，那么这个论证就像前一个论证一样，完全是相对于反**理性主义者**乞题。

由此我认为，史密斯支持**理性主义**及其所蕴涵的理性主义的论证无法得到它们预期的结论。

9.11　分析性道德功能主义与史密斯的"置换问题"[1]

在本章的前面部分，我们看到雷尔顿的伦理还原论是一种表面内容修正论，关于道德话语的基本语义则是一种非修正论。雷尔顿虽然提出了对"道德正确"的定义，但这是一个修正定义，其可信性取决于后天基础。换言之，雷尔顿的伦理还原论并未主张，英语中实际使用的道德谓词与自然谓词之间存在任何分析性关联。现在我要简单考察另一种伦理还原论，它跟雷尔顿的一样，是关于道德话语基本语义的非修正论，但和雷尔顿的不同，它也是关于道德判断表面内容的非修正论。这里所说的这种伦理还原论，即分析性道德功能主义（*analytic moral functionalism*）。在近期讨论中，分析性道德功能主义的主要倡导者是弗兰克·杰克逊和菲利普·佩蒂特。[2]

顾名思义，分析性道德功能主义要做的是，在道德谓词与自然谓词之间确立分析性关联，但它的做法并非试图找到某些与道德谓词同义的自然谓词。毋宁说，它的做法是，试图对道德判断的内容进行迈克尔·史密斯所说的"网络式分析"。

对一组概念的网络式分析依据的是一种关于概念分析的本质的特定观点，史密斯对这种观点做了很好的阐述。例如，设想我们要对颜色判断的内容进行分析：我们关于红色、蓝色、橙色等颜色的判断。史密斯提出（i）存在各种关于颜色的常理（*platitudes*），以及（ii）"一种概念分析是成功的，仅当它让我们悉数了解并且只了解［与掌握那个概念相关的］常理"（1994a，31）。一个常理和掌握一个词项相关，当它把握住了那些掌握该词项的人关于该词项的

230

---

[1] 接下去的讨论，我利用了 McFarland and Miller（1998b）的一些材料。感谢共同作者和编辑允许我这么做。

[2] 参见 Jackson（1992，1998），Jackson and Pettit（1995）。不像雷尔顿那样，杰克逊和佩蒂特是关于道德判断的内在主义者（在第 9.9 节所说的意义上）。尤其参见 Jackson and Pettit（1995）。

推理倾向和判断倾向。所以在相关意义上，常理是先天的，而且：

> 由于对"红色"概念的一种分析应该告诉我们所有关于"某样东西是红色的"是指什么的先天知识，这意味着一种分析应该让我们了解所有与红色相关的常理……相应地，我们可以认为，一种分析本身就是由这些常理的一长串合取所构成或派生的。（1994a，31）

以颜色词项为例，这些常理将包括：（a）关于如何将颜色词项与世界特征相联系来学习它们的常理，比如，"要教某人代表红色的单词是什么意思，就要一边说代表红色的这个单词，一边向他展示一些红色的东西"；（b）将颜色经验与颜色关联起来的常理，比如，"在特定环境下，红色导致我们具有对红色的经验"；（c）矫正性常理，比如，"要看清某个东西的颜色，得在白天观察它"；以及（d）关于颜色之间的相似关系的常理，比如，"红色更接近于橙色而非黄色"、"橙色更接近于黄色而非蓝色"，等等。

由此，如果提出的一种关于颜色判断内容的分析未能把握这一系列常理，以及我们对颜色概念本身的掌握所允许进行的一系列判断和推理，那么这种分析便是不充分的。任何对道德判断内容提出的分析也是如此，正如围绕我们对颜色词项的使用存在各种常理，围绕我们对道德词项的使用也存在各种常理，而提出的任何对道德判断的解释只要未能把握这些常理，就是不充分的。根据史密斯（1994a，39—41）的观点，围绕我们对道德词项的使用的常理包括：关于实践性的常理（比如，"如果某人判断他去 A 是正确的，那么其他条件不变，他将倾向于去 A"），关于客观性的常理（比如，"当莱斯说 A 是正确的，而琳恩说 A 是不正确的，那么莱斯和琳恩至多有一人正确"），关于随附性的常理（比如，"具有相同的一般日常特征的行为，必定也具有相同的道德特征"），关于实质性的常理（比如，"正确行为会以某种方式传达平等的关心与尊重"），以及关于程序性的常理（比如，"我们试图通过运用某种类似'反思平衡'的方法来发现哪些行为是正确的"）。

那么，对一种话语的网络式分析，如何把握围绕这种话语所特有的那些词项的常理呢？为了说明这一点，我将依据史密斯的论述，表明对我们的颜色判断内容的网络式分析，如何悉数把握并且只把握围绕我们对颜色词项的使用的常理（同样的方法可以适用于对道德话语的网络式分析）。

大体而言，对颜色判断内容的网络式分析，遵循的是大卫·刘易斯为了定义理论词汇（theoretical vocabulary）而提出的那种方法（Lewis，1970，1972；亦参见 Ramsey，1931）。如前面所指出的，网络式分析依据的事实是，存在大量关于颜色的常理，诸如"在特定环境下，红色导致我们具有对红色的经验"、"红色更接近于橙色而非蓝色"，等等。刘易斯的观点表明，根据这些常理，我们如何能得到一种关于"红色"概念的分析。首先，我们对各种常理进行梳理以及改写，使得以专名的方式对颜色进行指称。由此，刚才提到的两个常理可以改写为"在特定环境下，红色这种属性导致我们具有对红色这种属性的经验"、"红色这种属性更接近于橙色这种属性而非蓝色这种属性"。对所有颜色都这般处理后，我们进而将合取所有常理所得到的结果，表示为对所有不同颜色属性都为真的关系谓词"T"。也就是说，这种合取将表示为 T［r g b…］，其中，"r"、"g"等代表红色、绿色等属性。完成了这一步，我们去掉各种颜色的专名，并用自由变元来取代它们，于是我们得到了 T［x y z…］。所以，如果这些常理是指"在特定环境下，红色这种属性导致我们具有对红色这种属性的经验"、"红色这种属性更接近于橙色这种属性而非蓝色这种属性"，等等，那么 T (x, y, z) 将成为"（在特定环境下，x 导致我们具有对 x 的经验）&（x 更接近于 y 而非 z）&…"。这样，如果颜色确实存在，就会完全像这个常理合取式所说的那样，存在唯一一组与世界相关并且彼此相关的属性。换言之，如果颜色确实存在，下述表达式为真：

232 ∃x ∃y ∃z⋯ {T [x y z ⋯] & ((∀x*)(∀y*)(∀z*)⋯T [x* y* z*⋯]
iff (x=x*, y=y*, z=z*⋯))}.

那么"红色"属性可以采取如下方式来定义:

红色属性是这样的 x: ∃y ∃z⋯ {T [x y z ⋯] & ((∀x*)
(∀y*)(∀z*)⋯T [x* y* z*⋯]iff (x=x*, y=y*, z=z*⋯))}.

这是对"红色"属性的一种还原分析: 它完全以非颜色词汇来定义
这种属性, 因为上述定义的右边部分没有出现颜色词汇。

针对这种关于红色的网络式分析, 史密斯提出了如下反驳。再
次考虑关于红色、橙色和黄色的常理。那么对于"红色"这种属
性, 我们拥有的常理包括"在标准条件下, 红色这种属性导致物体
在正常的观察者看来是红色的"、"红色这种属性更接近于橙色这种
属性而非黄色这种属性", 等等。对于"橙色"这种属性, 我们拥
有的常理包括"在标准条件下, 橙色这种属性导致物体在正常的观
察者看来是橙色的"、"橙色这种属性更接近于黄色这种属性而非绿
色这种属性", 等等。对于"黄色"这种属性, 我们拥有的常理包
括"在标准条件下, 黄色这种属性导致物体在正常的观察者看来是
黄色的"、"黄色这种属性更接近于绿色这种属性而非蓝色这种属
性", 等等。但现在, 当我们采用上述刘易斯式方法, 得到的是如
下关于红色、橙色和黄色属性的定义:

红色属性是这样的 x: ∃y ∃z⋯在标准条件下物体具有 x
导致它们在正常的观察者看来是 x, 并且 x 更接近于 y 而非
z⋯&⋯ (唯一性)。

橙色属性是这样的 y: ∃z ∃u⋯在标准条件下物体具有 y
导致它们在正常的观察者看来是 y, 并且 y 更接近于 z 而非
u⋯&⋯ (唯一性)。

黄色属性是这样的 z: ∃v ∃w⋯在标准条件下物体具有 z
导致它们在正常的观察者看来是 z, 并且 z 更接近于 v 而非
w⋯&⋯ (唯一性)。

倘若这是正确的，那么网络式分析的支持者将面临一个问题：根据
他们的定义，将无法在红色、橙色和黄色属性之间做出区分。如史
密斯所说：

> 每个定义的右边部分所确立的关系网络……在每个例子中
> 都是完全相同的关系网络……因此，对各种颜色的网络式分析
> 丢失了关于颜色之间差异的先天信息。（1998，96）

这表明，网络式分析的成功取决于一个假设的真，而这个假设在颜
色的例子中实际为假：

> 这个假设是，当我们对相关常理的一个陈述完全避免提及
> 我们想要分析的那些词项，这仍然会留下足够的关系性信息，
> 一旦我们分析的那些概念真的实例化，这种信息就可以确保实
> 现一种唯一的关系网络。（1994a，48）

既然关于颜色的网络式分析面临史密斯所称的这种"置换问题"
（permutation problem），它们就不足以构成对我们的颜色词项的分析。

但是，对各种颜色的网络式分析为什么会面临置换问题呢？史
密斯指出，颜色的例子的两个重要特征引发了置换问题。他写道：

> ［置换问题］产生的第一个原因是，我们尤其需要通过接
> 触颜色的范例，以及通过使我们对特定颜色词项的使用直接
> "连接"这些词项指向的特定颜色，才能实现对颜色词项的掌
> 握；第二个原因是，这样一来，围绕我们对颜色词项的使用，
> 便形成了一个极其紧密地相连和交织的常理群。置换问题之所
> 以产生，是因为我们对颜色概念的定义没有充分依据颜色和本
> 身不是颜色的东西，或者至少本身不是通过颜色来刻画的东西
> 之间的关系。（1994a，55）

史密斯接着指出，颜色的例子中引发置换问题的这些特征，同样出
现在道德的例子中：

> 我们的道德概念在这方面和我们的颜色概念完全一
> 样……我们尤其需要通过接触范例，才能学会所有包括我们的

道德概念在内的规范性概念。(Ibid.)

史密斯的结论是，由于我们的颜色概念和道德概念具有这种相似性，对我们的道德判断内容成功进行网络式分析的可能性微乎其微。

9.12 对置换问题的一种回应

网络式分析的维护者有什么办法可以回应置换问题吗？史密斯认为没有：

> 设想最佳的颜色理论告诉我们，色环并非完全对称，譬如说，红色和蓝色具有其他颜色没有的一个特征。我们可以利用红色和蓝色的这个特征来解决置换问题吗？也许不难看到，答案取决于能否可信地认为红色和蓝色先天地具有这个特征。我自己的看法是，尽管可能发现红色和蓝色具有其他颜色没有的一个特征，这充其量只是一个后天真理。(1998，97，注释5)

史密斯考虑的例子似乎印证了这一点：

> 诚然，人们普遍相信"红色是血液的颜色"、"黄色是鸡蛋的颜色"之类的主张为真，并且在这种意义上，这些主张确实是常理。但遗憾的是，要成为相关意义上的常理，被普遍相信为真既不是必要条件也不是充分条件。相关意义上的常理具有一种表面的先天地位，因为它们构成对我们依据掌握颜色概念所进行的判断与推理的描述。然而，诸如"红色是血液的颜色"、"黄色是鸡蛋的颜色"之类的主张，充其量只是被普遍相信关于颜色的后天真理。因此，我们不能用它们来充实我们对颜色的定义。(1998，96—97)[1]

---

[1] 表面上看，这里和史密斯关于道德常理的说法不相称。关于"物质"的"常理"真的是先天的吗？

作为回应，我现在要表明的是，至少有两个论证能够可信地确立颜色之间先天的不对称性，这些不对称性可以让我们消解置换问题，而不用超出围绕颜色话语的大量先天真理之外进行考量。

首先，与史密斯的看法相反，我要论证，依据本身不是颜色的东西来刻画我们的颜色概念的颜色常理绝非没有。如果这是对的，那么史密斯就不能以颜色的例子为模型，据以得出这种主张：如果一组概念很大程度上是相互定义的，那么对它们的网络式分析将会受到置换问题的困扰。其次，我要论证，即便颜色概念在史密斯所设想的那种程度上相互定义，颜色的例子中也完全不会产生置换问题。如果这是对的，即表明一组概念很大程度上相互定义这一事实与是否会产生相关的置换问题毫不相干。这样就可以阻断史密斯反对关于道德概念的网络式分析的论证。

第一个论证如下。如我们在前面所见，史密斯假定，任何依据本身不是颜色的东西来刻画我们的颜色概念的颜色"常理"，必定充其量只是后天的，因而对回应置换问题来说没有用处（即不是相关意义上的常理）。但在我看来，这未免太过悲观。实际上，只要颜色词项能以另一种方式进入关于如何确定非颜色词项指称的解释，史密斯的假设便是错的。而情况看起来确实如此。以自然品类词项为例，比如，关于如何确定"黄金"的指称的克里普克-普特南式标准解释是，只要一种物质是我们感知到黄色、发亮、闪光等属性的共同实例化的主要原因，它就是黄金。[1] 由于这是一种关于如何确定指称的解释，下述命题将先天为真：

（1）x 是黄金当且仅当 x 是由这样的物质组成，这种物质是我们感知到黄色、延展性、闪光等属性的共同实例化的主要原因。

[1] Kripke（1980）；Putnam（1975）。这里所说的"黄金"（"gold"也有"金黄"的意思。——译者注）当然不是指一种特定的颜色，而是指一种材料或物质。

既然这是先天真理，我们可以把它加进关于黄色属性的常理清单当中，并按照上一节描述的程序，得到如下还原定义：

> 黄色属性是这样的 x：∃v ∃w⋯在标准条件下物体具有 x 导致它们在正常的观察者看来是 x，并且 x 更接近于 v 而非 w⋯&⋯& u 是黄金当且仅当 u 是由这样的物质组成，这种物质是我们感知到 x、延展性、闪光等属性的共同实例化的主要原因⋯&⋯（唯一性）。

注意，首先，由于这里我们不是在对物质词项或其他非颜色词项进行还原分析，我们不必用变元来替换其中出现的"黄金"、"延展性"等等。其次，这直接表明置换问题得到了解决。因为下述命题不为真，更谈不上先天为真：

> （1*）x 是黄金当且仅当 x 是由这样的物质组成，这种物质是我们感知到红色、延展性、闪光等属性的共同实例化的主要原因。

236 或者：

> （1**）x 是黄金当且仅当 x 是由这样的物质组成，这种物质是我们感知到橙色、延展性、闪光等属性的共同实例化的主要原因。

由此，对"黄色"的还原分析区别于并且先天地区别于对"红色"和"橙色"的还原定义。既然甚至只需援用一种关于如何确定非颜色词项（诸如自然品类词项）指称的解释，就可以消解置换问题，而且非常可信的是，颜色词项以各种不同方式进入关于如何确定其他自然品类词项，以及其他非颜色词项的指称的解释，那么如果对我们的颜色词项的网络式分析仍然面临置换问题，是完全难以置信的。

以上是我反对"关于颜色词项的网络式分析受到置换问题困扰"这一主张的第一个论证。这个论证旨在确定，基于将颜色词项与各种非颜色词项关联起来的那些真理，我们可以在颜色之间确立先天的不对称性。现在我要接着提出我的第二个论证，通过这个论证我要表明，即便颜色词项在史密斯所设想的那种程度上相互定义，颜色的例子中也不会产生置换问题。对于给定的一组概念，仅当悉数去除对相关常理的陈述中出现的所有相关词项，这组概念中至少有两个概念无法区分，才会产生置换问题。然而，只要考虑一下为史密斯所忽视的两类涉及颜色之间关系的常理，便知道颜色的例子并不满足这种条件。

　　首先，涉及颜色之间关系的常理并不限于那些说明颜色的相似性关系的常理，因为还存在反映这一事实的常理：有些颜色在现象方面是复合的，其他颜色则否。[1] 由此，"橙色既带红色又带黄色"、"紫色既带红色又带蓝色"，以及对所有其他现象上复合的颜色的类似表述都是常理。并且这也是常理：四种所谓的纯色，即纯红、纯黄、纯绿和纯蓝，在这种意义上都不是复合的。所以，当悉数去除对颜色常理的陈述中出现的所有颜色词项，仍然会留下足够的信息，可以区分每种纯色与每种杂色。其次，涉及颜色之间相似性关系的常理并不限于那些简单地说明"颜色 A 更接近于颜色 B 而非颜色 C"之类的常理，因为还存在反映我们的这种倾向的常理：对颜色之间的各种相似程度做出更加精细的判断。由于为测量这些关系而设计的心理实验所得到的结果，旨在反映我们关于颜色之间各种相似程度的判断倾向，依照史密斯关于常理的标准，我们可以根据这些实验的结果来具体说明这类常理。现在，就纯色之间的关系而言，这里特别重要的是，这些实验的结果表明：没有两种纯色比纯绿和纯蓝更相似，没有两种纯色比纯红和纯蓝更相异（Ekman，1954；Shepard，1962；Indow and Ohsumi，1972。见图 9.1）。

237

---

[1] 为避免误解，这里我只谈颜色现象学：有些颜色看起来或显得是复合的，其他颜色则否。这里我不关心混合物理实例化（physically instantiated）的颜色所得到的经验结果。

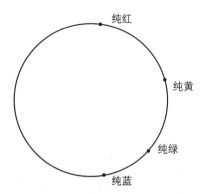

图 9.1　纯色环（根据 Indow and Ohsumi，1972）

　　这蕴涵着就关于相似性程度的常理而言，每种纯色和其他纯色之间都存在一种关系网络，它与另外任何一种纯色所具有的关系网络都不同构。这种情况下，当悉数去除对颜色常理的陈述中出现的所有颜色词项，仍然会留下足够的信息，可以区分每种纯色与另外每一种纯色。而且，这种结果对杂色所具有的关系来说也很重要。因为关于杂色与纯色之间的各种相似性程度，也存在许多常理。鉴于就相似性程度而言，每种纯色与其他纯色之间具有一种关系网络，它与任何其他纯色所具有的关系网络都不同构，那么每种杂色与其他杂色之间也具有一种关系网络，它与任何其他杂色所具有的关系网络也都不同构。所以，当悉数去除对颜色常理的陈述中出现的所有颜色词项，仍然会留下足够的信息，可以区分每种杂色与其他每一种杂色。复述一遍：根据描述我们对相似性程度进行更精细判断的倾向的那些常理，可以把每种纯色与其他每一种纯色区分开；根据关于复合性和纯粹性的那些常理，可以把每种纯色与每种杂色区分开；然后根据杂色与纯色的不同关系，我们可以把每种杂色与其他每一种杂色区分开。那么总而言之，即便所有的颜色常理都涉及颜色之间的关系，结果依然是：当悉数去除对颜色常理的陈述中出现的所有颜色词项，仍然会留下足够的信息，可以区分每种颜色与另外每一种颜色。

238

　　我这两个论证与道德词项网络式分析的可能性有什么关系？回想一下，史密斯的论证是：在颜色的例子中引发置换问题的所有特征［即（i）"我们尤其需要通过接触颜色的范例，以及通过使我们对特定颜色词项的使用直接'连接'这些词项指向的特定颜色，才能实现对颜色词项的掌握"，以及（ii）"围绕我们对颜色词项的使用，形成了一个极其紧密地相连和交织的常理群"］也会出现在道德的例子中（因为"我们的道德概念在这方面和我们的颜色概念完全一样"）。这表明根据史密斯的观点，对道德词项提出网络式分析的任何尝试都将遭遇置换问题。我在上面论证了，即便颜色词项确实具有特征（i）和（ii），也不意味着会产生置换问题。这表明就史密斯的全部论述而言，道德的例子中也未必会出现置换问题。因此我的结论是，史密斯反对道德判断内容网络式分析的论证是失败的。

9.13　结论

　　我讨论了两种关于道德判断的当代自然主义还原论：雷尔顿关于道德正确性的还原论，杰克逊和佩蒂特的分析性道德功能主义。我论证，雷尔顿可以免于威金斯反对他的实质自然主义的"摩尔式"论证，并可以应对索贝尔反对他关于非道德价值的解释所提出的批评。我也论证，分析性道德功能主义可以解决史密斯的"置换问题"。那么就本章来看，伦理还原论处于颇为良好的状态。但这仅仅是研究伦理还原论的开端而已，无疑还有很多问题和困难有待探讨。[1]

---

[1] 例如，虽然我论证雷尔顿对非道德价值的解释可以消解关于个人之内可通约性的问题，个人之间可通约性的问题仍然有待解决。

9.14 进阶阅读

雷尔顿的论文通常都是清晰易懂的，参见他的 1986a、1986b、1989、1993a、1993b、1995 和 1996b。雷尔顿的 2003 汇集了他的许多重要论文。相关文献还包括 Brandt（1979）、Velleman（1988）和 Rosati（1995a，1995b）。如果想探究雷尔顿对非道德价值的解释中包含的各种线索，可以先阅读 Sobel（1994），然后阅读他在注释中引用的那些著作。Rosenberg（1990）对雷尔顿的方案的经验部分做了富有启发的讨论。要了解内在主义与外在主义之间的论争，Smith（1994a，第 3 章）是最好的起点。Smith（1996b）也有助益。对史密斯支持内在主义的论证的批评和讨论，参见 Miller（1996）、Smith（1996a）、Stratton-Lake（1998 和 1999）和 Dreier（2000）。Brink（1989）对外在主义立场做了清晰表述。要了解分析性道德功能主义，参见 Jackson（1992）、Jackson and Pettit（1995）和 Jackson（1998）。相关批评可以参见 Zangwill（1997）、Ravenscroft（ed.）（2009）中收录的论文和 Miller（2011）。史密斯的置换问题在 Smith（1994a，第 2 章）和 Smith（1998）中得到发展，亦参见史密斯的论文集（2004）。对**理性主义**的反驳参见 Morgan（2006）。

第10章

当代非自然主义：麦克道尔的道德实在论

我在第 9 章考察了一种非还原论式强认知主义，即康奈尔派实在论的自然主义式强认知主义。本章我将讨论另一种非还原论式强认知主义，即约翰·麦克道尔的非自然主义式道德实在论。第 10.1 节我将讨论并拒斥麦克道尔针对非认知主义提出的"解缠"（disentangling）反驳，并尝试与第 4.9 节我对"不纯反应"（contaminated response）反驳的相关评论，以及第 9.7 节我对威金斯反对实质自然主义的论证所给予的回应联系起来。第 10.2 节我将考虑并拒斥这种意见：麦克道尔关于教化（Bildung）和"第二自然"（second nature）的看法，可以消除非自然主义在形而上学与认识论方面受到的质疑。第 10.3 节我将重构麦克道尔的这种观点：我们可以真正接纳非自然的道德事态与属性，而不会重蹈摩尔及其追随者那种不可信的直觉主义式非自然主义的覆辙。第 10.4 节我将考察麦克道尔的"反休谟式"动机论。第 10.5 节我将考虑并拒斥麦克道尔的这种主张：像布莱克本的准实在论那样的自然主义式非认知主义，必定具有一种隐蔽的"唯科学论"动机。总之，我的结论是，麦克道尔对他的非认知主义对手的反驳是不成功的，并且他作为替代观点提出的那种非自然主义式认知主义存在严重的问题。

10.1 对非认知主义的"解缠"反驳

本节我将考察麦克道尔在"非认知主义与规则遵循"（Non-Cognitivism and Rule-Following）一文中针对非认知主义提出的"解缠"反驳。麦克道尔论证，非认知主义提出了若干相互关联的主张，为便于论述起见，我将称它们为：

解缠（DISENTANGLING）："……当我们感到有必要将价值赋予某种东西，实际发生的情况可以分解成两个部分。具有使用评价概念的能力意味着，第一，对真实世界的某个方面具有一种敏感性（sensitivity）……以及第二，对某种态度具有一种倾向性（propensity），即一种构成特殊观点的非认知状态，世界上的事物正是根据这种特殊观点被赋予相关价值"（McDowell，1998，200—201）。

定形（SHAPEFULNESS）："……评价方面的分类对应于一些类别，事物从原则上看可以独立于评价观点而归入那些类别。"（1998，216）

真正（GENUINE）："世界的一个真正属性……是指这样的属性：无论以何种方式存在，其存在都是独立于任何人的价值经验的。"（1998，201）也就是说，只有事物从原则上看可以外在于评价观点而归入的类别才是真正的类别。

麦克道尔的论证如下：

（ⅰ）**解缠**预设**定形**：拒斥**定形**，也就随之拒斥了**解缠**，从而非认知主义者无法认为评价语言的使用是概念应用的真正实例［不同于单纯的"宣泄"（sounding off）］。

（ⅱ）某些关于规则遵循的维特根斯坦式论证拒斥了**定形**。

（ⅲ）**真正**是"一种缺乏内在可信性的偏见"（1998，217），它依赖于一种没有根据的唯科学论。

现在我将按照如下步骤进行论述。我将承认（ⅱ），即关于规则遵循的论证可以拒斥麦克道尔所指的**定形**。然后我将论证，即便拒斥了**定形**，某个版本的**解缠**仍然可以得到维护，因此，对于规则遵循考量的结果，非认知主义者尽可同意麦克道尔，这并不妨碍他有权认为我们对评价语言的使用是概念应用的真正实例。我尤其将考虑这种看法：由于非认知主义者承诺了**真正**，所以他不能否认**定形**。我将表明，非认知主义者完全不需要**真正**，所以否认**定形**不会带来问题。总而言之，麦克道尔的"解缠"论证是失败的。

让我们先来复述一下麦克道尔反对**定形**的论证（1998，203— 212）。由于我将站在非认知主义者的立场，承认这个论证有说服力，我只对它进行简要概述。非认知主义者希望这样看待我们对评价语言的口头或书面使用：并非单纯的"宣泄"，而是概念应用的真正实例，是一种"继续做同一件事（*going on doing the same thing*）"的实践（1998，201）。麦克道尔拒斥了一种关于"继续做同一件事"意指什么的观点，这种观点是**定形**假设的一个更一般化的版本。这种观点可以概述如下，当运用于任何一种概念应用实践：

> 做同一件事在相关实践中指什么，是由实践的规则决定的。规则划出了轨道，实践中的正确活动必须依循这些轨道进行。这些轨道无论以何种方式存在，都独立于人们学会这种实践本身时所获得的对某些反应和回应的一种倾向性；或者不用比喻，这种观念是说，从独立于对实践参与者进行刻画的那些反应的立场来看，原则上可以确认实践中的一系列正确活动确实是在做同一件事。（1998，203）

可以看到，这里涉及麦克道尔试图拒斥的定形性（shapefulness）概念。说"评价方面的分类对应于一些类别，事物从原则上看可以独立于评价观点而归入那些类别"，就是按照上述引文中非比喻性的表述所说的，从独立于对道德实践参与者进行刻画的那些反应的立场来看，原则上可以确认对（比如）"良善"的一系列正确使用确实是在做同一件事。由此，拒斥麦克道尔这里以非比喻性的方式

242

表述的论题，实际上就可以拒斥**定形**。

那么这个论题的错误是什么呢？麦克道尔认为，这个论题预设了对如何应用一个概念的理解（understanding），而这个理解概念是无效的，为了说明这一点，他援用了这个例子：为了得出数列 2，4，6，8……的后续项，需要理解"加 2"这一简单规则。根据这个论题，一个适格的规则遵循者对如何正确地继续运算这个数列的理解在于，他把握了一个可以独立于人类数学实践特有的那些反应和回应，即"以相同方式继续"的基本倾向来把握的项目（item）。这样一个项目或者是对继续运算数列的规则的一种明确表述（*explicit formulation*），或者如果（更加复杂的例子中可能如此）规则不能成文化以及无法明确表述，那么就是一种普遍概念（*universal*）。但即便在规则可以得到明确表述的简单例子中，对理解由什么构成的解释也是不充分的。"以相同方式继续"的基本倾向刻画了数学实践，而没有这些基本倾向的人需要对规则进行解释（*interpret*），才能继续得出数列的下一个数。于是就出现了一个困境。对一条规则的一种明确表述，可以用诸多方式来解释。设想在对规则"加 2"的表述中，"加"（add）被解释为"咖"（quadd），而对一个数咖另一个数的定义是：x 咖 2=x+2（如果 x ≤ 998），x 咖 2=x+4（如果 x ＞ 998）。那么，当规则遵循者正确写下这个数列，其后续项将不是 998，1000，1002，1004，1006……而是 998，1000，1004，1008……：

> 我们支持可以出现这般描述的状态的所有证据，都与这一假设相容：在运算的某个未来时刻，那个时刻产生的行为将偏离我们所认为的正确行为，而且不能简单地说这是因为出了错误。（1998，205）

某个人对规则"加 2"的解释可以不同于这条规则的适格遵循者对它的理解。由此，如果一种解释这条规则的状态可以真正构成对它的理解，那么必定是一种正确解释这条规则的状态。然而，正确解释一条规则的能力是指什么？我们或者认为，"正确解释"只是"理解"的另一种写法，那么就没有提出对理解的构成性解释；或者认为，正确解释本身包含着把握某个可以独立于相关倾向进行把握的项目，那么问题就会再度出现：任何解释本身都会面临某些异常解释，类似于原先表述为"加法"的规则被解释为"咖法"。

麦克道尔建议通过拒斥导致困境的假设来避免这种困境。与那个假设相反，适格的规则遵循者对如何正确地继续运算数列的理解，不在于把握一个可以独立于人类数学实践所特有的那些反应进行把握的项目。毋宁说，除了适格的规则遵循者在学习规则的过程中获得的那些反应，没有什么东西可以约束他对数列的展开。暂且抛开这种担心：既然"除了我们学习实践时获得的那些反应和回应，没有什么东西可以约束我们的实践"（1998，207），那么完全没有足够的材料支撑起真正的规则遵循，而非只是"主观性的重合"。即便这种担心有正当根据（麦克道尔认为没有），麦克道尔对系之于**定形**的理解概念的批评，以及"从独立于对实践参与者进行刻画的那些反应的立场来看，原则上可以确认实践中的一系列正确活动确实是在做同一件事"的观点，看起来是令人信服的。总之我将做这样的假定。问题是：对伦理非认知主义的可信性而言，拒斥**定形**意味着什么？

244

麦克道尔为什么认为，对不希望把评价语言的使用视为单纯的"宣泄"的非认知主义者来说，拒斥**定形**会成为一个无法克服的问题？对此至少可以提出两种考虑，我们最好将它们分开。其一，前面已经提到一点，即麦克道尔认为，希望将我们对评价语言的使用视为真正的概念应用的非认知主义者承诺了**解缠**。回想前面的表述：

　　解缠："……当我们感到有必要将价值赋予某种东西，实际发生的情况可以分解成两个部分。具有使用评价概念的能力意味着，第一，对真实世界的某个方面具有一种敏感性……以及第二，对某种态度具有一种倾向性，即一种构成特殊观点的非认知状态，世界上的事物正是根据这种特殊观点被赋予相关价值"（McDowell，1998，200—201）。

定形："……评价方面的分类对应于一些类别，事物从原则上看可以独立于评价观点而归入那些类别。"（1998，216）

如果我们无法确定世界的某个真正方面，使得道德判断中的非认知因素对其敏感，也就不清楚我们能否将重复使用的评价语言标记（tokenings）视为体现了"以相同方式继续"。我们将只知道非认知情感的表达指向各类项目；而这不足以支撑起一种概念实践。（暂时不考虑**真正**，我会在后面讨论。）那么，如果**定形**遭到拒斥，实际上就会出现这样的情况：不存在某个真正的类别，使得道德判断中的非认知因素可以视为对其敏感。麦克道尔明确指出，在他看来，非认知主义者不能选择否认**定形**。这么做必定产生的代价是：

> 我们不清楚评价语言是否足够接近于通常认为表达判断（而不是一种宣泄）的概念应用范例。没有这一假设，就未必存在真正的同一件事，使得（根据非认知主义者的观点）额外的非认知因素可以对其做出反应。诚然，相关词项所适用的那些项目事实上有一个真正的共同点，即它们都引发了额外的非认知因素（即态度，如果那是一种态度的话）。但这不是一种属性，使得我们可以融贯地认为这种态度是对这种属性的反应。那么，态度要将自身看作以相同方式继续，必定会陷入一种极为荒谬的错觉，即将它自己投射到对象，然后误认为这种投射是它在这些对象中发现并对之做出反应的东西。由此可见，如果否认这一假设，非认知主义只能认为态度是某种可以直接感受到的东西（也许可以因果地解释，但无法理性地解释）；而评价语言的使用看起来可以恰当地等同于某种感叹，而非概念应用的范例。（1998，217）

前面提到的第二种考虑如下。正如我们在第 4 章所看到的，准

实在论者的一项基本哲学手段是诉诸伦理敏感性的概念。回想一下
这种观念：我们的赞成和反对态度可以指向行为或事态，也可以指
向伦理敏感性，这种观念是准实在论者尝试解决弗雷格—吉奇问题
与心灵依赖问题的一个重要部分。而按照布莱克本的表述，伦理敏
感性类似于一个"输入—输出函项"：

> 　　一种有用的类比是，伦理能动者就像某种装置，这种装置
> 的功能在于接受某些输入并得到某些输出。输入该系统的是一
> 种表征，例如，一种行为、一种情况或者一种品格，它们属于
> 特定类型，并且具有特定属性。输出则可以说是某种态度、对
> 态度的要求或者对政策、选择以及行为的赞成。这样一种装置
> 是一个从输入到输出的函项：即一种伦理敏感性。（1998，5）

非认知主义者面临的问题显而易见。如果**定形**遭到拒斥，**解缠**也会
随之遭到拒斥，那么非认知主义者显然无法区分伦理敏感性的输入
和输出。倘若无法区分输入和输出，伦理敏感性的概念就会完全失
效，非认知主义者也就失去了一种重要的哲学手段。

　　那么，非认知主义者真的会受到麦克道尔提出的各种反驳的
困扰吗？我将要论证，非认知主义者可以削弱麦克道尔的论证的力
量。具体而言，我将要论证，即便拒斥了**定形**，仍有一个版本的解
缠论题可以得到维护，而这另一版本的解缠论题可以满足非认知主
义者的需求。

　　根据**定形**论题，"评价方面的分类对应于一些类别，事物从原
则上看可以独立于评价观点而归入那些类别"（1998，216）。非认
知主义为何不能直接否认这个论题，并认为评价性分类对应于事物
从原则上看只能内在于评价观点而归入的类别？为了回答这个问
题，关键在于弄清麦克道尔究竟如何理解**定形**。要在这方面取得进
展，我们可以仔细考察麦克道尔的某些论述（这些论述实际上是关
于**解缠**的，不过很容易转用于**定形**）：

> 　　如果这种分解策略始终是可能的，就蕴涵着对共同体中某

246

人所使用相关词项的外延的掌握，可以独立于共同体中仿效处于这个概念之下的行为时所显示的那些特殊关注。（1998，201）

　　一个人能够知道该词项可以应用于哪些行为，从而可以预测它能否应用于新的情形——哪怕他不仅没有分享共同体的赞赏……甚至没有着手尝试理解他们的赞赏。（1998，201—202）

而且，当指出情况或行为的评价特征对其非评价特征的随附不足以得出**解缠**论题，麦克道尔对相应版本的**定形**做了如下描述：

　　一个随附性［评价］词项所正确适用的项目集合……构成了一个类别，这个类别本身可以在被随附的［非评价］层面得到确认。（1998，202）

　　我们无论就一个随附性词项所适用的项目列出多长的清单，当采用被随附层面的术语进行描述，存在只将这些项目归为一类的方法，这种方法可以在被随附的层面表达出来。（1998，202）[1]

我将要表明，麦克道尔的论证之所以能动摇非认知主义，似乎只是因为他在上面这样的论述中不经意地掩盖了涵义（*Sinn*）和指称（*Bedeutung*）之间的弗雷格式区分，或者我所说的涵义（sense）和语义值（semantic value）之间的区分。[2] 我将把没有体验相关"特殊关注"的人称为局外人（*outsider*）。在刚刚引用那四段话的第一段，麦克道尔谈论的是一个局外人"掌握"一个评价概念的"外延"。为了清晰保持弗雷格式区分，我将采取这种说法：一个言说者把握了一个评价谓词的涵义。运用弗雷格式术语，一个言说者把握一组项目落在一个谓词的外延之内，这是指什么？由于对弗雷格来说，语言理解涉及把握涵义层面而非语义值层面的项目，并且外延是语义值层面的项目，那么这是指一个言说者把握一个以相关外

---

［1］这对麦克道尔论文里的说法稍有改动：他实际上表述了对**定形**的否定，而我显然对此做了修改，以得到对该论题本身的一种表述。

［2］对这些概念的介绍，参见附录。

延为其语义值的谓词的涵义。[1]明确了这一点，**解缠**论题就是指　247
这一要求：对于任何一个评价谓词 E，都有一个涵义等价于 E 的
非评价谓词 E*，使得凭借对 E* 的涵义的把握，对 E 的涵义的把
握可以让一个局外人（他把握了 E* 的涵义）获得一种将 E 适格地
应用于新情形的能力。麦克道尔下面这段总结他反对**解缠**的论证的
话，也清楚地表明他的论证涉及的是涵义层面的项目，对该层面项
目的把握构成语言理解：

> 我们无需这种可能性：以一种能让人应对新情形的方式
> 掌握一个在被随附的层面起作用的词项；而是要掌握一个准确
> 地将适格使用者的随附性词项所应用的那<u>些</u>项目归为一类的词
> 项。（1998，202）

这般理解的解缠论题看起来确实会被规则遵循方面的考量所拒
斥。或者我现在至少要表明，非认知主义者很乐意承认这一点。非
认知主义者可以承认，仅仅借助先天的概念反思，评价语言的适格
使用者不可能分离出只包含评价谓词正确适用的所有项目的非评价
类别。但他可以指出，仅当假设共指表达式必定同义，这才会排除
评价词项代表一个非评价类别的可能性。也就是说，非认知主义者
可以承认，就评价谓词 E 而言，不存在和 E 涵义相同的非评价谓
词 E*，使得对 E* 的涵义的掌握（根据假设，一个局外人可以做
到这点）可以实现对 E 的涵义的掌握。但他可以指出，即便 E 和
E* 在涵义上不等价，它们也可以指称相同类别（属性、函项、外
延），正如"水"和"H_2O"的例子所表明的，非同义谓词可以共
指，这在当代哲学中是一个众所周知的观念。由此，非认知主义者
可以提出，麦克道尔理解的解缠论题是指：

解缠*：……当我们感到有必要将价值赋予某种东西，实际发

---

[1]　严格地说，谓词的语义值对弗雷格来说是函项而不是外延。但由于在弗雷格式
　　框架中，函项具有外延同一性条件，因此，这里我们不妨说谓词的语义值是
　　外延。

生的情况可以分解成两个部分。具有使用评价概念的能力意味着，第一，对真实世界的某个方面具有一种敏感性……以及第二，对某种态度具有一种倾向性，即一种构成特殊观点的非认知状态，世界上的事物正是根据这种特殊观点被赋予相关价值。仅仅借助对评价词项意义的先天概念反思，就可以分离出适格言说者对之敏感的世界方面。

248 这个解缠论题（我承认）为麦克道尔所成功反驳，并且无法免于麦克道尔对**定形**的批评。然而，非认知主义者可以提出另一个解缠论题，即便拒斥了**定形**，这一论题也可以得到维护：

> **解缠****：……当我们感到有必要将价值赋予某种东西，实际发生的情况可以分解成两个部分。具有使用评价概念的能力意味着，第一，对真实世界的某个方面具有一种敏感性……以及第二，对某种态度具有一种倾向性，即一种构成特殊观点的非认知状态，世界上的事物正是根据这种特殊观点被赋予相关价值。仅仅借助对评价词项意义的先天概念反思，不能分离出适格言说者对之敏感的世界方面：如果存在这样一个世界方面，只有通过实质性的道德理论化才能将它分离出来。

非认知主义者偏向这个版本的解缠论题，应该是意料之中的。回想布莱克本的评论：

> 一个事物任一给定的完备自然状态给予它某种特定的道德属性，这似乎不涉及概念上的或逻辑上的必然性。因为判断一种给定的自然状态可以得出哪种道德属性，意味着使用某些标准，而仅仅借助概念方法，不可能表明这些标准的正确性。它意味着道德化，坏人有坏的道德化，但不一定是（概念）混乱的。（1984，184）

以及他对作为输入—输出函项的伦理敏感性的说明：

> 输入和输出都不是由任何一种定义或语言约定所确定的。它们是可塑的，并且随着我们赋予事物以及我们对事物的反应

的重要性而改变。(1998，103)

所以在我看来，当针对的是**解缠** *，麦克道尔的"规则遵循"论证本身是成功的，但它与它的预定目标毫无关系。现在我将对我刚刚提出的论证做四点相关说明。

首先，麦克道尔也许会回应说，根据对**定形**的一种理解，拒斥**定形**确实会动摇**解缠** ** 而非**解缠** *，由此确实会给非认知主义者带来问题。要看到这一点，再次考虑麦克道尔讨论随附性时提出的对**定形**的表述：

> 一个随附性［评价］词项所正确适用的项目集合……构成了一个类别，这个类别本身可以在被随附的［非评价］层面得到确认。(1998，202)

注意"本身"一词，我将它理解为：

> 一个随附性［评价］词项所正确适用的项目集合……构成了一个类别，这个类别可以在被随附的［非评价］层面确认为一个只包含随附性词项所能正确适用的所有项目的类别。

称此为**定形**的内涵性理解。我已经承认，根据这种理解，**定形**确实为麦克道尔的论证所拒斥，但也指出拒斥这般理解的**定形**不会危及**解缠** **，从而不会给非认知主义者造成损害。不过，麦克道尔可以提出存在另一种对**定形**的理解：

> 一个随附性［评价］词项所正确适用的项目集合……构成了一个类别，这个类别可以在被随附的［非评价］层面确认为一个类别。

称此为**定形**的外延性理解。现在，对这个论题的拒斥显然会动摇**解缠** **。这个论题的假可以保证的一点是，即便非评价谓词 E* 在涵义上不等价于评价谓词 E，它本身也不能视为代表一个类别：由此确保 E 和 E* 不可能共指却不同义。但我们要把握的关键点在于，根据外延性理解，**定形**无法为麦克道尔的规则遵循论证所拒斥。首先，如我在前面所表明的，麦克道尔使用的论证涉及适格言说者对一个评价谓词的涵义的把握，而非对该谓词的语义值的把握。要拒斥**定形**的外延性理解，麦克道尔的论证完全是在错误的层面运作。也许麦克道尔另有一个反对外延性理解的论证，但显而易见，这样的论证不可能由规则遵循方面的考量得出：一条使用规则毕竟是由知道如何正确地继续一系列活动的人所把握的，因此类似于一个谓词的涵义。关于评价谓词的语义值（属性、外延、函项）的本质，基于这样的论证本身得不出任何结论。由此，拒斥**定形**的外延性理解可以给非认知主义者造成损害，却无法做到这一点，因为规则遵循论证在我们转向外延性理解时已经完全不再适用。

250 　　其次，有意思的是，麦克道尔对非认知主义的规则遵循反驳和他对准实在论的"不纯反应"反驳（第4.9节）有着相似的缺陷。回想一下，后者之所以未能损害准实在论，是因为麦克道尔将准实在论方案的解释性维度与一种纯粹的证成性维度混为一谈，而这导致他无法主张不可能对准实在论宣称道德判断所特有的那些情感进行适当刻画，因为这种主张（a）先天地预设像心理学这样的后天学科无法提供这样的充分刻画，以及（b）预设得到这样一种刻画意味着能够在某种一开始就停止所有伦理判断的立场内部证成伦理主张。这显然与麦克道尔对非认知主义者的"解缠"论题的反驳类似。那个反驳依赖于这样一个论证：就任何一个评价词项而言，凭借单纯的先天概念反思，无法分离出该词项的适格使用对之敏感的世界自然方面。我站在非认知主义者一边提出的回应是，这不会成为问题，因为从未有过这样的假设：仅仅通过概念方法就能确认相关的自然特征。这是一个后天问题，或者充其量是一个实质性（而非单纯概念性）的先天问题。就像"不纯反应"反驳，麦克道尔的这个反驳预设，经由一个纯粹的先天概念论证，就可以回答一个非认知主义者认为只能后天地或者实质先天地回答的问题。而且，"不纯反应"反驳实际上可以作为反对解缠论题的论证的一个部分而出现，由于分离出相关的自然特征意味着从表达的态度分解出对那种特征的敏感性，麦克道尔又先天地预设，经验心理学不可能对一个后天问题提供某个答案（即一种特定的态度可以和对相关自然特征的敏感性分解开）。[1]

第三，更明显的是，威金斯反对实质自然主义式认知主义的论证（第 9.7 节）也可以看到类似的缺陷。[2]威金斯的论证依赖于这个未经论证的假设：即便不存在与一个评价谓词分析地等价的自然谓词，这个评价谓词也不可能筛显一种自然属性。威金斯这是先天地预设一个特定方案的可行性，而实质自然主义者认为，这个方案的成功是一个后天问题。可见，威金斯和麦克道尔提出的反对自然主义伦理理论的论证有一个共同缺陷：他们根据纯粹的先天概念基础，预设对某些问题的特定答案，而自然主义者认为这些问题只能后天地回答，或者作为关于实质先天道德理论化的问题来回答。

第四，回想一下，麦克道尔将下述假设归于非认知主义：

真正："世界的一个真正属性……是指这样的属性：无论以何种方式存在，其存在都是独立于任何人的价值经验的。"（1998，201）也就是说，只有事物从原则上看可以外在于评价观点而归入的类别才是真正的类别。

然后，麦克道尔指出这是"一种缺乏内在可信性的偏见"（1998，217）。看起来，由于非认知主义者承诺了**真正**，他就不能利用前面我站在非认知主义者一边提出的策略，即否认**定形**，并运

251

---

[1]看待非认知主义者在这里所做的事情的一种方式是，将他看成试图得到一个修正定义：不是定义"x 是良善的"（那是自然主义式认知主义者的策略），而是定义"琼斯判断 x 是良善的"。如果非认知主义者怀着给出一个修正定义的想法，那么正如雷尔顿避免了针对关于道德善的主张的开放问题论证，非认知主义者也能类似地避免第 4.10 节中针对准实在论者的开放问题论证。对这种想法的发展，参见 Miller（2010c）。

[2]虽然麦克道尔（就我所知）没有明确讨论威金斯的论证，在我看来，McDowell（1994）中对所谓"绝对自然主义"（bald naturalism）的非难类似于威金斯对实质自然主义的反驳。

用**解缠**** 这一假设支撑起这两个观念：评价语言的使用构成真正的概念应用，以及伦理敏感性是一种输入—输出函项。根据**真正**可以得出，**解缠****中提到的自然特征不是世界的真正特征，那么，对它的敏感性如何能体现一种真正的概念应用？

对此我们至少可以做出两点回应。

其一，我们可以指出，只承诺**解缠****以及弱的、外延性理解的**定形**的非认知主义者，至多只承诺一种弱理解的**真正**，这般理解的**真正**契合外延性理解的**定形**和解释为**解缠****的"解缠"论题。既然麦克道尔对规则遵循考量的理解，不会危及**解缠****和外延性理解的**定形**，那么采取相应理解的**真正**又有什么问题？麦克道尔表明，与内涵性理解的**定形**以及**解缠***相应的强理解的**真正**只是缺乏内在证成的偏见。但即便我们承认这一点，如何论证弱理解的**真正**也只是一种偏见？在我看来，麦克道尔甚至没有尝试提出这样的论证。其二，如果最终连弱理解的**真正**也只是"一种缺乏内在证成的偏见"，我们就不确定非认知主义者必须接受它。如果非认知主义没有强理解或弱理解的**真正**这样的东西，似乎完全就没有提出非认知主义方案的动机。如果根据（强理解或弱理解的）**真正**这样的标准，道德"特征"最终不是"真正"的特征，那么，非认知主义方案将伦理敏感性解释为从对世界的"真正"自然特征的敏感性到对这些特征表达的态度的函项，是出于什么动机？然而，认为这里存在一个问题，有赖于将非认知主义方案背后的自然主义理解为第9.2节所说的基于某种简单的"实在性测试"的"支配式"自然主义。也许确实有一些非认知主义理论是基于这种自然主义。但正如可以提出一种非支配自然主义式认知主义，也可以提出一种非支配方法自然主义式非认知主义。回想一下，雷尔顿在如下段落中表达了他对一种非支配式自然主义的承诺：

> 基于属性集合 S 来还原属性集合 R，即便无法主张 S 绝对完备，也可以增进知识。将 R 还原为 S，仍然可以告诉我们 R

在世界中的位置，而且如果关于 S 类型的属性存在完善的理论，或者 S 类型的属性在某种程度上看起来比（还原之前）R 类型的属性问题更小，那么这么做尤其有价值。（1993b，318）类似地，非认知主义者可以说，将伦理判断解释为表达对属性集合 S 做出反应的非认知情感，即便无法主张 S 绝对完备，也可以增进知识。对伦理判断的非认知主义解释仍然可以告诉我们伦理活动在世界中的位置，而且如果关于 S 类型的属性以及我们对它们做出反应所表达的非认知情感存在完善的理论，或者 S 类型的属性以及相关非认知情感在某种程度上看起来比道德属性和道德信念问题更小，那么这么做尤其有价值。由此，即便最终我们发现，弱版本的**真正**事实上缺乏内在可信性，或者仅仅是出于偏见，非认知主义方案仍然可以成立。[1]

---

[1] 就我所知，布莱克本（1981 和 1998）在讨论麦克道尔的论证时，没有区分**解缠** * 和**解缠** **（以及内涵版本和外延版本的**定形**，等等），由此难以看到在我站在非认知主义者立场提出的两种选择中，他偏向哪一种。这里我不准备确定两种选择中的哪一种，对非认知主义者来说最终是最佳选择：我并未论证支持包含**解缠** * 和外延版本的**定形**的第一种选择，而只是说规则遵循考量不会对它们造成损害。然而，如果非认知主义者采取第二种选择，甚至拒斥**解缠** ** 以及外延版本的**定形**，他所依赖的伦理敏感性概念就会开始变得空洞。通过考虑幽默的例子，我们可以看到这一点。如果我们拒斥**解缠** ** 的类似论题以及外延版本的**定形**，我们仍然可以避免接受一种关于幽默判断的非自然主义式认知主义，因为"在任何特定的幽默场合，这都不会蕴涵着缺少一种我们对之做出反应的客观特征。我们可能认为这是真的：在任何场合，滑稽的反应是一种对某个可感特征集合的反应。只是所有这些集合形成了一个类，这个类独立于我们发现它们好笑的倾向，不会影响……我们了解一个人在特定场合对哪些特征做出反应，但仍然有一个分离的、不完整的类，这个类不能使局外人预测新的场合中的滑稽反应"（1981，167—168）。但这样一来，滑稽敏感性概念的解释价值似乎会被削弱。如布莱克本自己所说："由于我们毕竟只是自然世界里的动物，我们的反应无论多么复杂，都是由我们碰到的事物所引发，对我们为何如此反应，当然必定有某种可能的解释。这种解释必定通过在引发这些反应的事物中找出共同要素来进行。"（1981，168）这表明包含**解缠** ** 和外延版本的**定形**的第一个选择更可取。但我在这里的目标同样不是论证支持这一选择，而只是论证规则遵循考量完全不会排除非认知主义者的这种选择。亦参见 Lang（2001）。

我的结论是，麦克道尔反对伦理非认知主义的论证是失败的。

10.2 第二自然

至此，我已经拒斥了反对各种伦理自然主义的两个论证：威金斯反对自然主义式认知主义的论证（第9.7节），和麦克道尔反对非认知主义的论证（第10.1节）。设想与我的论证结果相反，威金斯和麦克道尔否定伦理自然主义的尝试取得了成功。那么，威金斯和麦克道尔用以替代自然主义式认知主义与非认知主义的非自然主义式认知主义，在多大程度上是可信的？他们的非自然主义是否比我们在第3.3节拒斥的摩尔那种立场可信？这就是我现在要探讨的问题。第10.3节我将考察非自然主义者能否利用道德属性与次级性质之间的类比；本节我要追问的是，麦克道尔的教化和"第二自然"概念能否平息这种担心：他的道德实在论实际上只意味着回到摩尔及其追随者那种混乱的非自然主义。

麦克道尔区分了"理由空间"（space of reasons）和"法则领域"（realm of law）。"理由空间"指"我们在事物中发现意义时将它们置入的结构"（McDowell, 1994, 88），而"法则领域"事实上是自然科学的主题，即我们试图将事物看作受法则支配的东西来理解它们时将它们置入的结构。实际上，麦克道尔的非自然主义否认道德事实和属性属于法则领域，毋宁说，它们必定处于理由空间之中。麦克道尔认为，亚里士多德的伦理学观点经过适当解释，便是他本人这种非自然主义的一个范例：

> 在亚里士多德的观念中，依据那些可以脱离观察者对伦理生活和伦理思考的参与来考虑的事实，是无法投射或建构"伦理要求是真实的"这一想法的，所以，研究伦理生活和伦理思考如何与作为它们发生之所的自然背景相联系，可以从侧面反

映这些伦理要求。这些要求对我们产生影响这一事实，是一个
不可还原的自在事实。（1994，83，楷体部分是后加的）

但如果道德事实和属性不能在法则领域找到，而被视为不可还
原、属于理由空间，那么我们最终得到的不就是摩尔式自成一类
的非自然属性，从而面临一系列形而上学和认识论上的困难吗？
如果道德事实和属性不能在自然、法则领域或者经验科学的主题
中找到，不就意味着它们是超自然的，并且只能通过神秘的"直
觉"能力达到？而这不就直接将我们带回到摩尔了吗？麦克道尔
的回答是，只有将自然等同于法则领域，非自然主义才会导向超
自然主义。如果我们"将自然扩展到法则领域的自然主义所主张
的东西之外"（1994，88），就可以既否认道德事实和属性是经验
科学主体的一部分，又避免超自然主义的指责。麦克道尔称这种
扩展的自然概念为"第二自然的自然主义"（naturalism of second
nature）：

> 由于伦理品格包括实践理智的各种倾向，实践理智获得确
> 定形态是品格形成过程的一部分。所以，实践智慧是其拥有者
> 的第二自然。（1994，84）

根据麦克道尔的观点，道德事实是关于行动理由的事实（所 　254
以根据第 9.10 节，麦克道尔是理性主义者）。如果通过恰当的人
类培养、教育或者一般而言的教化过程，能让我们将某种东西领
会为行动理由，那么我们可以将这种事实视为"自然"，尽管它不
在自然科学或经验科学的主题中出现。[1] 由此，我们既避免了超
自然主义，又避免了任何不尊重自然科学的相关指责，可谓一举
两得：

> 第二自然不能脱离正常人类有机体的各种潜能。这在法则
> 领域给了人类理性一个稳固的立足点，以满足对现代自然科

---

[1] 德文 *Bildung* 的意思是"教育"（education）。

的任何一种恰当尊重。(1994, 84)

由此，仅当我们把自然本身等同于法则领域，非自然主义才会有沦为摩尔式直觉主义或者某种不光彩的超自然主义的危险。如果我们通过一种"第二自然的自然主义"防止这样的等同，就可以彻底避免这种错误。

这种做法真的能取得成功吗？似乎不能。杰里·福多（Jerry Fodor）很好地表达了担心：

> 将伦理……置于……法则领域之外，麦克道尔必定会面临这个难题：我们通过什么样的自然过程才能了解它？（Fodor, 1995, 11）

麦克道尔自然试图避开这个潜在的难题：如果伦理可以由"第二自然"达到，其本身是教化、教育或恰当培养的结果，那么"经验科学无法有效解释我们如何通达相关事实"这一事实，不一定会让我们面临超自然主义的指责。那么，关于教化如何能实现这一点，麦克道尔应该怎样说明呢？

> 这种图景是，伦理包含着无论我们知道与否都存在的理性要求，而我们通过获得"实践智慧"才能对它们睁开眼睛。（1994, 79）

> 伦理的理性要求并不与我们人类生活的偶然性相悖。尽管我们无法依据可以独立理解的人类事实来解释绝对要求这一相关概念，通常的培养仍然能以一种看到这些要求的方式塑造人类的行为和思想。（1994, 83）

而"第二自然的自然主义"被描述为：

> 设想我们的本性包括一种对理由空间的结构产生共鸣的能力。（1994, 109）

255 然而，诸如此类的说法并无助益。如福多所指出的，这里我们得到的尽是些比喻：

> "看到"是一种比喻，只有［通常刻画的］自然中的东西

才能真正被看到。"共鸣"也是一种比喻，只有［通常刻画的］
自然中的东西才能真正被调适。（1995，11）
类似地，福多可以指出，人们只有对（标准界定的）自然中的东西
才能真正睁开眼睛。麦克道尔似乎想要效仿自然科学对视觉和听觉
的解释，然后将其应用于另一个领域（伦理学），而这个领域由于
缺乏更通常意义上的自然主义说明，这种解释无法真正奏效。正如
福多可能会说的，将道德要求视为我们能通过某种可以由教化传授
的能力通达的项目，其困难在于"除非［这些要求和这种能力］都
包含在［标准刻画的］自然秩序中，否则无人知道这是如何做到
的"（1995，11）。

　　由此，就麦克道尔迄至目前的所有论述而言，他这种非自然主
义式认知主义看起来和如今饱受诟病的摩尔的观点一样神秘。麦克
道尔还尝试以其他一些方式来消除这种印象。我们可以将儿童训练
成对道德要求敏感，而这一过程中没有任何会让（标准刻画的）自
然主义者产生异议的东西：

　　　　婴儿完全是动物，只在他们的潜能方面具有特殊性，而且
　　在通常的养育过程中，一个人身上不会发生任何神秘的事情。
　　（1994，123）
尽管这种"特殊潜能"的实现被认为体现在儿童达到一种真正接受
伦理要求的状态，而这里的接受能力和要求都不能依据通常设想的
自然事实来解释，但认为这种特殊潜能确实可以实现，这并无神秘
之处：

　　　　这种转变［"特殊潜能"的实现］似乎有神秘之嫌。不
　　过，根据我们的教化观念，人类正常成长过程中的一个核心要
　　素是语言，而如果我们赋予语言首要地位，也就不难接受这种
　　转变。当一个人初学语言，便接纳了某种东西，这种东西在他
　　出生之前就已经包含概念之间的可能理性联系、理由空间的可
　　能结构。这说明了如何初步接触一个已经发展成熟的理由空

256 间；关于按照这些说法描述的东西如何能让一个人摆脱一种纯粹动物性的生活方式，成为面向世界的成熟主体，并不存在任何问题。如果只为作用于纯粹的动物的那些东西所推动，一个纯粹的动物不可能凭一己之力解放自己，从而拥有理解能力。（1994，125）

然而，指出"婴儿完全是动物，只在他们的潜能方面具有特殊性……"，是毫无帮助的。如果有人发现，当认为关于理由的事实和据称对理由敏感的能力都不属于法则领域，就无法解释我们可以对道德理由敏感这一观念，这时告诉他获得相关能力是实现我们的"特殊潜能"的一种方式，是无济于事的。[1] 这种说法只是转述（paraphrase）这一主张：人类能够做出伦理判断；这完全无助于我们理解伦理判断是什么，或者我们如何可能从事进行伦理判断的实践。上述关于潜在的神秘转变的这段话里，和语言学习的类比同样没什么用处。我们试图理解人类如何能够有意义地说话，这被认为在于获得一种对关于意义的事实敏感的能力，而这种能力和关于意义的事实都无法根据法则领域的观点来理解。这有助于说明人类而非沙鼠可以获得有意义地交谈的能力吗？[2] 显然不是如此。

所以我的结论是，麦克道尔对教化和"第二自然"概念的运用，无法帮助他避免这种非难：曾经阻止元伦理学家们接受《伦理学原理》那种非自然主义的种种担心，依然困扰着他的非自然主义式伦理认知主义。

---

[1] 这里以及本段余下的内容，我受惠于 McCulloch（1996，317—318）中的有益讨论。

[2] 当然，麦克道尔可能回应说，这里要求一个解释是不妥当的，原因也许是它依赖于某种不合理的"唯科学论"偏见。我已经在第 10.1 节对此做了评论，不过会在第 10.5 节回到"唯科学论"问题。

10.3　次级性质、认知通达与内在进路

本节我要考察的是，通过利用道德属性与次级性质（*secondary qualities*）之间的类比，能否维护麦克道尔的立场。我们在第 7 章已经看到，弱认知主义利用这种类比的尝试以失败告终。为了说明如何在避免困扰弱认知主义的那些问题的同时，设法利用这种类比来维护麦克道尔的立场，我首先考虑麦克道尔对布莱克本的准实在论提出的一个反驳，是如何类似于我们在第 7 章看到的对弱认知主义者关于道德的判断依赖解释提出的主要质疑。我们将看到，准实在论和弱认知主义似乎有一个共同假设，而麦克道尔本人的元伦理学观点正体现在拒斥这个假设。然后我将论证，这种策略本身难以应对上一节留待解决的那些担心。[1]

麦克道尔认为，任何哲学家如果试图依照布莱克本支持的立场（第 4 章）发展一种（激进）准实在论，就会面临一个问题。这样的哲学家想要主张两点：道德主张具有真假，并且它们本质上是态度性的而非认知性的。布莱克本对该问题提出的解决方式依赖于这一观念：道德判断表达的态度是敏感性的产物，这些敏感性本身可以受到理性批评，并且通过表明适用于这些语句的批评标准，我们由此获得权利去使用关于道德话语的真理概念。在布莱克本看来，与这种解释形成对照的，是诸如典型地与摩尔相联系的那种直觉主义伦理观，这种观点完全是擅自使用未经努力获得的真理概念。麦克道尔明确提出，他希望拒斥这种诉诸未经努力获得的真理概念的直觉主义：

257

---

[1] 在本节中，对麦克道尔的诠释与对麦克道尔立场的重构之间的分界线有些模糊。那些怀疑本节是对麦克道尔进行诠释的人可以将其看作尝试重构一种大体上符合麦克道尔的观点的元伦理立场。但我希望本节内容不至于完全是一种错误的诠释：读者们至少可以间接地看出在 McDowell（1998）里重印的"价值与次级性质"（Values and Secondary Qualities）一文中的观点。

[直觉主义]声称我们具备特殊的认知能力，通过运用这些能力，我们可以知觉这个特殊领域的可知事实。这些特殊的认知能力被模糊地类比于感官，但对它们如何运作没有给出任何具体说明，比如，像在感官的例子中一样，说明运用它们如何能使我们通达相关领域的情况。表面上看，通过与感官类比，这种直觉主义立场提供了一种关于我们如何通达价值真理的认识论，但这种表面背后没有任何实质内容。（1998，154）

根据麦克道尔的论述，当布莱克本提出投射主义取代这种声名狼藉的立场，他的要求是：我们在表明相关的批评标准时，不要使用该领域的话语特有的那些概念，我们正设法为这类话语获得使用真理概念的权利。用麦克道尔的话来说：

关于（例如）滑稽，一种严肃的投射主义准实在论会确立这样一个概念来说明事情确实好笑是指什么：这个概念的确立是基于一些对滑稽感进行排序的原则，而这些原则的确立绝不能诉诸"发现事情好笑"这一倾向。（1998，160）

根据麦克道尔的观点，准实在论的基本观念是，由于我们的情感先于它们投射的特征，当确定被认为产生了这些情感的敏感性的来源，我们不能认为我们对所投射特征的敏感性在其中发挥了作用。由此，当对产生我们的情感的各种敏感性进行排序，我们不能诉诸道德标准，因为准实在论方案的要旨是在纯粹情感的基础上建构道德标准（道德真理）。

我们在第7章讨论弱认知主义者关于道德的判断依赖解释时，提出要区分关于最佳意见的确定外延解释和反映外延解释，上面这种准实在论也许跟这种区分之间存在关联。正如布莱克本的准实在论者要求，对出现在他公认的紧缩解释中的特征进行刻画时，不能使用应该由这些紧缩解释说明其外延的概念；弱认知主义者要求，刻画确定外延的最佳意见的是这样的认知理想条件：它们的满足在逻辑上独立于应该由这些最佳意见确定其外延的概念的应用情况。

　　麦克道尔声称，认为我们的投射性情感可以解释世界的伦理特征或滑稽特征，这是错误的，因为相关情感相对于据称由它们所铺染的那些特征并不具有所需的概念优先性（参见第 4.9 节）。所以麦克道尔的主张是，比如，在滑稽的例子中，相关情感除了作为"发现事情好笑"这一倾向的结果，不可能得到恰当界定；或者在颜色的例子中，红色除了作为"将物体经验为红色"的倾向的结果，不可能得到恰当界定。麦克道尔接着主张，一旦我们意识到这点，运用我们对这些特征的认识，使之在建立我们的滑稽敏感性和伦理敏感性的理性排序时发挥作用，也就不会受到妨碍了；如麦克道尔所说，根据一种在伦理概念体系之内牢固确立的观点，就可以获得伦理学中的真理。

　　由此，如果我们集中关注这一观念：我们必须获得权利去使用关于道德话语的真理概念，那么对于如何获得这种权利，似乎可以将主要观点列述如下。

　　就试图对道德进行判断依赖解释的弱认知主义者而言，我们可以选择一种对最佳意见的反映外延解释，将最佳道德意见视为只是追踪道德事实（这属于擅自使用未经努力获得的真理概念）；或者我们可以设法通过给出一种受制于独立性条件的确定外延解释来获得真理，这种解释不需要一种依据追踪或认知通达的实质认识论。

　　就布莱克本的准实在论者而言，我们可以选择接受直觉主义（其认为道德意见只是追踪道德事实），而这也属于擅自使用未经努力获得的真理概念；或者我们可以设法通过解释我们的敏感性可能受到的各种理性批评来获得真理，这种解释的建立不依赖具体的道德概念，也不援用特殊的道德标准。

259

　　就麦克道尔的认知主义者而言，直觉主义同样只是擅自使用未经努力获得的真理概念。但我们还可以选择设法通过解释我们的敏感性可能受到的各种理性批评，来获得权利去使用关于道德话语的真理概念，并且在建立这种解释时，我们可以利用一切我们认为必需的特殊伦理概念：使用伦理学中的真理概念的权利可以通过"内在进路"（*working from within*）获得。

可见，在麦克道尔看来，对道德的判断依赖解释和准实在论解释的主要问题，源于它们试图根据一种"外在于伦理学"的立场来获得伦理学中的真理：前者是通过设置道德最终无法满足的独立性条件（第 7.5 节）；后者是通过要求我们在对各种敏感性进行排序时不得使用道德概念或标准，道德真理的建构正是基于这些敏感性所产生的情感（第 4.9 节）。麦克道尔希望避免这些问题，以及摩尔式直觉主义与未经努力地诉诸真理相关的那些问题，所以，他建议我们尝试从伦理观点内部获得使用伦理学真理概念的权利。

我们能对此进行具体说明吗？麦克道尔是认知主义者，他认为道德判断表达信念。我指出他也是一个强认知主义者，对麦克道尔来说，形成一个正确的道德判断是认知地通达一个道德事实的一种方式。然而，这般诉诸"认知通达"或"认知"，不就把我们带回到糟糕的摩尔式直觉主义，从而面临我们在第 2 和 3 章所见的各种问题了吗？麦克道尔当然会予以否认，直觉主义者使用的认知通达概念，就像直觉主义者诉诸的真理概念，是未经努力获得的，但麦克道尔使用的认知通达概念，就像他使用的道德真理概念，是经过努力获得的，虽然根据的是一种在伦理概念体系之内牢固确立的观点。但这是什么意思呢？把握这一点的一种办法是回到对道德的判断依赖解释（第 7 章），以及关于如何看待最佳意见的作用，我们在反映外延与确定外延之间做出的区分。根据最佳意见解释，在任何给定例子中，我们为了把最佳意见可以说成是追踪、发现或者认知地通达事实，必须具备什么条件？回想第 7 章，根据判断依赖解释，仅当最佳意见与满足独立性条件和极致性条件的事实之间没有实质的先天关联，我们才能恰当地谈论认知通达。现在我认为，麦克道尔倒转了这种认知通达概念，麦克道尔想说的是，如果最佳意见和事实之间存在先天的实质关联，我们为谈论认知通达

所需的条件就全都具备了。而且，我们不要求最佳意见和事实之间
这种关联满足独立性条件。由此，通过表明最佳道德意见和最佳道
德事实之间存在实质的先天关联，我们可以获得道德真理，并且这
属于从道德内部获得真理，因为我们不要求这种关联满足独立性
条件。

　　但这真的可以做到吗？我们能给满足先天性条件和实质性条件
的道德例子提供一个临时关系式吗？回想第 7 章关于"麻木不仁"
的双条件式（Wright，1988a）：

> MORAL：行为 x 是麻木不仁的，当且仅当对于任何 S：如果
> S 审查了言论语境中的动机、后果以及对约翰来说可预见的后
> 果；并且这么做时没有出现非道德事实或逻辑方面的错误，道
> 德方面也做了通盘考量；并且如果 S 给予这一切最充分的注
> 意，因此，在其考量的任何相关方面都没有错误或疏漏；并且
> 如果 S 是一个道德上合适的主体，即接受正确的道德原则，或
> 者具有正确的道德直觉或情感，等等；并且如果 S 确信这些条
> 件都得到了满足，那么，如果 S 对约翰的言论形成一种道德评
> 价，这种评价即 x 是麻木不仁的。

MORAL 满足反实在论者的确定外延解释所受的限制条件吗？
赖特认为"这是很好的表述，经过改进可以成为一个先天真理"
（1988a，23），并且 C—条件"并非完全非实质地确定"（ibid.）。回
想一下，MORAL 的主要问题在于，当我们进一步试图实质地解释
主体 S 的"道德合适性"包含什么，会发现自己违背了独立性条
件："MORAL 中 C—条件的满足并不独立于道德概念的外延——
S 的道德合适性本身尤其可能涉及道德判断"（ibid.）。或者说："道
德判断的合适来源……涉及满足某些条件，而其中一些条件的满足
是不可还原的道德问题。"（1988a，24）由此得出的结论是，对道
德的判断依赖解释不是一个可信选项："赋予道德性质的语句适用
的真谓词的外延，不能认为是由我们的最佳信念决定的。"（ibid.）

261

所以，根据赖特的观点，判断依赖解释不是一种关于道德的可信立场，因为我们只有以违背独立性条件为代价，才能实现对 C—条件的实质性和非琐碎性说明。而现在我们可以看到，麦克道尔的立场是如何得以提出的。由于采取"内在进路"的麦克道尔明确拒斥独立性条件，我们只能通过违背独立性条件来满足实质性条件，这一事实不会对麦克道尔造成威胁：当实质地解释道德合适性指什么，我们可以利用涉及道德概念外延的事实。这意味着我们可以采取通常的做法，自由地将道德上的合适主体说成是具有正义、公平、勇敢之类品质的人。诚然，这仅仅是我们尝试进行自觉道德反思的起点，无法保证这种反思最终不会迫使我们抛弃由一种特定的道德思考方式得到的全部观念。但麦克道尔会说，同样也无法保证它会迫使我们抛弃这些观念：

> 当我们努力获得权利去主张某些［道德］裁决或判断可能为真，任何一个特定的裁决或判断都不是神圣的起点，可以免于批判性的审查。这绝不是说，我们必须从这样一种初始立场获得权利：所有这些裁决或判断全都中止，就像投射主义者设想的一个不包含价值的世界。（McDowell，1998，163）

我们很可能不得不抛弃那些因满足 C—条件而为真的判断。但如果出现这种情况，是因为它们经不起道德观必须对自身进行的那种反思性审查，而非因为这些判断的真违背了独立性条件。因此，麦克道尔可以论证，除非出现道德观抛弃所有这些判断这样难以置信的情况，在不同于界定判断依赖解释的那种认知通达的意义上，我们可以认知地通达道德事实这一观点，仍然是一种有竞争力的非自然主义道德实在论。

这种解释能奏效吗？如果能，就可以带来巨大收益。回想我们在第 6 章末尾看到，如果道德价值倾向论是可信的，我们就可以得到一种关于道德判断的认知主义解释，从而可以部分地回应麦凯古怪性论证的形而上学方面，并容纳关于道德经验的现象学。[1] 刚刚概述的这种解释，由于也认为最佳道德意见和事实之间存在实质的先天关联，所以会承袭倾向论解释的这两个特征。我们在第 7 章开头看到，基于道德价值倾向论的弱认知主义立场由于不考虑发现或认知通达的概念，可以有效回应麦凯古怪性论证的认识论方面。然而，根据对最佳意见的确定外延解释，对道德真理的判断依赖解释无法满足独立性条件，这一事实决定了这些诱人的收益不可能通过一种对道德真理的判断依赖解释而实现。但是，麦克道尔拒斥判断依赖解释据以界定自身的那种认知通达概念，而在他对"内在进路"的说明中，完全没有类似独立性条件的东西。所以，麦克道尔的解释通过替换认知通达概念，避免了判断依赖解释在独立性条件方面遇到的问题，可以回应古怪性论证的认识论方面，并且承袭了判断依赖解释对古怪性论证形而上学方面的回应，以及它容纳关于道德经验现象学的事实的能力。

　　但遗憾的是，以这样一种可以避免上一节那些问题的方式尝试重构的麦克道尔的立场，至少就其本身而言是不能令人信服的。首先，如我们在第 4.9 节已经看到的，麦克道尔误解了准实在论者的立场，因为他忽略了这一事实：准实在论方案有一种解释性愿望，最好与另一种证成性愿望区分开。根据麦克道尔的解释，准实在论者是由：

　　（a）我们的情感先于它们投射的特征；

得出：

　　（b）当对产生我们的情感的各种敏感性进行排序，我们不能诉诸道德标准。

并随之得出这种观点：当试图证成某些特定的道德判断为真这一观念，我们必须以一种我们当前的道德判断全都中止的立场为起点。

---

[1] 这里我之所以说"部分"，是因为第 7 章最后提到的那点：道德价值倾向论本身似乎无助于避免麦凯关于绝对性的质疑。这表明，就古怪性论证而言，麦克道尔对第二自然概念的考虑比价值和次级性质之间的类比更为根本。

但在这么做时，麦克道尔非法地将准实在论者施加给解释性方案的一个要求转用于证成性方案。由于准实在论的目标之一是解释当我们依据所表达的情感或态度进行道德判断是在做什么，我们就不能在这种解释中使用伦理概念，否则就会使解释变得空洞：使用伦理概念去刻画认定的伦理概念，我们就预设了对道德判断的理解，而道德判断恰恰是我们试图解释的现象。由此，解释性方案的实施要受到非循环性的限制。但准实在论者没有对证成性方案施加类似限制。就证成性方案而言，准实在论者和麦克道尔的非自然主义者一样支持"内在进路"。对此我已经做了论证，我将通过考虑布莱克本主张如何应对伦理相对主义的威胁，来重申我在第 4.9 节所说的内容。布莱克本设想"相对主义深渊"是依照如下思路出现的：

> 在价值市场上，你应该把自己看作诸多推定的顾客中的一员。你挑选或者被强卖了一货篮的价值，然后对它们进行确认和再确认，哪怕你自己拥有知识与确定性方面的威望。而你必须承认，其他提着不同货篮的人也会做相同的事，并且这里面除了偶然的良知和态度的冲突之外什么都没有。关于是非善恶的独立标准是不存在的，因此无法证明你可以作为它们的可靠指示者。（1996，89）

布莱克本认为，应对这种相对主义威胁的办法，是质疑它预设的那种外在立场（external standpoint）概念。他说的话完全就像出自麦克道尔笔下：

> 反对者要求我们站在一种外在立场，即抛弃所有价值的立场，并从外部去看我们的敏感性。然而，只有通过运用我们的敏感性，我们才能对价值进行评判。所以这就像要求我们戴着眼罩对颜色做出判断，不可避免地导致价值的丧失，而随着价值丧失，我们也无法将自己作为它们的可靠指示者。（1996，89）

设想我对阿拉里克不顾危险和代价地跳下去营救溺水的伯思持一种赞成态度。那么如何理解这一事实：可能存在与我自己的不同的敏

感性，它对阿拉里克的行为形成了一种不同的否定态度。布莱克本
写道：

　　　　［对我们把自己作为价值的可靠指示者的］这种挑战并非
　　仅仅源自实际或可能存在一种看待事情的不同方式。可能有人
　　认为阿拉里克的行为是不妥的，甚或是糟糕的，这并不重要。
　　这样一种人格本身不会对我的价值造成威胁：它本身无非是引
　　发某种悔恨或谴责。重要的是，产生这种态度的敏感性不能作
　　为低劣的东西排除。而当估算存在这样一种东西的可能性，我
　　们回到了内在进路。我们不再玩那种虚假的外在主义游戏，即
　　试图不运用价值来证实价值。(1996，89)

由此，布莱克本明确拒斥了麦克道尔归在他身上的那种观念：我们
必须"根据一种外在于伦理学的立场"寻求对伦理学的证成。如此
忽视布莱克本方案的解释性方面与证成性方面之间的区分，会对前
面尝试重构的麦克道尔的观点产生什么影响？

　　最重要的影响是，虽然麦克道尔也许能合理地解释我们如何
采取"内在进路"证成特定的伦理主张，或者证成对特定敏感性的
选择以及对道德评价来说理想的判断条件，这种解释完全忽视了这
一要求：解释当我们进行道德判断时是在做什么，以及为什么这么
做。我们至少可以区分出整个准实在论方案试图回答的三个问题：

　（i）当我们进行道德判断时是在做什么？

　（ii）我们为什么要做我们进行道德判断时做的事？

　（iii）关于我们进行道德判断时所做的事的哪些特定情况是可
　　　　以得到证成的？

准实在论试图全数回答这三个问题：（i）当我们进行道德判断时，
我们表达对行为、情况、伦理敏感性等的非认知情感；（ii）我们
之所以这么做，是因为"需要社会机制来给选择和行动施加压力"
(Blackburn，1993b，374)；以及（iii）通过"内在进路"，我们完全
能证成我们的某些伦理承诺。麦克道尔似乎只尝试回答了（iii），而

264

且我们看到，他的回答本质上和布莱克本的回答相同。这意味着，麦克道尔目前还没有令人满意地回答这个问题：我们进行道德判断时做了什么，以及为什么这么做？麦克道尔不能以这种说法来回答（i）：表达具有自成一类并且不可还原的道德内容的信念。因为我们还不理解这种内容是什么，以及我们如何拥有关于它的知识。

在这点上，麦克道尔也许会回应说，我们之所以认为（i）和（ii）这样的解释性问题有吸引力，只是因为我们不愿抛弃认知通达概念，这个概念导致弱认知主义者区分关于最佳道德意见的反映外延解释和确定外延解释。他也许会提出，一旦去除这个概念，我们无法回答（i）和（ii）这种担心就应该完全消失了。但这未免有欠考虑：我们能正当地对这些解释性问题表示不以为然，仅当我们已经（a）提供了一个哲学论证，表明弱认知主义者使用的认知通达概念是不融贯的；（b）在非还原论框架内提出了另一个认知通达概念，这个概念满足我们对认知概念的前理论要求；以及（c）表明根据这种替代观点，我们确实能认知地通达某些相关事实。"内在进路"有助于实现（c）。但在麦克道尔妥善地回答（a）和（b）之前，他的非还原论认知主义只能是一种根本上无法令人满意的元伦理学立场。[1]

10.4 休谟式与反休谟式动机论

迄至目前，本书已经多次论及休谟式动机论（例如，第1.8节、第4.2节、第9.5节、第9.6节）。如我在第9.9节所提到的，要充分阐述和评价这种理论，恐怕需要一部和本书一样篇幅的著

---

[1] 麦克道尔也许会援引他反对**定形**、**真正**等的"规则遵循"论证，拒斥关于最佳意见的反映外延和确定外延解释之间的区分背后的认知通达概念。但如我在第9.1节所论证，麦克道尔对**真正**等的攻击看起来和他的预期目标不相干。对于麦克道尔的维护者如何在这方面取得进展的一个不同建议，参见 Miller（1998b）。

作。因此，本节的目标颇为有限。我将试着说明休谟式动机论是什么，然后试着评价最近提出的一个支持它的论证，即迈克尔·史密斯在 1994a 中提出的论证。我将表明，尽管史密斯对反休谟论的反驳看起来是可信的，他自己支持休谟论的正面论证充其量是高度非决定性的。

　　我们可以粗略地将休谟式动机论表述如下：动机涉及信念和（可以独立理解的）欲望，这里，如果信念和欲望是"不同存在"，它们便是"可以独立理解的"。改进这种表述的方式有许多，但就我们的目标而言，休谟论的核心是如下由史密斯的表述（1994a，92）所呈现的关键主张：

> HUM：t 时刻的 R 构成能动者 A 去 G 的动机性理由，当且仅当存在某种 H，使得 t 时刻的 R 由 A 去 H 的适当相关欲望和如果他去 G 就可以 H 的信念所构成，这里所说的信念和欲望是"不同存在"。

说信念和欲望是"不同存在"，就是说它们可以在模态上分开，换言之，对于任何信念 B 和欲望 D，一个能动者总是可能具有 B 而没有 D，反之亦然。"动机性理由"是一种心理状态，它能起的作用是解释一个能动者为什么做出他所做的行为：即一种可以潜在地解释行为的心理状态。由此，HUM 主张的是，当一个能动者具有一种可以潜在地解释其行为的心理状态，那种状态必定始终是一个信念和一个可以独立理解的欲望的结合。[1]

---

[1] 史密斯讨论的展开是依据"动机性理由"和"规范性理由"之间的区分，后者被认为是某些命题，能动者的行为根据这些命题可以得到证成。史密斯进而论证一种休谟式动机性理由理论能与一种反休谟式规范性理由理论结合，而这能让我们维护这样一种元伦理立场：既是认知主义，又是内在主义，而且是关于动机性理由的休谟论。有些哲学家否认能以史密斯所采取的那种方式对动机性理由和规范性理由做出区分，例如，参见 Dancy（1995 和 2000）。由于我将要论证，即便我们认可史密斯对动机性理由和规范性理由的区分，他支持休谟主义的论证仍然是非决定性的，我不再进一步讨论这些关于动机性理由和规范性理由之间区分的问题。

赞成 HUM 的通常是那些感到认知主义与内在主义之间存在矛盾的人：非认知主义者（第 3、4、5 章）往往接受 HUM 和内在主义而拒斥认知主义；接受 HUM 的认知主义者（第 8、9 章）往往接受 HUM 并拒斥内在主义。像普拉茨（Platts）、威金斯和麦克道尔这样的非自然主义式认知主义者，往往试图坚持认知主义和内在主义，而相应地拒斥 HUM。史密斯考察了麦克道尔提出的一个对 HUM 的反驳，后者写道：

> 我怀疑，人们认为……［HUM］……显而易见的一个原因是，对理由解释如何说明行为，他们模糊地持一种准传动（quasi-hydraulic）观念。这类解释所说明的行为是由各种力量导致的，意志被设想成这些力量的来源。在我看来，这种观念完全误解了理由解释是一种什么解释……（1998，213）

"准传动"观念试图将行为看成由各种心理状态结合产生，类似于牛顿力学中作用于物体的不同的力结合使物体产生运动［休谟本人把他自己说成尝试将"实验哲学"应用于"道德主题"（1793，xvi）］。现在，史密斯建议抛开麦克道尔描述的"准传动"观念是否有任何错误的问题。他的主要看法是，即便 HUM 的一些支持者确实赞成一种准传动观念，HUM 的维护者并非必须这么做：

> 对于理由解释，休谟论者甚至没有承诺一种因果观念，更谈不上承诺一种准传动观念。鉴于准传动观念是因果观念可能采取的一种形式，可以得出休谟论者完全没有承诺一种关于理由解释的准传动观念。（1994，102）

为了看到这一点，史密斯让我们再次考虑戴维森支持因果观念的著名论证（Davidson，1961）。即便"一个能动者做了 G 因为他有理由去 G"不为真，"他做了 G 并且有理由去 G"也可以为真。那么，从"一个能动者做了 G 并且有理由去 G"的情形到"他做了 G 因为他有理由去 G"的情形，增加了什么因素？根据戴维森，差别在于后一种情形中能动者的理由导致（causes）他去 G。史密斯现在论证，休谟论者和反休谟论者都可以拒斥和接受戴维森关于理由解释的因果观念，所以动机论本身没什么东西会迫使人们接受一种关于理由解释的因果理论。由此，HUM 的可信性独立于因果理论的可信性，所以（既然准传动观念只是因果理论的一种形式），不可能出现这种情况：HUM 的维护者承诺了准传动观念。

接着史密斯论证，首先，休谟论者和反休谟论者都可以同意：

> 关于"他做了 G 因为他有理由去 G"中的"因为"，有更基本并且仍具启发性的东西可说。因为我们可以说，这里的"因为"表明，可以依据能动者做 G 的理由对他做 G 给出一种目的论解释，而当我们只知道能动者做了 G 并且他有理由做 G，就不一定可以给出这种解释。（1994a，103）

所以双方都可能拒斥关于理由解释的因果理论。其次，休谟论者和反休谟论者都可能接受关于理由解释的因果理论，因为如果因果理论是正确的：

> 我们必须把某些心理状态设想成具有产生行为的因果效力。但我们同样无需认为，唯有欲望这种心理状态才具有这样的因果效力。我们可以转而认为，唯有某些信念或者其他一些心理状态才具有这种因果效力。（1994a，103）

如果休谟论者和反休谟论者之间的争论不在于是否接受关于理由解释的因果理论，那么在于什么？根据史密斯的观点，休谟论者和反休谟论者之间最根本的争论是

> 关于理由本质的争论，即理由具有什么样的本质，使得理由解释可以成为目的论解释。（1994a，104）

与此相应，史密斯支持休谟论者的论证的要旨便是，能将动机理解成追求目的的是休谟论者，而非反休谟论者。这个论证如下。史密斯考虑了关于欲望本质的两种概念，即现象学的欲望概念和倾向论的欲望概念。现象学概念看起来契合反休谟式动机论，但它本身是不可信的。而史密斯认为，可信的倾向论概念蕴涵的一个结果便是

HUM。现在我将简单考察史密斯关于欲望的现象学概念和倾向论概念的论证。

现象学的欲望概念认为"欲望跟感觉一样，本质上只是具有特定现象性内容的状态"（1994a，105）。根据这种概念，欲望就像疼痛的状态，后者通常被认为本质上只是具有特定现象性"感受"（feel）的状态。[1] 如史密斯所指出的，这种欲望概念面临诸多严重困难。首先，它曲解了关于欲望的认识论。关于疼痛这样的感觉的一个事实是，如果一个主体真诚地相信他疼痛，那么他疼痛，并且如果他疼痛，那么他相信他疼痛。实际上，正是这种事实使得哲学家们认为，疼痛本质上只是具有特定现象性内容的状态。但至少就民间心理学实践而言，认为一个主体具有去 G 的欲望，当且仅当他真诚地相信他有去 G 的欲望，是完全不恰当的。民间心理学的一个常识是，人们可能误解他们的欲望：受自我欺骗之类因素的影响，人们可能认为他们具有他们实际上不具有的欲望（例如戒烟、少喝酒）。并且人们可能具有他们真诚地相信他们不具有的欲望（例如，巴结他们眼中的社会显贵）。其次，除了认识论方面的质疑，还有一个更根本的担心。欲望是命题态度，它们具有命题内容。一个人意欲出现如此这般的情况：我希望周末之前读完这本书，我这个欲望的命题内容是我在周末之前读完这本书。现在，当要援用欲望来解释人类行为，欲望的命题内容至关重要：正因为我的欲望的命题内容是我喝杯啤酒（而非我抽根雪茄），才能援用它来解释我为什么打开冰箱。但对欲望的现象学说明完全无助于解释欲望的命题内容：感觉不具有任何命题内容，那么以感觉为模型的现象学欲望概念更谈不上用于解释欲望的命题内容，以及关于这种命题内容的认识论。即便为了设法容纳欲望具有命题内容这一事

---

[1] 并非所有人都同意关于感觉的本质的通常观点。例如，参见麦克道尔的文章"私人语言论证的一个面向"（One Strand in the Private Language Argument，在 McDowell，1998 里重印）。

实，我们将现象学概念弱化为这一主张：欲望本质上是具有现象性
内容和命题内容的状态（因此，它们本质上并非只是具有现象性内
容的状态），我们又将面临一个导致自相矛盾的问题，即现象学的
欲望概念完全曲解了关于欲望的现象学。某些欲望有时候具有特定
性质的"感受"。但许多时候并非如此：

> 例如，考虑我们通常所认为的长期欲望，比如说，一位父
> 亲希望他的孩子们表现出色。在譬如反思他们的缺点的那些时
> 刻，这位父亲也许确实会一次次对这种愿望感到刺痛。然而，
> 这些时刻并非常态。但我们通常绝不会认为，他在没有这些感
> 受的那些时候失去了这一欲望。（1994a，109）

由此，现象学的欲望概念曲解了关于欲望的认识论和现象学，并且
无法解释欲望具有命题内容这一事实。

　　史密斯为什么认为反休谟式动机论的背后包含一种现象学的
欲望概念？以约翰·麦克道尔这样甚至声称拒斥现象学概念的反休
谟论者为例。根据麦克道尔的观点，一个道德高尚的人仅仅基于他
的道德信念就可以产生根据道德行动的动机。海伦相信为人诚实是
道德上必须的，从而具有为人诚实的动机。根据休谟论者的观点，
这不可能是完整的解释：当解释海伦为什么具有这种动机，必须加
进她的某个欲望。所以对休谟论者来说（根据麦克道尔的观点），
如果我试图让琳恩相信为人诚实是良善的并且产生适当的动机，我
还必须设法让她具有某个欲望。麦克道尔认为，这就是提出下述
建议：

> "像这样看待它"［也就是把为人诚实看成你必须做的事］
> 实际上暗含着一个要求，即除了关于事实的看法之外，一个人
> 还要感受到一个欲望，这个欲望和一个人的信念相结合，推荐
> 以适当方式行动。（1998，86）

麦克道尔认为这一建议的不可信性表明 HUM 不成立，但实际上，
仅当我们认为欲望本质上是某种"感受"，才可以这么做；一旦

放弃现象学的欲望概念，这类观点便完全失去了反对休谟论者的力量。

由此，史密斯论证，反休谟论背后的现象学欲望概念是不可接受的。那么另外的倾向论概念是什么？它为什么是可信的？它又如何给 HUM 和休谟论者提供支持？

史密斯回答这些问题的尝试是基于一种对信念和欲望之间差异的观察，马克·普拉茨发展了伊丽莎白·安斯康姆（Elizabeth Anscombe）的观点，将这种差异表述如下：

> 信念以成真为目标，而它们的成真在于它们符合世界；虚假是信念的决定性缺陷，假信念应该被摒弃；信念应该改变以符合世界，而非相反。欲望以实现为目标，而它们的实现在于世界符合它们；欲望的陈述性内容没有在世界中实现，这并非欲望的缺陷，也完全不是摒弃欲望的理由；大体而言，世界应该改变以符合我们的欲望，而非相反。（Platts，1979，256—257）

由此，信念和欲望具有不同的"符合方向"（directions of fit）。史密斯同意普拉茨的看法，即"符合方向"是比喻性的说法，但他提出，这一说法可以通过一种倾向论的欲望概念兑现其字面意义，根据这种概念：

> 欲望是具有某种功能性作用的状态。也就是说，根据这一概念，我们应该认为去 G 的欲望具有特定的一系列倾向，在条件 C 中倾向于 H，在条件 C* 中倾向于 K，等等，而为了实现条件 C 和 C*，主体尤其必须具有某些其他欲望，以及某些手段—目的信念，即关于通过 H 去 G，通过 K 去 G 等的信念。（1994a，113）

史密斯论证，根据这一概念，我们很容易解决关于命题内容、认识论与现象学的问题。第一，通过倾向论概念可以解决关于命题内容的问题，因为：

倾向论概念对欲望是什么的说明，恰恰解释了欲望如何可能具有命题内容；因为欲望的命题内容可以简单地由欲望的功能性作用所决定。（1994a，114）

第二，现象学概念面临的涉及欲望的认识论问题得到了避免，因为根据倾向论概念，"关于欲望的认识论无非是关于倾向状态的认识论"（1994a，113），并且：

非常一般性地提出如果［根据倾向论概念］对一个意欲去 G 的主体为真的反事实条件句对他为真，那么他相信这些反事实条件句为真，是不可信的；而同样不可信的是，非常一般性地提出如果一个主体相信这些反事实条件句对他为真，那么这些反事实条件句对他为真。（1994a，114）

第三，倾向论概念既可以解释看起来确实存在对欲望的实质"感受"这种东西的情形，又可以解释不存在这种东西的情形，因为根据倾向论概念：

欲望只在这种程度上具有现象学内容：特定条件下它们倾向于产生的东西之一便是具有某些感受。（1994a，114）

所以两种情形都能被容纳，并且关于欲望的现象学没有蕴涵不可信的结果。最后，倾向论概念可以让我们兑现"符合方向"这一比喻中的字面真理：

信念和欲望之间在符合方向上的差异，可以视为等同于信念和欲望在功能性作用上的差异。很粗略并且有所简化地说，它尤其意味着，信念 p 和欲望 p 以不同方式反事实地依赖于具有内容非 p 的感知：当出现具有内容非 p 的感知，信念 p 倾向于不复存在，而欲望 p 倾向于继续存在，使主体处在倾向于实现 p 的状态。（1994a，115）

现在，通过简单的三步，我们就可以得出 HUM：

（a）具有一个动机性理由，尤其指具有一个目标。

之所以如此，是因为"我们在某种程度上正是通过认为人们具有某个目标，来理解他们具有一个动机性理由是指什么"（1994a，116）。

（b）具有一个目标就是处于一种世界必须与之符合的状态。之所以如此，是因为"得知世界与你的目标确定的内容不一样，这一事实不足以让你放弃目标，而是足以让你改变世界"（1994a，117）。

我们得到：

（c）处于一种世界必须与之符合的状态就是具有欲望。

凭借倾向论的欲望概念，现在可以从（a）、（b）和（c）得出，具有动机性理由尤其是指具有欲望，换言之，HUM 为真。

现在我要论证的是，在现象学、认识论和命题内容方面，倾向论概念远远不像史密斯说的那样明显优于现象学概念。首先来看现象学，史密斯认为他的倾向论解释既能容纳欲望实质地具有现象性内容的情形，又能容纳欲望完全缺乏现象性内容的情形，因为：

> 根据［倾向论概念］，欲望只在这种程度上具有现象学内容：特定条件下它们倾向于产生的东西之一便是具有某些感受。（1994a，114）

这里的"产生"看起来似乎是"引起"的意思，而这直接与史密斯的这一主张冲突：对 HUM 的论证可以独立于关于理由解释因果理论的争论而进行。史密斯可能回应称，这里说倾向产生感受，其实是说倾向以感受作为它们的表现（manifestations），而倾向能否视为引起它们的表现，在哲学上是一个开放的实质问题。这作为对原先质疑的一个回答是可以接受的，但现在出现了另外一个担心。即如何处理这类情形：欲望并非完全缺乏现象性内容，却又并非本质地具有一种特定的现象性内容，也就是说，欲望非本质地、偶然地具有现象性内容。很多欲望似乎都属于这一类型。例如，我周末之前读完这本书的欲望可以表现在感受中，但它不一定要这样：我整个星期都具有这个欲望，有时候"感受"到它，其他时候则没有这种感受。倾向论解释如何能容纳这种关于欲望现象学的事实？在我看来，它要做到这一点的唯一办法是，将构成欲望的倾向向解释成和相关感受处于一种因果关系：有些时候倾向引起感受，有些时候则否。如果对于非本质地具有现象性内容的欲望的现象学，不存在其他解释方式，那么就会动摇对史密斯支持 HUM 的论证至关重要的这一主张：关于 HUM 的争论独立于关于理由解释因果理论的争论，从而也将动摇他对 HUM 的论证。[1] 所以在我看来，史密斯的倾向论解释至少不适用于解释我们某些欲望的现象性内容。

再者，史密斯的解释不符合关于欲望的认识论的某些事实。诚然，倾向论概念并不蕴涵"一个能动者相信他具有去 G 的欲望，当且仅当他具有去 G 的欲望"，并且在这种意义上避免了史密斯对现象学概念提出的问题。但如何处理这一事实：我们对欲望的知识就像我们对意图（intentions）的知识（Wright，1987，1989），常常是非推理性的和第一人称权威的。设想我宣称我希望周末之前读完这本书。我并非根据某个关于我在反事实条件下如何行动的假设，来推出我具有这个欲望这一事实：我直接并且非推理性地知道这个事实。而且，我对"我具有这个欲望"的主张是默认（*default*）的立场：这个主张可以被推翻，譬如，有人指出我受到某种自我欺骗等的影响，但有义务说明这样一种情况的是想要推翻我主张的人，而不是我。除非提出某个压倒性条件，我的主张就是成立的。所以在这种意义上，关于欲望自我归与的认识论具有非推理性和第一人称权威性。我们难以看到史密斯倾向论的欲望概念如何能容纳这一事实。如果像史密斯所主张的，关于欲望的认识论是关于倾向状态的认识论，就很难设想欲望的自我归与如何能具有这两个特征中的任何一个。难以看到人们如何能对反事实条件句的真具有非推理性知识。而如果构成欲望的是以特定方式行动的倾向，

---

[1] 通过指出这里所说的欲望是指倾向于在某些情形而非其他情形中具有特定感受，史密斯可以避免这一点吗？这似乎不可信。给定任何一种情形，我"周末之前读完这本书"的欲望可以表现在感受中，也可以不表现在感受中。

就难以看到关于我欲望的内容，我如何能拥有第一人称权威，因为一个第三人原则上跟我有一样好的机会去获知哪些反事实条件句对我为真。由此，尽管倾向论概念不会面临现象学概念的认识论问题，它在认识论上面临它自身至今尚未解决的严重困难。

最后，史密斯声称，对欲望的倾向论解释可以解释它们的命题内容。但这么说的时候，他忘了提到关于如何确定内容的倾向论同样面临着至今尚未解决的严重问题。甚至在最简单的情形中，比如，当我们试图解释"喜鹊"这个词的意义，对于它的内容也不存在令人满意的倾向论解释。我们能说"喜鹊"的意义是由我使用它的倾向所决定吗？这看起来不可信，因为"喜鹊"意指喜鹊，而我倾向于将它用于喜鹊以外的事物，譬如，漆黑夜里的噪钟鹊。我们能说决定"喜鹊"意义的是我在特定条件下（排除漆黑的夜里，等等）将它应用于特定事物（喜鹊）的倾向吗？问题在于，心灵哲学家和语言哲学家用非语义词项和非意向词项说明相关条件的尝试没有一种是可行的［例如，参见 Miller and Wright（2002）里重印的博戈西昂的文章］。心灵哲学家和语言哲学家也许最终可以得到一种可信的关于如何确定内容的倾向论，但这里的关键点是，哪怕最乐观地说，他们离那一天的到来也还遥遥无期。由此，对于一个远未得到解决的、具有高度争议性的哲学争论，史密斯预设了一种特定的解决方式。史密斯写道："欲望的命题内容可以'简单地'由欲望的功能性作用所决定。"（1994a，114，引号是后加的）然而，这绝非"简单"之事。史密斯无权主张倾向论的欲望概念可以解释欲望的命题内容。

因此在我看来，史密斯基于倾向论的欲望概念支持 HUM 的论证是失败的。也就是说，休谟式和反休谟式动机论之间的争论很大程度上依然存在，我们能在两者之间做出有见识的选择之前，还有大量工作有待完成。

10.5　唯科学论、好奇心与"形而上学理解"

在最后一节，我想回到麦克道尔的"投射主义与伦理学中的真理"一文。第 4.9 节考察了麦克道尔对布莱克本的准实在论提出的两个反驳，这里我要讨论麦克道尔提出的第三个反驳。这涉及下面这段话：

> 我们试图确定道德化活动或者"发现事情好笑"这种反应的位置……我们尤其试图将我们在这些领域的承诺，纳入一种关于世界包含何种事实的形而上学理解：这种形而上学观点可以正当地拒斥不可分析和自成一类的道德或幽默……事实。而仅仅援用这些判断的真来回答这种关切，完全是不着边际的。这……是因为不存在任何理论，可以将这些真理与我们对它们的认知方式联系起来。（Blackburn，1993a，163）

现在麦克道尔声称，布莱克本这里指向的那种"在对真理进行任何哲学探究之前，便将价值和滑稽的实例从世界中彻底排除"（McDowell，1998，164）的"形而上学理解"缺乏妥善的哲学凭据，并且布莱克本完全没有对其进行辩护。麦克道尔对他归于布莱克本的"形而上学理解"提出了如下非难：

> 如果对真理符合论的哲学反思的历史教给了我们什么东西的话，无疑便是我们有理由怀疑这种观念：先于并且独立于询问哪些类型的话语可以算作表达真理，我们就有某种办法说明什么可以算作一个事实，从而事实概念能对真理的探究产生某种影响。（1998，164）

由此，这种"形而上学理解"是：

> 一种需要诊断和驱除的东西，而非某种可以允许直接作为一种伦理或幽默哲学的良好起点的东西。（1998，165）

准实在论者应该如何回应？麦克道尔将他认为构成准实在论基础的那种"形而上学理解"，描述成"在对真理进行任何哲学探

274

究之前，便将价值和滑稽的实例从世界中彻底排除"、认为自然科学"在关于真理的哲学反思中具有一种基础地位"以及主张"除了在一种对世界的科学理解中出现的那些事实，不可能有其他事实"。抛开这里归到准实在论者身上的这些观点可否接受的问题，显而易见，特别是根据我在第 10.1 节最后的评论，准实在论方案不需要以这么强的观点作为动机：事实上，一种从世界中"彻底排除"价值和滑稽的实例的观点，很可能跟一种试图让我们获得权利将它们看作属于世界的观点相矛盾。这是怎么回事？在我看来，麦克道尔实际上犯了他归于赖特的那种错误，即误解了准实在论方案（第 4.9 节）。

前面引用的第一段话似乎证明，布莱克本持有麦克道尔所认为的那种"形而上学理解"。然而，在准实在论方案的完整语境中，这并非旨在禁止人们将价值和滑稽的实例纳入世界可以正当包含的各种属性和事实的清单中，而是当我们需要获得而非预设将某些属性和事实纳入这一清单的权利时，对我们进行引导。麦克道尔对这一点的忽略表明，他本人并未充分领会他指责赖特忽视了的那种区分，即经过努力获得权利使用真理概念与未经努力获得权利使用真理概念之间的区分。为了更明确地显示这段话在整个准实在论方案中的位置，可以将其改写为：

> 我们试图确定道德化活动或"发现事情好笑"这种反应的位置……我们尤其试图将我们在这些领域的承诺，纳入一种关于世界一开始就包含何种事实的形而上学理解：这种形而上学观点可以正当地拒斥一开始就预设不可分析和自成一类的道德或幽默……事实。而仅仅援用这些判断的真来回答这种关切，完全是不着边际的。这……是因为不存在任何理论，可以将这些真理与我们对它们的认知方式联系起来。

只要理解恰当，这不需要看成表达"唯科学论式"地赋予自然科学在关于真理的哲学反思中的基础地位，而不妨看成出于一种完全合理的好奇心，这种好奇心针对的是一系列显著的真理，以及我们本质上如何处理那些明显与它们对应的事实。科学在这方面没什么东西可说（我们可以这么认为），在我们看来，诉诸未经努力获得的真理概念是哲学上不体面的做法，所以我们试图以一种完全不预设不可分析和自成一类的道德或幽默事实的方式，获得使用真理概念的权利。准实在论的合理动机所需要的，只是自然的好奇心加上对自然科学的一种得体而健康的尊重，而不是一种"唯科学论"。[1]实际上，当麦克道尔承认，就"伦理和幽默如何与关于世界以及我们应对世界的方式的有效科学真理联系起来"而言，可以提出"很好的问题"（1998，165），可以说他自己就表达了这种好奇心。如果我是对的，那么要维护准实在论，我们只需认为这些问题是好问题，而无需在"关于真理的哲学反思"中赋予自然科学"基础地位"。

　　布莱克本认为，准实在论方案的动机可以是出于对特定种类的主题的怀疑（1984，146），麦克道尔在考虑这种观点时写道：

　　　　这些怀疑的根源显然没有得到关注，因此无法处理关于它们有什么价值的问题。这就好像我们自然得到的一种哲学观点在完全没有追问我们为什么自然地得到了它之前，就必定是可以接受的。（1998，164，注释 20）

我已经提出，首先，准实在论方案的动机可以是关于某个领域的思想的自然好奇心，而非哲学上对该领域产生的怀疑或担心。那么，如果麦克道尔回应说我们应该关注这种好奇心的根源，并在我们试图满足它之前对此进行研究呢？我想，我们应该将这种回应作

276

---

[1] 注意，由此不能得出自然科学本身可以免于哲学审视：我们能否以及如何获得权利去使用适用于科学判断的真理概念，这是一个不同的，并且可能更困难的问题。此外，这种动机在什么意义上显示了对自然科学的一种得体而健康的尊重？在我们可以拒斥类似占星学（astrology）之类东西的意义上，一个明智的人大概不会认为，如果一个思想领域的明确主题不在占星学所描述的世界中出现，那么我们必须获得权利将那个领域的思想看成潜在地为真或为假。

为一种保守的态度加以拒斥。当一个儿童询问"这个东西是怎么运转的?",倘若回答"你为什么想知道这一点?""你凭什么认为这是一个好问题?"或者"等你研究了你的好奇心的根源再回来见我",无疑是粗鲁的。正确的做法是认真对待好奇心,并设法回答问题。[1]诚然,可能存在不健康的好奇心这样的东西。但在我看来,面对一种好奇心,在没有正面理由认为它不健康的情况下,应该认为它是健康的好奇心:缺乏这样的理由,这种好奇心就可以作为默认立场。麦克道尔认为,除非我们能证明一种好奇心是健康的,否则它就没有任何地位,这种假设把责任给颠倒了。如果接受这种关于自然好奇心的观点,我们很容易走向一种保守而极端自私的自满。[2]

10.6 进阶阅读

麦克道尔伦理学方面的文章汇集在他的 1998 里,这些文章艰深但值得研读。大体上跟麦克道尔持类似元伦理学观点的其他哲学家,包括马克·普拉茨(1979)、大卫·威金斯(1987,1991)、萨比娜·拉维邦德(Sabina Lovibond, 1983)、大卫·麦克诺顿(1988)以及乔纳森·丹西(Jonathan Dancy, 1993, 2000)。对麦克道尔的有益讨论,参见 Leiter(ed.)(2001b)中大卫·索萨(David Sosa)的文章"可悲的伦理学"(Pathetic Ethics),以及Thornton(2004)里关于价值判断的一章。布莱克本对"解缠"论证的回应,参见 Blackburn(1991 和 1998a 第 4 章)。亦可参见Kirchin(2010)、Roberts(2011)与 Väyrynen(2013)。Arrington

---

[1] 当然,如果我们屡屡发现我们的好奇心不能被满足,这也许最终会导致对相关领域的怀疑。但这是理所当然的。
[2] 参见 Blackburn(1998a, 102),以及本书开头引用的约瑟夫·康拉德的警句。

（1989，第 4 章）对非自然主义式认知主义做了很好的讨论。要了解关于休谟式动机论的争论，参见 Pettit（1987）和 Smith（1988）。对依据"符合方向"来区分信念和欲望，Sobel and Copp（2001）提供了某种有用的讨论。要了解另外一种非自然主义观点，参见 Schafer-Landau（2003b 和 2006）。

涵义、指称、语义值与真值条件

我在本书中多次（第 2.3 节、第 9.7 节、第 10.1 节）运用德国哲学家、数学家戈特洛布·弗雷格（Gottlob Frege，1848—1925）的著作中提出的某些区分和论题。在这个附录里，我简单地谈谈其中一些区分和论题。对弗雷格语言哲学的完整阐述，参见 Miller（2007）第 1 和 2 章。

考虑"马克·吐温"和"塞缪尔·克莱门斯"这两个名称。直觉上，我们知道"马克·吐温"的意思和"塞缪尔·克莱门斯"的意思。但"马克·吐温"和"塞缪尔·克莱门斯"意指相同的东西，即同一个人。由于理解"马克·吐温"的人知道它的意义，理解"塞缪尔·克莱门斯"的人知道它的意义，那么令人费解的是，知道"马克·吐温是塞缪尔·克莱门斯"的意义的人，如何可能不知道它为真。这之所以成为一个问题，是因为理解这个同一性陈述，然后发现它为真，显然是可能的。弗雷格通过区分名称的涵义与指称来回应这个问题。一个名称的涵义是指决定该表达式的指称的东西，是人们为了理解这个表达式所必须把握的东西。指称则由名称代表的对象给出。由此，弗雷格可以说，尽管"马克·吐温"和"塞缪尔·克莱门斯"具有相同指称，它们却具有不同涵义。由于一个人可以知道一个表达式的涵义而不知道它的指称，这就可以解释，理解"马克·吐温是塞缪尔·克莱门斯"的人为何不知道它为真。

因此：

（A）一个专名的指称（语义值）是它所代表的对象。

（B）一个专名的涵义决定它指称什么对象。

（C）理解一个专名的人把握了它的涵义。

（D）一个专名的涵义区别于它的指称：把握它的涵义却不知
　　　道它的指称是可能的。

重要的是记住，虽然我们是通过考虑专名，引入弗雷格对涵义与指称的区分，这种区分可以一般地应用于其他种类的语言表达式，包括谓词和句子。事实上，一个专名的指称是它所代表的对象，这一观念可以由如下定义推出（我用"语义值"替代"指称"翻译德文"Bedeutung"，因为"谓词和句子具有指称"听起来是奇怪的说法）：

　　　　一个表达式的语义值是指，这个表达式可以决定包含它的句子是否为真或为假的那种特征。

直觉上，这样的说法是正确的："马克·吐温"决定包含它的句子是否为真或为假的特征，在于它代表这个人而非那个人这一事实；正是这一点决定了为什么"马克·吐温是一名作家"为真，而"马克·吐温是苏格兰人"为假。

　　正如我们可以区分专名的涵义与指称，我们也可以区分谓词的涵义与指称。考虑谓词表达式"……是偶数"。弗雷格认为，这是一个函项表达式，因为它有一个空位，可以填入一个数字。把一个数字填入这个空位，会得到什么结果？如果这个数字指称的数是偶数，那么将得到一个真句子，否则将得到一个假句子。由此我们可以认为，谓词"……是偶数"代表一个从数到真值（两个真值即真和假）的函项。另外存在一些函项，它们的变元是对象而不是数。考虑"……是圆的"。这个谓词的空位可以填入一个专名，并且如果专名指称的对象是圆的，它得出的值是真，否则即是假。所以，"……是圆的"可以看作代表一个从对象到真值的函项。因此：

（E）一个谓词的语义值是一个从对象到真值的函项。

（F）一个谓词的涵义决定它的语义值是哪个函项。

（G）理解一个谓词的人把握了它的涵义。

（H）一个谓词的涵义区别于它的语义值。

最后，弗雷格认为，句子同样可以视为具有涵义和语义值。

（I）一个句子的语义值是一个真值。

（J）一个句子的涵义决定它的真值。

（K）理解一个句子的人把握了它的涵义。

（L）一个句子的涵义区别于它的语义值。

一个句子的涵义通常被说成是它的真值条件，当且仅当句子为真，这种条件在世界中实现。正如我可以把握一个专名的涵义而不知道它指称什么对象，我也可以把握一个句子的真值条件（如果这个句子为真会是什么情况），而不知道它是否实际为真。

参考文献

Altman, A. 2004: Breathing new life into a dead argument: G. E. Moore and the open question. *Philosophical Studies* 117.

Arrington, R. 1989: *Rationalism, Realism and Relativism*. Ithaca, NY: Cornell University Press.

Athanassoulis, N. 2000: A response to Harman: virtue ethics and character traits. *Proceedings of the Aristotelian Society* 100.

Ayer, A. [1936] 1946: *Language, Truth and Logic* 2nd edn. London: Gollancz (Second Edition).

Ayer, A. 1954: On the analysis of moral judgements. In his *Philosophical Essays*. London: Macmillan.

Ayer, A. 1984: Are there objective values? In his *Freedom and Morality and Other Essays*. Oxford: Oxford University Press.

Baldwin, T. 1990: *G. E. Moore*. London: Routledge.

Baldwin, T. [1903] 1993: Editor's introduction to Moore *Principia Ethica*, rev. edn. Cambridge: Cambridge University Press.

Benn, P. 1998: *Ethics*. London: University College London Press.

Blackburn, S. 1981: Rule-following and moral realism. In S. Holtzman and C. Leich (eds), *Wittgenstein: To Follow a Rule*. London: Routledge and Kegan Paul.

Blackburn, S. 1984: *Spreading the Word*. Oxford: Oxford University Press.

Blackburn, S. 1988: Attitudes and contents. *Ethics* 98. Reprinted in Blackburn 1993a.

Blackburn, S. 1991: Reply to Sturgeon. *Philosophical Studies* 61.

Blackburn, S. 1992a: Gibbard on normative logic. *Philosophy and Phenomenological Research* 52(4).

Blackburn, S. 1992b: Wise feelings, apt reading. *Ethics* 102.

Blackburn, S. 1993a: *Essays in Quasi-Realism*. Oxford: Oxford University Press.

Blackburn, S. 1993b: Realism, quasi, or queasy? In Haldane and Wright (eds), *Reality, Representation, and Projection*. Oxford: Oxford University Press.

Blackburn, S. 1993c: Circles, finks, smells, and biconditionals. *Philosophical Perspectives* 7.

Blackburn, S. 1996: Securing the nots. In W. Sinnott-Armstrong and M. Timmons (eds), *Moral Knowledge*. New York: Oxford University Press.

Blackburn, S. 1998a: *Ruling Passions*. Oxford: Clarendon Press.

Blackburn, S. 1998b: Wittgenstein, Wright, Rorty and minimalism. *Mind* 107.

Blackburn, S. 1999: Is objective moral justification possible on a quasi-realist foundation? *Inquiry* 42.

Blackburn, S. 2001: *Being Good.* Oxford: Oxford University Press.

Blackburn, S. 2002: Replies. *Philosophy and Phenomenological Research* 65.

Blackburn, S. 2009: Truth and a priori possibility: Egan's charge against quasi-realism. *Australasian Journal of Philosophy* 87.

Bloomfield, P. 2009: Moral realism and program explanation: reply to Miller. *Australasian Journal of Philosophy* 87.

Boghossian, P. and Velleman, D. 1989: Colour as a secondary quality. *Mind* 98.

Boyd, R. 1988: How to be a moral realist. In G. Sayre-McCord (ed.), *Essays on Moral Realism.* Ithaca, NY: Cornell University Press.

Brandt, R. 1979: *A Theory of the Good and the Right.* New York: Oxford University Press.

Brighouse, M. 1990: Blackburn's projectivism — an objection. *Philosophical Studies* 59.

Brink, D. 1989: *Moral Realism and the Foundations of Ethics.* Cambridge: Cambridge University Press.

Burwood, S. Gilbert, P. and Lennon, K. 1999: *Philosophy of Mind.* London: University College London Press.

Bykvist, K. and Hattiangadi, A. 2007: Does thought imply ought? *Analysis* 67(4).

Campbell, J. 1993: A simple view of colour. In Haldane and Wright (eds), *Reality, Representation, and Projection.* Oxford: Oxford University Press, 1993.

Carruthers, P. 1986: *Introducing Persons.* London: Croom Helm.

Carson, T. 1992: Gibbard's conceptual scheme for moral philosophy. *Philosophy and Phenomenological Research* 52(4).

Casati, R. and Tappollet, C. (eds) 1998: *European Review of Philosophy* 3: *Response-Dependence.* Stanford, CA: CSLI Publications.

Cohen, J. 1997: The arc of the moral universe. *Philosophy and Public Affairs* 26.

Conrad, J. 1914: *Chance.* London: Folio Society (2001).

Conrad, J. 1915: *Victory.* London: Folio Society (1999).

Copp, D. 1990: Explanation and justification in ethics. *Ethics* 100.

Copp, D. 2000: Milk, honey, and the good life on moral twin earth. *Synthese* 124.

Cowie, C. 2009: *Truth in Ethics: The Minimalist Challenge to Quasi-Realist Expressivism,* MPhilStud dissertation (King's College London).

Dancy, J. 1991: Intuitionism. In Singer (ed.), *A Companion to Ethics.* Oxford: Blackwell.

Dancy, J. 1993: *Moral Reasons.* Oxford: Blackwell.

Dancy, J. 1995: Why there is really no such thing as the theory of motivation. *Proceedings of the Aristotelian Society* 95.

Dancy, J. 2000: *Practical Reality*. Oxford: Oxford University Press.

Dancy, J. 2006: *Ethics Without Principles*. Oxford: Clarendon Press.

Darwall, S. 1983: *Impartial Reason*. Ithaca, NY: Cornell University Press.

Darwall, S., Gibbard, A. and Railton, P. 1992: Toward *fin de siècle* ethics: some trends. *Philosophical Review* 101.

Davidson, D. 1963: Actions, reasons, and causes. *Journal of Philosophy* 60(23). Reprinted in his *Essays on Actions and Events*. Oxford: Oxford University Press 1980.

Divers, J. and Miller, A. 1994: Why expressivists about value should not love minimalism about truth. *Analysis* 54.

Divers, J. and Miller, A. 1995: Platitudes and attitudes: a minimalist conception of belief. *Analysis* 55.

Divers, J. and Miller, A. 1999: Arithmetical Platonism: reliability and judgement-dependence. *Philosophical Studies* 95.

Dreier, J. 2000: Dispositions and fetishes: externalist models of moral motivation. *Philosophy and Phenomenological Research* 61.

Dummett, M. 1993: *The Seas of Language*. Oxford: Clarendon Press.

Dworkin, R. 1996: Objectivity and truth: you'd better believe it. *Philosophy and Public Affairs* 25.

Egan, A. 2007: Quasi-realism and fundamental moral error. *Australasian Journal of Philosophy* 85.

Eklund, M. 2008: The Frege-Geach problem and Kalderon's moral fictionalism. *Philosophical Quarterly* 59.

Eklund, M. 2011: Fictionalism. In E. Zalta (ed.), *Stanford Encyclopedia of Philosophy* (Fall 2011 edition).

Ekman, G. 1954: Dimensions of colour vision. *Journal of Psychology* 38.

Field, A. 2010: *Can Program Explanation Confer Ontological Rights for the Cornell Realist Variety of Moral Realism?* MPhil dissertation (University of Birmingham).

Field, H. 1980: *Science Without Numbers*. Oxford: Blackwell.

Field, H. 1989: *Realism, Mathematics and Modality*. Oxford: Blackwell.

Fisher, A. 2011: *Metaethics: An Introduction*. Durham, UK: Acumen.

Fisher, A. and Kirchin, S. 2006: *Arguing About Metaethics*. London: Routledge.

Fodor, J. 1974: Special sciences. *Synthese* 28.

Fodor, J. 1990: *A Theory of Content and Other Essays*. Cambridge, MA: MIT Press.

Fodor, J. 1995: Encounters with trees. *London Review of Books* 17(8). Frankena, W. 1938: The

302

naturalistic fallacy. *Mind* 48.

Gampel, E. 1997: Ethics, reference, and natural kinds. *Philosophical Papers* 26.

Garner, R. 1993: Are convenient fictions harmful to your health? *Philosophy East and West* 43.

Geach, P. 1960: Ascriptivism. *Philosophical Review* 69.

Geach, P. 1965: Assertion. *Philosophical Review* 74.

Gibbard, A. 1990: *Wise Choices, Apt Feelings*. Oxford: Clarendon Press.

Gibbard, A. 1992: Reply to Blackburn, Carson, Hill, and Railton. *Philosophy and Phenomenological Research* 52(4).

Gibbard, A. 1993: Reply to Sinnott-Armstrong. *Philosophical Studies* 69.

Gibbard, A. 1996: Projection, quasi-realism, and sophisticated realism: critical notice of Blackburn 1993. *Mind* 105.

Gibbard, A. 2003: *Thinking How to Live*. Cambridge, MA: Harvard University Press.

Gibbard, A. 2012: *Meaning and Normativity*. Oxford: Oxford University Press.

Gundersen, E. 2007: *Making Sense of Response-Dependence*. PhD thesis (University of St Andrews).

Haldane, J. and C. Wright (eds) 1993: *Reality, Representation, and Projection*. Oxford: Oxford University Press.

Hale, B. 1986: The compleat projectivist. *Philosophical Quarterly* 36.

Hale, B. 1993a: Can there be a logic of attitudes? In Haldane and Wright (eds), *Reality, Representation, and Projection*. Oxford: Oxford University Press.

Hale, B. 1993b: Postscript. In Haldane and Wright (eds), *Reality, Representation, and Projection*. Oxford: Oxford University Press, 1993.

Hale, B. 2002: Can arboreal knotwork help Blackburn out of Frege's abyss? *Philosophy and Phenomenological Research* 65.

Harcourt, E. 2005: Quasi-realism and ethical appearances. *Mind* 114.

Hare, R. 1952: *The Language of Morals*. Oxford: Oxford University Press.

Hare, R. 1991: Universal prescriptivism. In Singer (ed.), *A Companion to Ethics*. Oxford: Blackwell.

Harman, G. 1975: Moral relativism defended. *Philosophical Review* 84.

Harman, G. 1977: *The Nature of Morality*. Oxford: Oxford University Press.

Harman, G. 1986: Moral explanations of natural facts — can moral claims be tested against reality? *Southern Journal of Philosophy* 24 Supplement.

Harman, G. 1999: Moral philosophy meets social psychology: virtue ethics and the fundamental attribution error. *Proceedings of the Aristotelian Society* 99.

Harman, G. 2000: The nonexistence of character traits. *Proceedings of the Aristotelian Society* 303 100.

Hattiangadi, A. 2007: *Oughts and Thoughts: Scepticism and the Normativity of Content*. Oxford: Oxford University Press.

Heal, J. 1988: The disinterested search for truth. *Proceedings of the Aristotelian Society* 88.

Hempel, G. 1965. *Aspects of Scientific Explanation and Other Essays*. New York: Free Press.

Hill, T. 1992: Gibbard on morality and sentiment. *Philosophy and Phenomenological Research* 52(4).

Hobbes, T. [1651] 1981: *Leviathan*. Edited by C. B. McPherson. Harmondsworth: Penguin.

Hood, C. 2010: *Ethics, Intentions and Judgement-Dependence*. MPhil dissertation (University of Birmingham).

Hooker, B. (ed.) 1996: *Truth in Ethics*. Oxford: Blackwell.

Hooker, B. and Little, M. (eds) 2000: *Moral Particularism*. Oxford: Oxford University Press.

Horgan, T. and Timmons, M. 1990: New wave moral realism meets moral twin earth. *Journal of Philosophical Research* 16.

Horgan, T. and Timmons, M. 1992a: Troubles on moral twin earth: moral queerness revived. *Synthese* 92.

Horgan, T. and Timmons, M. 1992b: Troubles for new wave moral semantics: the 'open-question argument' revived. *Philosophical Papers* 21.

Horgan, T. and Timmons, M. 2000: Copping out on moral twin earth. *Synthese* 124.

Horgan, T. and Timmons, M. (eds) 2006: *Metaethics After Moore*. Oxford: Oxford University Press.

Horwich, P. 1993: Gibbard's theory of norms. *Philosophy and Public Affairs* 26.

Hudson, W. 1970: *Modern Moral Philosophy*. London: Macmillan.

Hume, D. [1739] 1968. *A Treatise of Human Nature*. Oxford: Clarendon Press.

Hume, D. [1742] 1903. Of the standard of taste. In *Essays: Moral, Political, and Literary*. London: Grant Richards.

Hussein, N. and Shah, N. 2006: Misunderstanding metaethics. *Oxford Studies in Metaethics* 1.

Hussein, N. and Shah, N. 2013: Metaethics and its discontents: a case study in Korsgaard. Forthcoming in C. Bagnoli (ed.), *Constructivism in Ethics*. Cambridge: Cambridge University Press.

Indow, T. and Ohsumi, K. 1972: Multidimensional mapping of sixty Munsell colors by non-metric procedure. In J. Vos, L. Friele and P. Walraven (eds), *Color Metrics*. Soesterberg, Netherlands: Institute for Perception TNO.

Jackson, F. 1992: Critical notice of Susan Hurley's natural reasons. *Australasian Journal of Philosophy* 70.

304 Jackson, F. 1998: *From Metaphysics to Ethics*. Oxford: Oxford University Press.

Jackson, F. and Pettit, P. 1990: Program explanation: a general perspective. *Analysis* 50.

Jackson, F. and Pettit, P. 1995: Moral functionalism and moral motivation. *Philosophical Quarterly* 45.

Jackson, F. and Pettit, P. 1998: A problem for expressivism. *Analysis* 58.

Jackson, F., Oppy, G. and Smith, M. 1994: Minimalism and truth-aptness. *Mind* 103.

Jackson, F., Pettit, P. and Smith, M. 2004: *Mind, Morality, and Explanation*. Oxford: Oxford University Press.

Johnston, M. 1989: Dispositional theories of value. *Proceedings of the Aristotelian Society*, Supp. Vol. 63.

Johnston, M. 1993a: Objectivity refigured: pragmatism without verificationism. In Haldane and Wright (eds), *Reality, Representation, and Projection*. Oxford: Oxford University Press.

Johnston, M. 1993b: Remarks on response-dependence. Unpublished MS.

Johnston, M. 1998: Are manifest qualities response-dependent? *The Monist* 81.

Joyce, R. 2001: *The Myth of Morality*. Cambridge: Cambridge University Press.

Joyce, R. 2005: Moral fictionalism. In Kalderon, *Fictionalism in Metaphysics*. Oxford: Oxford University Press.

Kalderon, M. 2005a: *Moral Fictionalism*. Oxford: Clarendon Press.

Kalderon, M. 2005b: *Fictionalism in Metaphysics*. Oxford: Oxford University Press.

Kalderon, M. 2008a: Summary. *Philosophical Books* 49(1).

Kalderon, M. 2008b: The trouble with terminology. *Philosophical Books* 49(1).

Kalderon, M. 2008c: Moral fictionalism, the Frege-Geach problem, and reasonable inference. *Analysis* 68(2).

Kant, I. [1785] 1964: *Groundwork of the Metaphysics of Morals*. Trans. J. J. Paton. New York: Harper and Row.

Kirchin, S. 1997: How Blackburn improves: a reply to Iain Law. *Cogito* 21.

Kirchin, S. 2000: Quasi-realism, sensibility theory, and ethical relativism. *Inquiry* 43.

Kirchin, S. 2010: The shapelessness hypothesis. *Philosophers' Imprint* 10.

Kirchin, S. 2012: *Metaethics*. Basingstoke: Palgrave Macmillan.

Kirchin, S. and Joyce, R. (eds) 2010: *A World Without Values: Essays on John Mackie's Moral Error Theory*. Dordrecht: Springer.

Kivy, P. 1980: A failure of aesthetic emotivism. *Philosophical Studies* 38.

Kivy, P. 1992: 'Oh boy! You too!'. Aesthetic emotivism reexamined. In H. Hahn (ed.), *The*

Philosophy of A. J. Ayer. La Salle, IL: Open Court.

Kolbel, M. 1997: Expressivism and the syntactic uniformity of declarative sentences. 305 *Critica* 29(87).

Kolbel, M. 2002: *Truth Without Objectivity.* London: Routledge.

Kripke, S. 1980: *Naming and Necessity.* Cambridge: Cambridge University Press.

Kripke, S. 1982: *Wittgenstein on Rules and Private Language.* Cambridge, MA: Harvard University Press.

Lang, G. 2001: The rule-following considerations and metaethics: some false moves. *European Journal of Philosophy* 9.

Law, I. 1996: Improvement and truth in quasi-realism. *Cogito* 10.

Leiter, B. 2001a: Moral facts and best explanations. *Social Philosophy and Policy* 18.

Leiter, B. (ed.) 2001b: *Objectivity in Law and Morals.* Cambridge: Cambridge University Press.

Leiter, B. and Miller, A. 1998: Closet dualism and mental causation. *Canadian Journal of Philosophy* 28.

Lewis, D. 1970: How to define theoretical terms. *Journal of Philosophy* 63.

Lewis, D. 1972: Psychophysical and theoretical identifications. *Australasian Journal of Philosophy* 50.

Lewis, D. 1989: Dispositional theories of value. *Proceedings of the Aristotelian Society*, Supp. Vol. 63.

Lewis, D. 1997: Finkish dispositions. *Philosophical Quarterly* 47.

Lillehammer, H. 2007: *Companions in Guilt.* Basingstoke: Palgrave Macmillan.

Little, M. 1994a: Moral realism I: naturalism. *Philosophical Books* 25.

Little, M. 1994b: Moral realism II: non-naturalism. *Philosophical Books* 25.

Locke, J. [1689] 1975: *An Essay on Human Understanding.* Edited by P. H. Nidditch. Oxford: Clarendon Press.

Lovibond, S. 1983: *Realism and Imagination in Ethics.* Oxford: Blackwell.

Lowe, E. 1995: *Locke on Human Understanding.* London: Routledge.

McCulloch, G. 1996: Dismounting from the seesaw. *International Journal of Philosophical Studies* 4(1).

McDowell, J. 1994: *Mind and World.* Cambridge, MA: Harvard University Press.

McDowell, J. 1998: *Mind, Value, and Reality.* Cambridge, MA: Harvard University Press.

McFarland, D. and Miller, A. 1998a: Jackson on colour as a primary quality. *Analysis* 58.

McFarland, D. and Miller, A. 1998b: Response dependence without reduction? *Australasian Journal of Philosophy* 76(3).

Mackie, J. 1973: *Ethics: Inventing Right and Wrong.* New York: Penguin.

Mackie, J. 1976: *Problems from Locke.* Oxford: Clarendon Press.

McNaughton, D. 1988: *Moral Vision.* Oxford: Blackwell.

Majors, B. 2007: Moral explanation. *Philosophy Compass* 2(1).

306   Mautner, T. 2000: Problems for anti-expressivism. *Analysis* 60.

Mellor, D. H. and Oliver, A. (eds). 1997: *Properties.* Oxford: Oxford University Press.

Menzies, P. (ed.) 1991: *Response-Dependent Concepts.* Working Papers in Philosophy. Canberra: RSSS.

Menzies, P (ed.) 1998: *Response-Dependence* (special issue of *The Monist* 81).

Merli, D. 2002: Return to moral twin earth. *Canadian Journal of Philosophy* 32.

Miller, A. 1996: An objection to Smith's argument for internalism. *Analysis* 56.

Miller, A. 1998a: Emotivism and the verification principle. *Proceedings of the Aristotelian Society* 98.

Miller, A. 1998b: Rule-following, response-dependence, and McDowell's debate with anti-realism. *European Review of Philosophy* 3.

Miller, A. 2002: Wright's argument against error-theories. *Analysis* 62.

Miller, A. 2007: *Philosophy of Language*, 2nd edn. London: Routledge.

Miller, A. 2009: Moral realism and program explanation: reply to Nelson. *Australasian Journal of Philosophy* 87.

Miller, A. 2010a: The argument from queerness and the normativity of meaning. In M. Grajner and A. Rami (eds), *Truth, Existence and Realism.* Ontos: Verlag.

Miller, A. 2010b: Rule-following skepticism. In D. Pritchard and S. Bernecker (eds), *The Routledge Companion to Epistemology.* London: Routledge.

Miller, A. 2010c: Noncognitivism. In J. Skorupski (ed.), *The Routledge Companion to Ethics.* London: Routledge.

Miller, A. 2011: Jackson, serious metaphysics and conceptual analysis (critical notice of Ravenscroft 2009), *Analysis* 71.

Miller, A. 2012a: Ethics and minimalism about truth. In H. Lafollette (ed.), *The International Encyclopedia of Ethics.* Oxford: Blackwell.

Miller, A. 2012b: Judgement-dependence, tacit knowledge and linguistic understanding. In P. Stalmaszczyk (ed.), *Philosophical and Formal Approaches to Linguistic Analysis.* Frankfurt: Ontos Verlag.

Miller, A. and Wright, C. (eds) 2002: *Rule-Following and Meaning.* London: Acumen.

Moore, G. E. [1903] 1993: *Principia Ethica*, rev. edn. Cambridge: Cambridge University Press.

Morgan, S. 2006: Naturalism and normativity. *Philosophy and Phenomenological Research* 72.

Mumford, S. 1998: *Dispositions.* Oxford: Oxford University Press.

Nelson, M. 2006: Moral realism and program explanation. *Australasian Journal of Philosophy* 84.

Nolan, D., Restall, G. and West, C. 2005: Moral fictionalism versus the rest. *Australasian Journal of Philosophy* 83.

Pettit, P. 1987: Humeans, anti-Humeans, and motivation. *Mind* 96. Pettit, P. 1991: Realism and response-dependence. *Mind* 100.

Plato. 1981: Euthyphro. In *Five Dialogues.* Indianapolis, IN: Hackett. Platts, M. 1979: *Ways of Meaning.* London: Routledge and Kegan Paul.

Putnam, H. 1975: The meaning of 'meaning'. In his *Mind, Language, and Reality.* Cambridge: Cambridge University Press.

Quine, W. V. O. 1960: *Word and Object.* Cambridge, MA: MIT Press.

Quinn, W. 1986: Truth and explanation in ethics. *Ethics* 96.

Railton, P. 1986a: Moral realism. *Philosophical Review* 95.

Railton, P. 1986b: Facts and values. *Philosophical Topics* 14(2).

Railton, P. 1989. Naturalism and prescriptivity. *Social Philosophy and Policy* 7.

Railton, P. 1992: Nonfactualism about normative discourse. *Philosophy and Phenomenological Research* 52(4).

Railton, P. 1993a: What the non-cognitivist helps us to see the naturalist must help us to explain. In Haldane and Wright (eds), *Reality, Representation, and Projection.* Oxford: Oxford University Press.

Railton, P. 1993b: Reply to David Wiggins. In Haldane and Wright (eds), *Reality, Representation, and Projection.* Oxford: Oxford University Press.

Railton, P. 1995: Made in the shade: moral compatibilism and the aims of moral theory. *Canadian Journal of Philosophy*, Supp. Vol. 21.

Railton, P. 1996a: Moral realism: prospects and problems. In W. Sinnott-Armstrong and M. Timmons (eds), *Moral Knowledge.* New York: Oxford University Press.

Railton, P. 1996b: Subjective and Objective. In Hooker (ed.), *Truth in Ethics.* Oxford: Blackwell.

Railton, P. 2003: *Facts, Values and Norms.* Cambridge: Cambridge University Press.

Ramsey, F. 1931: Theories. In F. Ramsey (ed.), *The Foundations of Mathematics.* London: Routledge and Kegan Paul.

Ravenscroft, I. (ed.). 2009: *Minds, Ethics, and Conditionals: Themes from the Philosophy of Frank Jackson.* Oxford: Oxford University Press.

307

Ridge, M. 2006a: Ecumenical expressivism. *Ethics* 116.

Ridge, M. 2006b: Saving the ethical appearances. *Mind* 115.

Roberts, D. 2011: Shapelesness and the thick. *Ethics* 121.

Rosati, C. 1995a: Persons, perspectives, and full information accounts of the good. *Ethics* 105.

Rosati, C. 1995b: Naturalism, normativity, and the open question argument. *Nous* 29(1).

Rosati, C. 1996: Internalism and the good for a person. *Ethics* 106.

Rosen, G. 1994: Objectivity and modern idealism: what is the question? In M. Michael (ed.), *Philosophy in Mind: The Place of Philosophy in the Study of Mind.* Dordrecht: Kluwer.

Rosenberg, A. 1990: Moral realism and social science. *Midwest Studies in Philosophy* 15.

Ryle, G. 1949: *The Concept of Mind.* London: Hutchinson.

Sayre-McCord, G. 1985: Logical positivism and the demise of 'moral science'. In N. Rescher (ed.), *The Heritage of Logical Positivism.* New York: University Press of America.

Sayre-McCord, G. 1986: The many moral realisms. *Southern Journal of Philosophy* 24 Supplement.

Sayre-McCord, G. 1988: Moral theory and explanatory impotence. In G. Sayre-McCord (ed.), *Essays on Moral Realism.* Ithaca, NY: Cornell University Press.

Schillp, P. 1942: *The Philosophy of G. E. Moore.* Evanston and Chicago, IL: Northwestern University Press.

Schroeder, M. 2008: What is the Frege-Geach problem? *Philosophy Compass* 3(4).

Schroeder, M. 2009: Hybrid expressivism: virtues and vices. *Ethics* 119.

Schroeder, M. 2010: *Noncognitivism in Ethics.* London: Routledge.

Schueler, G. 1988: Modus ponens and moral realism. *Ethics* 98.

Shafer-Landau, R. 2003a: *Whatever Happened to Good and Evil?* New York: Oxford University Press.

Shafer-Landau, R. 2003b: *Moral Realism.* Oxford: Oxford University Press.

Shafer-Landau, R. 2006: Ethics as philosophy: a defence of ethical non-naturalism. In Horgan and Timmons (eds), *Metaethics After Moore.* Oxford: Oxford University Press.

Shafer-Landau, R. and Cuneo, T. 2007: *Foundations of Ethics: An Anthology.* Oxford: Blackwell.

Shepard, R. 1962: The analysis of proximities: multidimensional scaling with an unknown distance function. II. *Psychometrika* 27.

Sidgwick, H. [1907] 1991: *Methods of Ethics*, 7th edn. Indianapolis, IN: Hackett.

Sinclair, N. 2011: The explanationist argument for moral realism *Canadian Journal of Philosophy* 41.

308

Singer, P. (ed.) 1991: *A Companion to Ethics.* Oxford: Blackwell.

Sinnott-Armstrong, W. 1993: Some problems for Gibbard's norm-expressivism. *Philosophical Studies* 69.

Smith, M. 1988: On Humeans, anti-Humeans, and motivation: a reply to Pettit. *Mind* 58.

Smith, M. 1989: Dispositional theories of moral value. *Proceedings of the Aristotelian Society,* Supp. Vol. 63.

Smith, M. 1993a: Objectivity and moral realism: on the significance of the phenomenology of moral experience. In Haldane and Wright (eds), *Reality, Representation, and Projection.* Oxford: Oxford University Press.

Smith, M. 1993b: Colour, transparency, and mind-independence. In Haldane and Wright (eds), *Reality, Representation, and Projection.* Oxford: Oxford University Press.

Smith, M. 1994a: *The Moral Problem.* Oxford: Blackwell.

Smith, M. 1994b: Why expressivists about value should love minimalism about truth. *Analysis* 54.

Smith, M. 1994c: Minimalism, truth-aptitude, and belief. *Analysis* 54.

Smith, M. 1996a: The argument for internalism: reply to Miller. *Analysis* 56.

Smith, M. 1996b: Internalism's wheel. In Hooker (ed.), *Truth in Ethics.* Oxford: Blackwell.

Smith, M. 1998: Response-dependence without reduction. *European Review of Philosophy* 3.

Smith, M. 2001: Some not-much-discussed problems for non-cognitivism in ethics. *Ratio* 14.

Smith, M. 2002: Which passions rule? *Philosophy and Phenomenological Research* 65.

Smith, M. 2004: *Ethics and the A Priori.* Cambridge: Cambridge University Press.

Snare, F. 1975: The open-question as a linguistic test. *Ratio* 17.

Snare, F. 1984: The empirical bases of moral scepticism. *American Philosophical Quarterly* 21.

Soames, S. 2003: *Philosophical Analysis in the Twentieth Century, Volume 1: The Dawn of Analysis.* Princeton, NJ: Princeton University Press.

Sobel, D. 1994: Full information accounts of well-being. *Ethics* 104.

Sobel, D. and Copp, D. 2001: Against direction of fit accounts of belief and desire. *Analysis* 61.

Stevenson, C. 1937: The emotive meaning of ethical terms. Reprinted in A. J. Ayer (ed.), *Logical Positivism.* Glencoe, IL: Free Press.

Stevenson, C. 1944: *Ethics and Language.* New Haven, CT: Yale University Press.

Strandberg, C. 2004: In defence of the open question argument? *Journal of Ethics* 8.

Stratton-Lake, P. 1998: Internalism and the explanation of belief/motivation changes. *Analysis* 56(4).

309

Stratton-Lake, P. 1999: Why externalism is not a problem for intuitionists. *Proceedings of the Aristotelian Society* 99.

Sturgeon, N. 1986a: Harman on moral explanations of natural facts. *Southern Journal of Philosophy* 24 Supplement.

Sturgeon, N. 1986b: What difference does it make whether moral realism is true? *Southern Journal of Philosophy* 24 Supplement.

Sturgeon, N. 1988: Moral explanations. In G. Sayre-McCord (ed.), *Essays on Moral Realism.* Ithaca, NY: Cornell University Press.

Sturgeon, N. 1991: Contents and causes: a reply to Blackburn. *Philosophical Studies* 61.

Sturgeon, N. 1992: Nonmoral explanations. *Philosophical Perspectives* 6.

Sturgeon, N. 1995: Critical notice of Gibbard 1990. *Nous* 29.

Sturgeon, N. 2006a: Ethical naturalism. In D. Copp (ed.), *The Oxford Handbook of Ethical Theory.* Oxford: Oxford University Press.

Sturgeon, N. 2006b: Moral explanations defended. In J. Dreier (ed.), *Contemporary Debates in Moral Theory.* Oxford: Blackwell.

Suikkanen, J. 2009: The subjectivist consequences of expressivism. *Pacific Philosophical Quarterly* 90.

Suikkanen, J. Forthcoming 2013: Moral error theory and the belief problem. *Oxford Studies in Metaethics* 8.

Surgener, K. 2012: *Korsgaard on the Status of Moral Norms.* PhD thesis, (University of Birmingham).

Thagard, P. 1978: The best explanation: criteria for theory choice. *Journal of Philosophy* 75.

Thornton, T. 2004: *John McDowell.* Chesham: Acumen.

Van Roojen, M. 1996. Expressivism and irrationality. *Philosophical Review* 105.

Väyrynen, P. 2013. Shapelessness in context. Forthcoming in *Nous.*

Velleman, D. 1988: Brandt's definition of 'good'. *Philosophical Review* 97.

Warnock, M. 1960: *Ethics Since 1900.* London: Oxford University Press.

Wedgwood, R. 1997: Noncognitivism, truth, and logic. *Philosophical Studies* 86.

Weir, A. 2001: More troubles for functionalism. *Proceedings of the Aristotelian Society* 101.

Whiting, D. 2007: The normativity of meaning defended. *Analysis* 67.

Wiggins, D. 1987: A sensible subjectivism. In his *Needs, Values, Truth.* Oxford: Blackwell.

Wiggins, D. 1991: Moral cognitivism, moral relativism, and motivating moral beliefs. *Proceedings of the Aristotelian Society* 91.

Wiggins, D. 1992a: Ayer on morality and feeling: from subjectivism to emotivism and back again. In H. Hahn (ed.), *The Philosophy of A. J. Ayer.* La Salle, IL: Open Court.

Wiggins, D. 1992b: Ayer's ethical theory. In A. Phillips-Griffiths (ed.), *A. J. Ayer: Memorial Essays*. Cambridge: Cambridge University Press.

Wiggins, D. 1993a: Cognitivism, naturalism, and normativity. In Haldane and Wright (eds), *Reality, Representation, and Projection*. Oxford: Oxford University Press.

Wiggins, D. 1993b: A neglected position? In Haldane and Wright (eds), *Reality, Representation, and Projection*. Oxford: Oxford University Press.

Wiggins, D. 1996: "Objective and subjective" in ethics. *Ratio* 8.

Williams, B. 1976: Persons, character, and morality. Reprinted in his *Moral Luck*. Cambridge: Cambridge University Press.

Wright, C. 1984: Kripke's account of the argument against private language. *Journal of Philosophy* 81.

Wright, C. 1985: Review of Blackburn 1984. *Mind* 371.

Wright, C. 1987: On making up one's mind: Wittgenstein on intention. In *Proceedings of the 11th International Wittgenstein Symposium*. Vienna: Holder-Pichler-Tempsky.

Wright, C. 1988a: Moral values, projection, and secondary qualities. *Proceedings of the Aristotelian Society*, Supp. Vol. 62.

Wright, C. 1988b: Realism, antirealism, irrealism, quasi-realism. *Midwest Studies in Philosophy* 12.

Wright, C. 1989: Wittgenstein's rule-following considerations and the central project of theoretical linguistics. In A. George (ed.), *Reflections on Chomsky*. Oxford: Blackwell.

Wright, C. 1992: *Truth and Objectivity*. Cambridge, MA: Harvard University Press.

Wright, C. 1996: Truth in ethics. In Hooker (ed.), *Truth in Ethics*. Oxford: Blackwell.

Wright, C. 1998: Comrades against quietism. *Mind* 107.

Yang, S. 2009: The appropriateness of moral emotion and Humean sentimentalism. *Journal of Value Inquiry* 43.

Zangwill, N. 1992: Moral modus ponens. *Ratio* 5.

Zangwill, N. 1994: Moral mind-independence. *Australasian Journal of Philosophy* 72.

Zangwill, N. 1997: Against analytic moral functionalism. *Ratio* 13.

311

~~~~~~~~~~~~~~~

注：索引中的页码系英文版页码，亦即本书边码。

图书在版编目(CIP)数据

当代元伦理学导论:修订版/(英)亚历山大·米
勒(Alexander Miller)著;张鑫毅译.—2版.—上
海:上海人民出版社,2023
书名原文:Contemporary Metaethics:An
Introduction 2nd Edition
ISBN 978-7-208-18527-2

Ⅰ.①当… Ⅱ.①亚… ②张… Ⅲ.①元伦理学-研
究 Ⅳ.①B82-066

中国国家版本馆CIP数据核字(2023)第167821号

责任编辑　任俊萍　王笑潇
封面设计　人马艺术设计·储平

当代元伦理学导论(第2版)　修订版

[英]亚历山大·米勒　著

张鑫毅　译

出　　　版　上海人&出版社
　　　　　　(201101　上海市闵行区号景路159弄C座)
发　　　行　上海人民出版社发行中心
印　　　刷　苏州工业园区美柯乐制版印务有限责任公司
开　　　本　635×965　1/16
印　　　张　24.5
插　　　页　2
字　　　数　306,000
版　　　次　2023年9月第2版
印　　　次　2023年9月第1次印刷
ISBN 978-7-208-18527-2/B·1711
定　　　价　98.00元

Contemporary Metaethics: An Introduction 2nd Edition
by Alexander Miller
The right of Alexander Miller to be identified as Author of this Work has been
asserted in accordance with the UK Copyright, Designs and Patents Act 1988.
First published in 2013 by Polity Press
Reprinted 2014, 2015, 2016, 2017

This edition is published by arrangement with Polity Press Ltd., Cambridge
Chinese(Simplified Characters only)
copyright © 2019 by Shanghai People's Publishing House